手提袋立体图

手提袋平面图

房地产广告

网页界面

折页广告

校企合作计算机精品教材

Photoshop 平面设计案例教程

主编　朱丽静

航空工业出版社

北　京

内 容 提 要

Photoshop CS3 是目前最优秀的平面设计软件。本书以 Photoshop CS3 的 13 个典型应用案例为主线，从 Photoshop CS3 的基本操作入手，循序渐进地介绍了图像选区的制作、图像各种编辑命令的使用、各类图层创建和应用、图像的绘制及修饰、形状及路径的创建和编辑、文字的输入与编辑、图像的修复、图像色彩和色调调整、通道的应用、滤镜的应用、动作的录制、动画的制作等内容。

本书的案例涵盖了 Photoshop 在平面设计领域的主要应用，包括贺卡、平面广告、照片合成、图书封面、电影海报、电脑桌面、手提袋、地产广告、数码照片处理、茶叶包装盒、折页广告、下雪圣诞动画、旅游网页。

本书非常适合作为各大中专院校、培训学校的平面设计教材，同时也非常适合作广大热爱平面设计的人员的自学用书。

图书在版编目（C I P）数据

Photoshop 平面设计案例教程 / 朱丽静主编. -- 北京 : 航空工业出版社, 2008.06（2023.1 重印）
ISBN 978-7-80243-144-7

Ⅰ. ①P… Ⅱ. ①朱… Ⅲ. ①平面设计－图形软件, Photoshop－教材 Ⅳ. ①TP391.41

中国版本图书馆 CIP 数据核字(2008)第 068975 号

Photoshop 平面设计案例教程
Photoshop Pingmiansheji Anli Jiaocheng

航空工业出版社出版发行
（北京市朝阳区京顺路 5 号曙光大厦 C 座四层　100028）
发行部电话：010-85672663　　010-85672683

北京谊兴印刷有限公司印刷　　　　全国各地新华书店经售
2008 年 6 月第 1 版　　　　　　　2023 年 1 月第 9 次印刷
开本：787×1092　　1/16　　　　字数：518 千字
印张：20.75　　　　　　　　　　定价：49.80 元

序

只会招术不懂内力的武功叫"花拳绣腿"，好看、易学，但却不能真正克敌制胜，这就像目前市场上一些实例类或所谓的"案例"书籍。只会内力但招数不精的武功叫"气宗"，枯燥、难学，还不能在战场上置敌于死地，这就像目前市场上的大多数计算机教材。

真正好的武功是将"剑宗"和"气宗"结合在一起，内外兼修，以气御剑，招招致命，在战场上独挡一面。真正好的计算机教材应该将软件的应用（案例）与功能完美结合在一起，让学生能轻松学习，马上应用，还能举一反三。这，就是目前正在德国流行的"案例教学"法，也是本套丛书要带给您的体验！

 ## 本套丛书特色

- **以软件的典型应用（案例）为主线**：让学生在最短时间内获得一种成就感，从而调动学生的学习兴趣。而且，学生在学完某个案例后，便能将所学知识轻松应用到实际工作中。例如，在学完《Photoshop 案例教程》一书的"项目二　制作化妆品广告"后，便能利用 Photoshop 设计出各类平面广告。

- **以软件的功能为副线**：将软件的功能巧妙地融入到各个案例和后续的延伸阅读中。学生在学完全部案例后，便掌握了软件的全部重要功能，从而让学生具备举一反三的能力。例如，在《Photoshop 案例教程》一书的"项目二　制作化妆品广告"中，便融入了选区制作知识。

- **合理安排案例和知识点**：精心挑选案例，以及合理安排案例下的知识点，使两条线都清楚明了，从而既方便教师教学，又让学生能循序渐进地学习。

- **融入一些典型实用知识**：例如，很多学生尽管系统学习了 Photoshop，但仍无法设计出一个符合出版要求的图书封面，因为他根本不知道图书开本、书脊、出血是什么意思，因此我们在《Photoshop 案例教程》一书的"项目四　图书封面制作"中，便安排了与制作图书封面相关的知识。

- **语言简炼，讲解简洁，图示丰富**：避开枯燥的讲解，同时，在介绍概念时尽量做到语言简洁、易懂，并善用比喻和图示。

- **精心设计成果检验**：每个案例后都精心设计了相关的成果检验，检验学生学习的效果。

- **提供完整的素材与适应教学要求的课件和视频**：完整的素材可以帮助学生根据书中内容进行上机练习。适应教学要求的课件可以减轻教师教学的负担。此外，提供的视频真实演绎了书中每个案例实现的过程。书中用到的全部素材都已整理和打包，读者可以登录我们的网站（www.wenjingketang.com）下载。

- **适应教学要求**：在安排各个案例时都严格控制篇幅和难易程度，从而照顾教师教学的需要。

- **配套网站，配套售后服务**：当您购买了本套丛书中的任意一本后，无论是在阅读本书时遇到问题，还是其他问题，可登录我们的网站（www.wenjingketang.com）去寻求帮助，我们的专家都会为您耐心解答。

本书读者对象与学习目标

本书非常适合作为各大中专院校、培训学校的平面设计教材，同时也非常适合作广大热爱平面设计的人员的自学用书。

本书旨在使读者成为一个合格的平面工作者，包括：（1）掌握 Photoshop 软件的功能；（2）能设计精美的贺卡、商标、包装、海报、招贴、广告、网页等平面作品；（3）能绘制生动的卡通形象、人物、动植物及生活中看到的事物；（4）能进行数码照片的修复以及艺术化处理。

 本书内容提要

- 项目一　通过制作贺卡的案例，让学生掌握 Photoshop 基本操作和平面处理基础知识。
- 项目二　通过制作平面广告的案例，让学生掌握矩形、椭圆、单行单列、魔棒、套索、磁性套索、快速选择、色彩范围、文字模板等选区工具的用法，以及掌握选区的运算和羽化。
- 项目三　通过合成照片的案例，让学生掌握使用快速模板、抽出滤镜、钢笔工具等制作选区的方法，以及掌握编辑选区的各种方法。
- 项目四　通过制作图书封面的案例，让学生掌握图像编辑方法，包括颜色设置，图像的移动、复制、贴入、变化，以及操作的撤销和恢复，历史记录面板的应用等。
- 项目五　通过制作电影海报案例，让学生掌握图层的应用，包括图层的功能、创建、基本操作、图层蒙版，以及图层的融合，调整层的应用等。
- 项目六　通过制作电脑桌面的案例，让学生掌握图形的绘制与修饰，包括渐变、画笔、涂抹、模糊、钝化、加深、减淡、海绵、颜色替换等工具的使用方法。
- 项目七　通过制作手提袋的案例，让学生掌握形状与路径的绘制、编辑和填充。
- 项目八　通过制作地产广告，让学生掌握文字的输入和格式编排。
- 项目九　通过数码照片处理案例，让学生掌握图像修复与色彩调整，包括仿制图章、图案图章、修补、修复画笔、历史记录画笔和橡皮擦等工具的用法，以及曲线、色阶和色彩平衡等色彩调整命令的应用。
- 项目十　通过制作茶叶包装盒的案例，让学生掌握各类滤镜的应用。
- 项目十一　通过制作折页广告的案例，让学生掌握使用通道抠取图像，以及制作特殊图像效果的方法。
- 项目十二　通过制作下雪的圣诞节动画，让学生掌握动作的录制，以及动画的制作。
- 项目十三　通过制作旅游网页的案例，让学生综合应用前面介绍的知识，并了解利用 Photoshop 设计网页界面的方法。

 本书作者

本书由朱丽静担任主编，刘杰担任副主编。其中朱丽静编写项目一至项目七，刘杰编写项目八至项目十三。尽管我们在写作本书时已竭尽全力，但书中仍会存在这样或那样的问题，欢迎读者批评指正。

目　　录

项目一　制作漂亮的贺卡——初识 Photoshop CS3

你是否曾迷恋于时尚杂志，为那些精美的图片陶醉？是否曾流连于街头的广告，为那种自然释放的张力心动？是否曾想过，某天也会成为一个出色的平面设计师？现在，让我们从制作漂亮的贺卡起步，开始精彩的 Photoshop 平面设计之旅……

模块一　绘制贺卡前的准备工作 … 2
　一、启动 Photoshop CS3 程序 ………… 2
　二、认识 Photoshop CS3 的工作界面 … 2
延伸阅读 ……………………………… 7
　一、工具箱和调板的隐藏与显示 …… 7
　二、调板的拆分与组合 ……………… 7
　三、复位调板显示 …………………… 8
　四、图像窗口的几种显示模式 ……… 8
模块二　制作贺卡 …………………… 9
　一、新建图像文件 …………………… 9
　二、打开素材图像文件 ……………… 10
　三、制作贺卡和关闭图像文件 ……… 11
延伸阅读 ……………………………… 13
　一、像素、图像尺寸与分辨率 ……… 13
　二、颜色模式 ………………………… 13

三、改变图像窗口的位置和尺寸 ……… 14
四、图像的缩放与平移 ………………… 14
五、调整图像大小 ……………………… 16
六、画布大小调整与旋转 ……………… 17
七、图像的裁剪与裁切 ………………… 19
八、利用"最近打开文件"命令
　　打开最近使用的文件 ………… 21
模块三　保存贺卡 ……………………… 22
　一、保存图像文件 …………………… 22
　二、退出 Photoshop CS3 程序 ……… 22
延伸阅读 ………………………………… 23
　一、"存储为"命令 ………………… 23
　二、了解图像文件格式 ……………… 23
　三、位图与矢量图 …………………… 23
成果检验 ………………………………… 24

项目二　制作化妆品广告——选区制作（上）

Photoshop 的大多数操作都是针对选区进行的。创建选区后，你便在图片上找到了一块属于自己的领地，可以随意涂抹、复制、移动、变形……。让我们在制作化妆品广告的乐趣中，轻松学习选区的创建和编辑方法……

模块一　制作广告图像 …………… 26
　一、选区制作工具与命令概览 …… 26
　二、利用"矩形选框工具"
　　　制作广告背景图像 ………… 27
　三、利用"魔棒工具"创建选区 … 29

四、利用"套索工具"选取化妆品 …30
五、使用"磁性套索工具"
　　选取花朵 …………………… 31
延伸阅读 …………………………… 33
　一、选区运算 ……………………… 33

二、选区羽化 …………………… 35

三、使用"椭圆选框工具"

创建选区 ………………… 37

四、使用"单行选框工具"和"单列

选框工具"创建抽线图……… 38

五、使用"多边形套索工具"

创建选区 ………………… 39

模块二 为广告图像添加文字 …… 40

一、利用文字蒙版工具

制作文字选区 …………… 40

二、描边与填充文字选区 …… 41

延伸阅读 ………………………… 44

一、使用"快速选择工具"创建选区 44

二、利用"色彩范围"命令创建选区 … 45

三、图案定义与使用 ………… 47

成果检验 ………………………… 48

项目三　合成照片——选区制作（下）

只掌握简单的"抠图"技法怎么能称得上是 Photoshop 高手呢？专业和业余往往只有一步之遥。让我们看看如何利用快速蒙版快速将人物从复杂的背景中抠取出来；如何用"抽出"滤镜抠取人物的头发，并且令其"毫发无损"；如何巧妙地对人物进行"移花接木"……

模块一 图像选取 ………………… 50

一、利用快速蒙版模式选取蝴蝶 … 50

二、利用"抽出"滤镜选取人物 … 52

延伸阅读 ………………………… 55

一、利用"钢笔工具"选取图像 … 55

二、利用通道抠取人物头发

与动物毛发 ……………… 57

三、选区的保存与载入 ……… 60

模块二 为照片添加画框 ……… 61

一、利用参考线标示画框 …… 61

二、填充选区并制作投影 …… 63

延伸阅读 ………………………… 67

一、移动选区 ………………… 67

二、隐藏与显示选区边缘 …… 67

三、全选、反选、取消

与重新选择选区 ………… 67

四、选区扩展与收缩 ………… 68

五、制作边界选区 …………… 69

六、选区平滑 ………………… 69

七、扩大选取与选取相似 …… 70

成果检验 ………………………… 70

项目四　制作图书封面——图像编辑

从最基本的图像复制、移动，到将图像调整成千姿百态、婀娜多姿，再加上你丰富的想象力，还有什么做不到呢。在这里，你还会发现，原来这个世界上是有后悔药卖的。让我们在专业的图书封面制作过程中，体验 Photoshop 的轻灵……

模块一 图像选取 ………………… 73

一、利用参考线规划图书封面布局 73

二、利用"拾色器"设置前景色

和背景色 ………………… 74

三、利用"贴入"命令将图像

粘贴到选区内 …………… 75

延伸阅读 ………………………… 77

一、图书封面设计常识 ……… 77

二、利用"颜色"调板设置颜色………78

三、利用"吸管工具"设置颜色………79

四、利用"色板"调板设置颜色………79

五、利用"合并拷贝"命令

拷贝分层图像…………80

六、图像的删除…………81

模块二　编辑封面图像…………82

一、复制和移动树叶…………82

二、用"自由变换"命令变形树叶………84

延伸阅读…………87

一、图像变换、旋转和翻转详解………87

二、操作的简单撤销和重复…………90

三、认识"历史记录"调板………91

四、使用"快照"暂存图像

处理状态…………92

成果检验…………93

项目五　制作电影海报——强大的图层

有人说它是透明的玻璃，你可以将图像放在不同的玻璃上，方便处理；有人说它是神奇的化妆师，你可以通过它为图像添加各种炫目的效果；有人说它百变的舞者，每个变化都会给你带来惊喜。让我们在专业的电影海报制作过程中，会晤被誉为 Photoshop 灵魂的图层……

模块一　制作海报背景…………95

一、图层概览…………95

二、认识"图层"调板…………95

三、通过设置图层的不透明度与混合

模式调整图像融合效果………97

四、利用图层样式为人物

添加外发光效果…………99

延伸阅读…………100

一、图层类型及创建方法…………101

二、图层两种不透明度的区别………105

三、复制、删除图层与改变

图层顺序…………106

四、选择、锁定与链接图层………108

五、对齐与分布图层…………109

六、合并图层…………110

模块二　处理海报图像

与编辑文字…………110

一、利用图层蒙版

制作图像融合效果………110

二、利用剪辑组制作图案文字………112

三、利用调整图层

调整作品整体效果………115

延伸阅读…………115

一、Photoshop 其他图层样式介绍………116

二、编辑与修改图层样式…………118

三、利用"样式"调板添加样式………120

四、矢量蒙版的创建与使用………121

五、使用图层组分类管理图层………122

成果检验…………123

项目六　打造精美电脑桌面——绘画与修饰工具

即使你不懂绘画，也能在电脑中绘制出美丽的图像；即使你不懂修饰，也能在电脑中将单调的图像修饰成炫目的效果。你的电脑桌面还漂亮吗？为什么不打造一个真正属于自己的电脑桌面呢……

模块一　绘制背景、白云和山 … 127

一、绘画与修饰工具概览 ………127

二、利用"渐变工具"绘制背景 …128

三、使用"画笔工具"

绘制白云和山 ………129

四、使用"涂抹工具"修饰白云和山 …131

延伸阅读 ……………… 132

一、自定义渐变颜色的方法 ……132

二、利用"画笔"调板

设置笔刷的其他特性 ………134

三、模糊工具和锐化工具 ………138

模块二　绘制树、草和花 ……… 138

一、利用"加深工具"和"减淡工具"

修饰树枝和树干 ………138

二、通过自定义画笔和设置画笔动态

效果绘制树叶、草和花 ……139

延伸阅读 ……………… 142

一、"海绵工具"的特点 ………142

二、笔刷保存与加载 ………142

模块三　绘制小猪和伞 ……… 144

一、使用"变形"命令变形图像

制作小猪形状 ………144

二、利用选区制作工具

制作小猪其他部位 ………144

三、利用"自由变换"命令

旋转复制图像 ………147

延伸阅读 ……………… 148

一、使用"油漆桶工具"填色 ……149

二、使用"铅笔工具"绘画 ……149

三、使用"颜色替换工具"

改变图像颜色 ………149

成果检验 ……………… 150

项目七　制作手提袋——形状与路径

在 Photoshop 中，形状与路径都用于辅助绘画。与画笔工具绘制出的图形不同的是，你可以对绘制好的形状或路径进行各种编辑，将其调整成需要的效果，或转换为选区。让我们在制作手提袋的过程中，体验形状与路径的精彩……

模块一　制作手提袋

平面效果图 ………… 153

一、形状与路径的异同 ………153

二、利用形状工具绘制图形 …154

三、处理手提袋图像 ………157

四、通过将文字转换

为形状制作特效字 ………159

延伸阅读 ……………… 163

一、其他形状绘制工具介绍 ……163

二、形状的编辑 ………168

三、更改形状图层内容 ………170

四、形状与选区的转换 ………170

模块二　制作手提袋

立体效果图 ………… 171

一、制作手提袋立体效果图 ……172

二、绘制吊绳孔 ………174

三、路径的绘制与填充

——绘制吊绳 ………174

延伸阅读 ……………… 176

一、熟悉"路径"调板 ………176

二、路径的选择与编辑 ………177

成果检验 ……………… 179

项目八　制作地产广告——应用文字

夜空之所以美丽，是因为有星星的点缀，秋天之所以潇潇，是因为有落叶在飘零，湖水之所以充满生机，是因为有鱼儿在悠游。如果为一幅绝美的平面设计作品点缀上些文字，效果会怎么样呢？让我们在制作地产广告的过程中，领会文字在设计中的妙用……

模块一　制作广告标题 ………… 182
　一、输入广告标题文字 ………… 182
　二、变形文字并美化文字 ……… 185
延伸阅读 …………………………… 187
　一、编辑文字 …………………… 187
　二、改变文字的方向 …………… 187
　三、栅格化文字 ………………… 188
模块二　制作广告内文 ………… 188

一、输入段落文字 ……………… 188
二、利用"字符和段落"调板
　　设置文字属性 ……………… 190
延伸阅读 …………………………… 192
　一、沿路径输入文字 …………… 192
　二、在路径（形状）内部
　　　输入文字 ………………… 193
成果检验 …………………………… 194

项目九　数码照片处理——图像修复与色彩调整

一张泛黄的相片，让我们依稀回忆起旧日的时光，或快乐，或悲伤。泛黄的照片可以用 Photoshop 修复，甚至处理成各种艺术化效果，虽然，再美丽的相片，都无法使我们回到过去……

模块一　数码照片修复与美容 … 196
　一、利用"仿制图章工具"
　　　修复图像 ………………… 196
　二、利用"图案图章工具"
　　　修复图像 ………………… 198
　三、利用"修补工具"修复图像 …… 199
　四、利用"修复画笔工具"
　　　修复图像 ………………… 200
　五、使用"历史记录画笔工具"
　　　为数码照片美容 ………… 203
延伸阅读 …………………………… 204
　一、"污点修复画笔工具" ……… 204
　二、"红眼工具" ………………… 205
　三、利用"历史记录艺术画笔工具"
　　　修复图像 ………………… 205
　四、橡皮擦工具组的特点和用法 … 206
模块二　调整数码照片的
　　　　色调与影调 …………… 209
　一、利用"曲线"命令调整照片的
　　　色调与影调 ……………… 209

二、利用"色阶"命令调整照片的
　　色调与影调 ……………… 212
三、利用"色彩平衡"命令
　　校正偏色照片 …………… 214
四、利用"色相/饱和度"命令
　　调整照片的颜色 ………… 215
五、利用"替换颜色"命令
　　替换照片中的颜色 ……… 217
六、利用"阴影/高光"命令
　　调整照片的阴影与高光 …… 218
七、利用"黑白"命令
　　制作黑白艺术照 ………… 218
延伸阅读 …………………………… 220
　一、自动调整命令 ……………… 220
　二、利用"亮度/对比度"调整照片的
　　　亮度和对比度 …………… 220
　三、利用"匹配颜色"命令进行
　　　照片间颜色匹配 ………… 221
　四、利用"可选颜色"命令
　　　调整选定颜色 …………… 221

五、利用"通道混合器"命令
　　调整照片颜色·············222

六、利用"变化"命令为黑白
　　照片快速上色·············223

七、利用"照片滤镜"命令快速
　　改变照片的颜色·············225

八、利用"曝光度"命令调整
　　照片的曝光度·············225

九、照片的去色与反相·············226

十、利用"色调均化"命令
　　加亮照片·············227

十一、利用"阈值"命令
　　制作黑白版画·············227

十二、利用"色调分离"命令
　　制作彩色版画·············227

成果检验·············228

项目十　制作茶叶包装盒——神奇的滤镜

童话中女孩对着魔镜说：魔镜魔镜，请让我变得更漂亮些吧！随后她高兴地参加舞会去了。Photoshop 的滤镜就是童话中的魔镜，用它照一下你正在处理的图像，图像便变成了您需要的效果。来看看专业的包装盒是怎么设计出来吧⋯⋯

模块一　制作包装盒
　　平面效果图·············231

一、滤镜的特点、使用规则
　　与使用技巧·············231

二、利用"影印"、"碎片"、"锐化"
　　等滤镜制作包装盒
　　平面效果图·············232

延伸阅读·············239

一、Photoshop 内置滤镜概览·············239

二、使用外挂滤镜·············252

模块二　制作包装盒
　　立体效果图·············253

一、制作包装盒立体效果图·············253

二、为包装盒制作倒影·············254

延伸阅读·············256

一、智能滤镜·············256

二、利用"液化"滤镜
　　为人物图像"塑身"·············257

三、利用"消失点"滤镜去除
　　照片中的多余物·············259

四、利用"图案生成器"滤镜
　　制作图案平铺图像·············262

五、了解包装盒设计的基础知识·············263

成果检验·············264

项目十一　制作折页广告——应用通道

在 Photoshop 中，我们不仅可以利用通道抠取发丝等细微图像，还可以制作出许多特殊效果。来看看专业的折页广告是怎么设计出来吧⋯⋯

模块一　制作广告底图·············266

一、认识通道·············266

二、认识"通道"调板·············267

三、制作广告底图·············268

四、利用通道抠取树枝·············270

五、选取小鸟和花·············273

延伸阅读·············274

一、利用通道抠取婚纱·············274

二、利用 Alpha 通道保存选区·············276

三、利用专色通道保存特殊颜色·············276

模块二　制作广告图像与文字 … 277
　一、创建广告图像 … 277
　二、创建广告文字 … 279
延伸阅读 … 281

　一、分离与合并通道 … 281
　二、"计算"命令和
　　　"应用图像"命令 … 282
成果检验 … 284

项目十二　制作下雪的圣诞节动画——动作与动画

这里的动作和动画完全是两个不同的概念，动作是指在 Photoshop 中处理图像时，将那些重复的操作交给 Photoshop 去做；而动画是指由一组图片连续播放形成的动画，比如一个下雪的圣诞节动画……

模块一　录制下雪动作 … 286
　一、认识"动作"调板 … 286
　二、创建、录制与应用动作 … 287
模块二　制作动画 … 291
　一、认识"动画"调板 … 291
　二、利用"图层"和"动画"调板
　　　制作动画 … 292

延伸阅读 … 297
　一、在动作中插入
　　　"停止"命令 … 297
　二、加载系统内置动作 … 300
成果检验 … 300

项目十三　制作旅游网页界面——应用进阶

学完了前面的内容，你是否已能制作出专业的图书封面、富有感染力的广告、精美的桌面……还是有些力不从心的感觉呢？没关系，下面我们再来制作一个旅游网页界面，体验设计的无穷乐趣……

模块一　制作网页界面底图 … 304
　一、网页界面组成元素 … 304
　二、网页界面尺寸 … 305
　三、网页的颜色选择与版面布局 … 305
　四、利用"光照效果"
　　　滤镜修饰图像 … 306
模块二　制作网页界面的页眉 … 309
　一、创建图层组 … 309
　二、绘制站标底图 … 309

　三、绘制站标图形与文字 … 311
　四、制作导航主菜单 … 312
模块三　制作信息导航栏
　　　与内容 … 314
　一、制作信息导航栏 … 314
　二、制作搜索导航栏 … 315
　三、制作内容 … 317
成果检验 … 319

项目一　制作漂亮的贺卡
——初识 Photoshop CS3

课时分配：4 学时

学习目标

了解 Photoshop 工作界面	
掌握 Photoshop 的基本操作	

模块分配

模块一	绘制贺卡前的准备工作
模块二	制作贺卡
模块三	保存贺卡

作品成品预览

图片资料

素材位置：素材与实例\项目一\圣诞贺卡

本例中,将通过制作贺卡来认识 Photoshop 的界面构成,学习 Photoshop 的基本操作以及图像文件的基本操作方法等内容。

模块一 绘制贺卡前的准备工作

学习目标

| 启动 Photoshop CS3 程序 |
| 认识 Photoshop CS3 工作界面 |
| 了解 Photoshop 的基本操作 |

一、启动 Photoshop CS3 程序

要利用 Photoshop CS3 绘制贺卡,首先要确定计算机中已经安装了 Photoshop CS3 程序,然后启动该程序,就可以进行相应的操作了。要启动 Photoshop CS3 程序,可以执行如下操作。

步骤 1 单击"开始"按钮 ，选择"所有程序" > "Adobe Design Premium CS3" > "Adboe Photoshop CS3" 菜单,如图 1-1 所示。

步骤 2 计算机开始启动 Photoshop CS3,稍等片刻,将出现如图 1-2 所示工作界面,完成软件启动。

图 1-1 "开始"菜单

图 1-2 Photoshop CS3 的初始工作界面

二、认识 Photoshop CS3 的工作界面

Photoshop CS3 的工作界面按其功能可分为标题栏、菜单栏、工具属性栏、工具箱、图像窗口、调板和状态栏,如图 1-3 所示。制作贺卡前,我们先来了解一下工作界面中各成员的功能和作用。

标题栏

菜单栏

工具属性栏

图像窗口

工具箱

状态栏

以图标形式显示的调板，单击图标即可展开调板

调板组

图 1-3　Photoshop CS3 的工作界面

> 通常情况下，启动程序后界面中不会自动显示图像窗口，需要用户打开或创建一个图像文件，工作界面中才会显示图像窗口。

1. 标题栏

标题栏位于 Photoshop 程序窗口的顶部，左侧显示了程序图标和名称，右侧显示了 3 个窗口控制按钮 ，主要用于控制界面的显示大小与关闭程序。

> 标题栏右侧的"最大化"按钮 是可变按钮，单击该按钮，窗口可扩大至整个屏幕，同时该按钮变为"向下还原"按钮 ，单击该按钮，可还原窗口大小。

2. 菜单栏

菜单栏位于标题栏的下方，它集合了 Photoshop 大部分的功能和命令。它由文件、编辑、图像、图层、选择、滤镜、分析、视图、窗口和帮助 10 个菜单项组成。要执行某个命令，只需单击相应主菜单名称，然后从打开的下拉菜单中选择所需命令即可。图 1-4 所示为"选择"菜单。

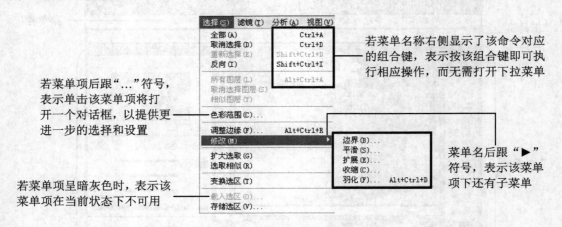

若菜单项后跟"..."符号，表示单击该菜单项将打开一个对话框，以提供更进一步的选择和设置

若菜单名称右侧显示了该命令对应的组合键，表示按该组合键即可执行相应操作，而无需打开下拉菜单

菜单名后跟"▶"符号，表示该菜单项下还有子菜单

若菜单项呈暗灰色时，表示该菜单项在当前状态下不可用

图 1-4　"选择"菜单

3. 工具属性栏

默认情况下，工具属性栏位于菜单栏的下方，主要用于显示工具箱中当前选择工具的参数和选项设置。工具属性栏会随所选工具的不同，其显示的内容也不同。图 1-5 所示为"矩形选框工具" 的属性栏。

图 1-5　"矩形选框工具"属性栏

将鼠标光标移至工具属性栏最左侧，按下鼠标左键并拖动，可以将工具属性栏放置在界面中任意位置。

4. 工具箱

默认情况下，工具箱位于程序界面的左侧，其中包含了 Photoshop CS3 的各种图像编辑工具，如选择、绘画、设置颜色，以及修饰类工具，如图 1-6 所示。

要选择某个工具，只需单击相应的工具按钮即可。另外，大多数工具按钮的右下角带有黑色小三角，表示该工具下还隐藏有其他同类工具。将鼠标光标移至该工具按钮上，按下左键或单击右键，即可显示隐藏的工具，如图 1-7 所示。将光标移至相应工具名称上单击，即可选择隐藏的工具。

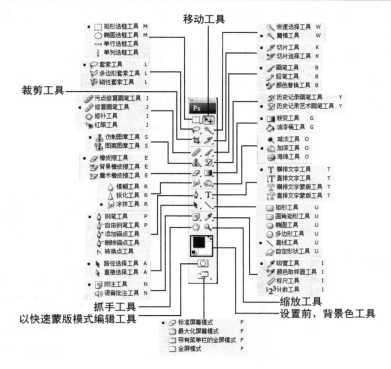

图 1-6 工具箱

在 Photoshop 中，绝大多数工具都设有字母快捷键。如画笔工具组为"B"，用户可在英文输入法状态下，按字母键"B"来快速选择该工具，按【Shift+B】组合键，可在同类工具间切换

图 1-7 选择隐藏的同类工具

小技巧

为了最大限度地扩大操作空间，Photoshop CS3 程序开发者将工具箱设计为可伸缩的，用户通过单击工具箱顶部的双向箭头，可以将工具箱在单排和双排效果间切换，如图 1-8 所示。此外，将光标放置在工具箱顶部的蓝条上，按下鼠标左键并拖动，可以将其移至工作界面中的任何位置。

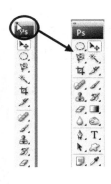

图 1-8 切换工具箱的显示状态

5. 调板

默认情况下，调板位于界面的右侧，它们浮动于图像的上方，且不会被图像遮盖。利用这些调板，可以方便地观察编辑信息，选择颜色，以及管理图层、路径和历史记录等。

在 Photoshop CS3 中，单击调板组顶部的双箭头按钮 ，可以将调板以图标效果显示，从而可扩大操作空间，如图 1-9 所示。此时，双箭头按钮▶▶改变为反向状态◀◀，单击它可恢复调板显示。

要选择某个调板，可以在展开的调板窗口中单击相应的调板标签；要隐藏调板，可选择"窗口"菜单中带"√"的选项，或单击调板标签名称右侧的×按钮。要重新显示被隐藏的调板，可选择"窗口"菜单中不带"√"的选项，如图 1-10 所示。

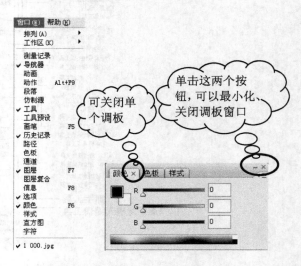

图 1-9　将调板以图标效果显示　　　　　　图 1-10　调板的显示与隐藏

6．图像窗口和状态栏

图像窗口是创建、显示和浏览图像文件的区域，也是绘制、编辑、处理图像的工作区域。图像窗口拥有自己的标题栏和调节窗口的控制按钮，如图 1-11 所示。当图像窗口处于"最大化"状态时，将与 Photoshop 程序共用标题栏，此时在程序窗口的标题栏中将同时显示程序名称、图像文件名称，以及图像文件的其他相关信息。

状态栏位于图像窗口的底部，主要用于显示当前图像的显示比例、文件大小等信息。

图 1-11　图像窗口及状态栏

延伸阅读

在 Photoshop 中，根据实际工作需要，我们可以对工作界面进行各种调整，如：可以灵活地将工具箱、调板隐藏，或者将调板拆分、重新组合等。

一、工具箱和调板的隐藏与显示

在 Photoshop 工作界面中，要隐藏工具箱和所有调板，只需按【Tab】键即可。此时，将只显示程序标题栏、菜单栏和图像窗口，如图 1-12 所示。再次按【Tab】键将重新显示工具箱和所有调板。

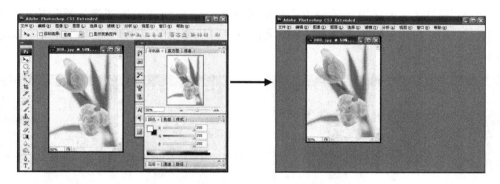

图 1-12　隐藏工具箱和调板

二、调板的拆分与组合

调板不仅可以隐藏或以图标效果显示外，还可根据需要将它们任意移动、拆分和组合。

要拆分调板，首先展开调板窗口，然后将光标放置在某调板标签上，按下鼠标左键并向调板窗口外拖动，即可将调板从原来的窗口中拆分为独立的调板，如图 1-13 所示。另外，如果调板处于图标状态显示，将某个图标拖出调板组即可。

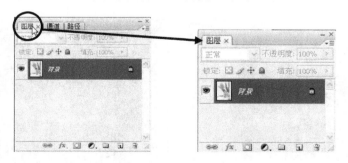

图 1-13　拆分调板

要将如图 1-13 所示的"图层"调板还原到原调板窗口中，只需拖动调板标签至原调板窗口的标签处，待出现蓝色提示框时，释放鼠标即可还原。但重新组合后的调板只能添加在其他调板的后面，单击并拖动标签可调整调板的顺序。

> 按【Shift+Tab】键可在保留工具箱的情况下，显示/隐藏所有调板。

三、复位调板显示

如果用户已经将调板拆分或移动，此时又想恢复其初始位置，可选择"窗口">"工作区">"复位调板位置"菜单。

四、图像窗口的几种显示模式

在编辑图像时，为了更好地观查图像编辑效果，可以快速切换图像的显示模式。在工具箱中，右键单击"标准屏幕模式"按钮，用户可从弹出的菜单中切换所需的屏幕模式，如图 1-14 所示。

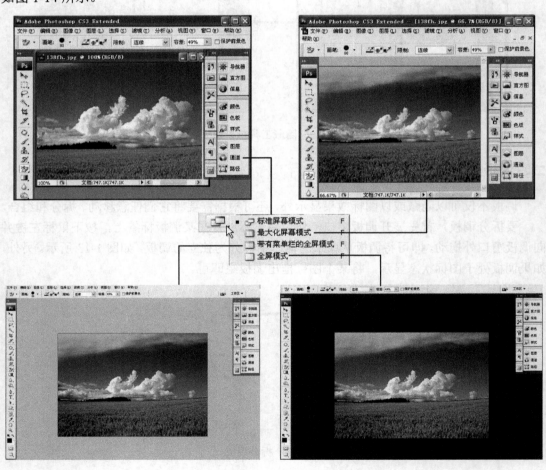

图 1-14　图像窗口的几种显示模式

反复单击屏幕模式切换按钮，或者在英文输入法状态下反复按【F】键，可快速在 4 种显示模式间切换。

模块二　制作贺卡

学习目标

 掌握新建、打开与关闭图像文件的方法

一、新建图像文件

下面，首先新建一个名称为"圣诞贺卡"的图像文件，进一步学习制作贺卡的基本操作方法。

步骤1 选择"文件" > "新建"菜单，或者按【Ctrl+N】组合键，打开"新建"对话框，如图 1-15 右图所示。

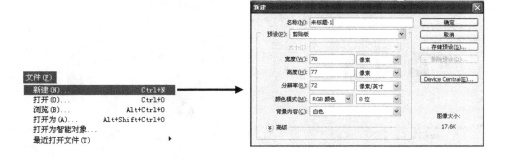

图 1-15　打开"新建"对话框

步骤2 在"新建"对话框中的"名称"编辑框中输入"圣诞贺卡"；设置"宽度"和"高度"分别为 800 和 600，单位为"像素"；设置"分辨率"为 72，单位为"像素/英寸"；设置"颜色模式"为"RGB 颜色"；设置"背景内容"为"白色"，其他参数保持默认，如图 1-16 所示。

常用的图像单位有"像素"、"厘米"、"毫米"和"英寸"等；单击"背景内容"下拉按钮▼，可以从弹出的下拉列表中选择"背景色"、"透明"项，表示可创建一个以当前背景色为填充色或背景透明的（没有任何内容）文件。

步骤3 参数设置好后，单击 ［　确定　］按钮，即可新建一个名为"圣诞贺卡"的图像文件，如图 1-17 所示。

图 1-16　设置新文档参数　　　　　　　　　图 1-17　创建的新文档

二、打开素材图像文件

圣诞贺卡文件创建好后，下面我们需要首先打开几幅素材图像文件，来具体制作贺卡。

步骤 1　选择"文件" > "打开"菜单，打开"打开"对话框，在"查找范围"下拉列表中选择素材文件的存储位置（"素材图片"\"项目一"文件夹），按住【Ctrl】键，依次单击"01.jpg"、"02.psd"、"03.psd"和"04.psd"文件，如图 1-18 所示。

步骤 2　单击"打开"对话框中的 打开(O) 按钮，稍等片刻，系统将依次打开选中的 4 个图像文件，并以层叠方式显示在程序窗口中，如图 1-19 所示。

图 1-18　"打开"对话框　　　　　　　　　图 1-19　打开多个图像文件后画面

步骤 3　选择"窗口" > "排列" > "水平平铺"菜单，此时，程序窗口中的所有图像文件以水平方式排列，如图 1-20 右图所示。

当打开了多个图像窗口时，可以利用"窗口" > "排列"菜单下的相应命令来控制图像窗口的显示状态。另外，还可通过按【Ctrl+Tab】或【Ctrl+F6】组合键，或者在某个图像窗口中单击来切换图像窗口。

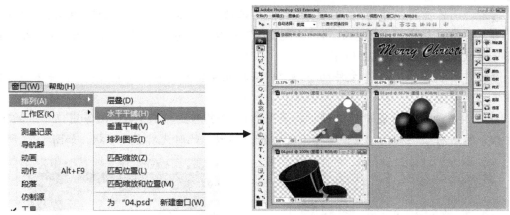

图 1-20　水平平铺图像

步骤 4　单击 "01.jpg" 文件的标题栏，将其设置为当前图像，按【Alt+Ctrl+ +】组合键，将图像放大显示，如图 1-21 左图所示。

步骤 5　按【Ctrl+A】组合键全选图像，此时，图像的四周将显示游动的蚂蚁线，如图 1-21 右图所示。按【Ctrl+C】组合键，将图像复制到剪贴板。

图 1-21　放大显示图像与全选图像

三、制作贺卡和关闭图像文件

如果用户不再使用某些素材图像文件时，可以将其关闭，以减少工作界面的零乱。

步骤 1　单击 "01.jpg" 图像窗口标题栏右侧的 "关闭" 按钮，关闭该图像文件。

> 　　单击要关闭文件的标题栏，将其置为当前图像窗口，然后选择 "文件" > "关闭" 菜单，或者按【Ctrl+W】或【Ctrl+F4】组合键均可关闭当前图像窗口。此外，选择 "文件" > "关闭全部" 菜单或者按【Alt+Ctrl+W】组合键，可关闭所有打开的图像文件。
> 　　关闭图像窗口时，如果文件已被修改且尚未保存，此时系统会给出相应的提示对话框，让用户选择保存图像文件（单击 "是" 按钮），不保存图像文件（单击 "否" 按钮），或取消关闭操作（单击 "取消" 按钮）。

步骤 2 单击新创建的"圣诞贺卡"文件的标题栏,将其置为当前图像,然后按【Ctrl+V】组合键,将剪贴板中的图像粘贴到"圣诞贺卡"图像窗口中,并按【Alt+Ctrl+ + 】组合键,将图像放大显示,如图 1-22 所示。

步骤 3 单击"02.psd"文件的标题栏,将其置为当前图像,按【Alt+Ctrl+ + 】组合键,将图像放大显示。

步骤 4 选择工具箱中的"移动工具" ,将其移至"02.psd"图像窗口中,按下鼠标左键,然后将圣诞树向"圣诞贺卡"图像窗口拖动,此时光标呈 形状,如图 1-23 所示。

图 1-22 粘贴图像至新文件窗口

图 1-23 用"移动工具"移动图像

俗话说得好,条条大路通罗马。在很多软件中,为了达到同样的目的,软件都提供了多种手段,用户可以根据情况来选择使用那种手段。例如,就本例而言,我们既可以利用剪贴板在各图像间复制图像,也可以利用拖动方法快速在图像间复制图像。

步骤 5 释放鼠标后,即可将圣诞树移至"圣诞贺卡"图像窗口中,然后用"移动工具" 调整圣诞树的位置,如图 1-24 所示。

步骤 6 按照与步骤 3~5 相同的操作方法,分别将"03.psd"和"04.psd"文件中的人物和雪人移至"圣诞贺卡"图像窗口中,并利用"移动工具" 调整图像的位置,其最终效果如图 1-25 所示。

图 1-24 用"移动工具"调整圣诞树的位置

图 1-25 最终效果

延伸阅读

下面，我们再来了解几个重要的概念：像素、图像尺寸与分辨率、颜色模式；学习一些 Photoshop 的其他基本操作。

一、像素、图像尺寸与分辨率

对于 Photoshop 初级用户来说，要想准确地设计图像，必须了解图像尺寸和分辨率这两个概念，它们的正确设置决定了文件的大小及图像的质量。

- **像素**：图像是由一个个点组成的，这每一个点就是一个像素。
- **图像尺寸**：是指图像的高度和宽度。如果图像用于显示，可将其单位设置成像素；如果图像用于印刷，可将其单位设置成厘米或毫米。
- **分辨率**：是指显示或打印图像时，在每个单位上显示或打印的像素数，通常以"像素/英寸"（pixel/inch，ppi）来衡量。一般情况下，若图像仅用于显示，可将其分辨率设置为 72 像素/英寸或 96 像素/英寸（与显示器分辨率相同）；若将图像用于印刷输出，则应将其分辨率设置为 300 像素/英寸或更高。

二、颜色模式

颜色模式是图像设计的最基本知识，它决定了如何描述和重现图像的色彩。同一种文件格式可以支持一种或多种颜色模式。常用的颜色模式有如下几种：

- **RGB 颜色模式**：Photoshop 软件默认的色彩模式，该模式下图像的颜色是由红（R）、绿（G）、蓝（B）3 原色混和构成，共可混和出多达 1670 万种颜色，是编辑图像的最佳颜色模式。

> RGB 模式仅用于显示，如果制作的图像要用于印刷，则可在印刷输出前，选择"图像" > "模式" > "CMYK 颜色"菜单，将图像的模式改为 CMYK 模式。

- **CMYK 颜色模式**：该模式是一种印刷模式，其图像颜色由青（Cyan）、洋红（Magenta）、黄（Yellow）和黑（Black）4 种色彩混和组成，分别对应了彩色印刷时使用的 4 块印版。在 Photoshop 中处理图像时，一般不采用 CMYK 模式，因为该模式图像文件占用的存储空间较大。此外，Photoshop 提供的很多滤镜无法用于 CMYK 模式图像，因此，人们只在打印或印刷时才将图像的颜色模式转换为 CMYK 模式。
- **灰度模式**：该模式图像中只有灰度信息而没有彩色。Photoshop 将灰度图像看成只有一种颜色通道的数字图像。
- **位图模式**：该模式是用黑白两种颜色值中的一种表示图像中的像素。

✖ **Lab 模式**：该模式是 Photoshop 内部的颜色模式，由于该模式是目前所有模式中包含色彩范围最广的颜色模式，能毫无偏差地在不同系统和平台之间进行交换，因此，该模式是 Photoshop 在不同颜色模式之间转换时使用的中间颜色模式。

✖ **多通道模式**：该模式在每个通道中都使用 256 级灰度，通常用于特殊打印。

✖ **索引颜色**：该模式图像最多使用 256 种颜色。当转换为索引颜色时，Photoshop 将构建一个颜色查找表（CLUT），用来存放并索引图像中的颜色。若原图像中的颜色超出色彩表中的颜色范围，则程序会在色彩表中选取最接近的颜色或使用已有颜色模拟该颜色。索引颜色模式可减少文件大小，同时保持视觉上的品质不变。这种模式通常用于多媒体动画或网页图像。但在该模式下，Photoshop 中的多数工具和命令不可用。

✖ **双色调模式**：该模式是通过 1～4 种自定彩色油墨创建单色调、双色调（两种颜色）、三色调（3 种颜色）和四色调（4 种颜色）的灰度图像。

三、改变图像窗口的位置和尺寸

当前图像窗口未处于最大化状态时，将光标放在图像窗口标题栏上，按下鼠标左键并拖动即可移动图像窗口的位置。

要调整图像窗口的尺寸，用户可以利用图像窗口右上角的"最小化"按钮█和"最大化"按钮█，还可通过将光标置于图像窗口边界（此时光标呈↕、↔、⤢或⤡形状），然后拖动鼠标来进行调整，如图 1-26 所示。

四、图像的缩放与平移

在利用 Photoshop 编辑图像时，通常会对图像做精细的处理，或者要预览图像的整体效果，此时可以通过放大、缩小或 100%显示图像来满足工作需求。

1. 放大与缩小显示图像

✖ 选择"缩放工具"🔍后，将鼠标移至图像窗口中，此时光标呈🔍状，单击鼠标即可将图像放大一倍显示。若按住【Alt】键不放，此时光标呈🔍状，在图像窗口中单击鼠标，可将图像缩小 1/2 显示。

✖ 选择"缩放工具"🔍后，在图像窗口中按下鼠标左键并拖出一个矩形区域，则该区域将被放大至充满窗口。

✖ 选择"视图">"放大"或"缩小"菜单，可使图像放大一倍或缩小 1/2 显示。

✖ 选择"窗口">"导航器"菜单，打开"导航器"调板，然后将光标置于调板的滑块△上，左右拖动可缩小或放大显示图像，如图 1-27 所示。单击滑块左侧的△按钮，可将图像缩小 1/2 显示；单击滑块右侧的△按钮，可将图像放大 1/2 显示。

图 1-26 改变图像窗口的大小

图 1-27 利用“导航器”调板改变图像的显示比例

小技巧

按【Ctrl++】或【Ctrl+-】组合键可快速放大或缩小显示图像。

2. 100%显示图像

100%显示图像是指图像以实际像素显示在窗口中，这种情况下，用户看到的是最真实的图像效果。

- 双击工具箱中的“缩放工具”，可以将图像 100%显示。
- 选择“缩放工具”后，在窗口中单击右键，在弹出的快捷菜单中选择“实际像素”。
- 选择“视图”>“实际像素”菜单，或者单击“缩放工具”属性栏中的“实际像素”按钮，也可将图像 100%显示。

3. 按屏幕大小显示图像

按屏幕大小显示图像是指将图像以最佳比例填充可使用的屏幕空间。

- 双击工具箱中的“抓手工具”。
- 选择“视图”>“按屏幕大小缩放”菜单。
- 选择“缩放工具”或“抓手工具”，然后单击工具属性栏中的“适合屏幕”按钮。

4. 移动图像的显示区域

当图像被放大显示后，在图像窗口中只能显示部分图像，并且图像窗口的右侧和下方将出现垂直或水平的滚动条。要移动图像的显示区域，可以使用如下任一方法：

- 直接拖动图像窗口的垂直或水平滚动条中的滑块，即可移动图像的显示区域。
- 选择“抓手工具”后，将光标移至图像窗口中，当光标呈手形状时，按下鼠标左键并拖动，即可改变图像的显示区域，如图 1-28 左图所示。
- 使用“导航器”调板可随时改变图像的显示区域，方法是将光标移至“导航器”调板中的红色线框上，然后按下鼠标左键并拖动，如图 1-28 右图所示。

图 1-28　移动图像的显示区域

　　在编辑图像时，选择"缩放工具" 🔍以外的其他工具时，按住【Shift+Ctrl+空格】或【Alt+Ctrl+空格】组合键，可以快速切换到"缩放工具" 🔍来缩放显示图像；按住空格键，可以快速切换到"抓手工具" ✋，来移动图像的显示区域。

五、调整图像大小

　　在编辑图像时，我们通常会利用更改图像大小的方法来满足设计需求。当图像大小被修改后，图像在屏幕上的大小受到了影响，而且还会影响图像的质量以及打印特性（图像的打印尺寸或分辨率）。

　　要调整图像大小，可以选择"图像">"图像大小"菜单，打开如图 1-29 所示的"图像大小"对话框，其中部分选项的意义如下所示。

显示图像的宽度和高
度，它决定了图像在
屏幕上的显示尺寸

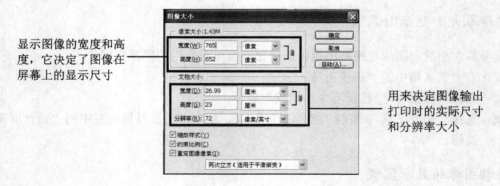

用来决定图像输出
打印时的实际尺寸
和分辨率大小

图 1-29　"图像大小"对话框

�֎ **缩放样式**：当勾选了"约束比例"复选框后该选项才被激活，选中该复选框，可以保持图像中的样式（图层样式等）按比例进行改变。

✖ **约束比例**：勾选该复选框后，在"宽度"和"高度"选项后将出现链接图标 🔗，表示改变其中一项设置时，另一项也将按相同比例改变。

✖ **重定图像像素**：勾选该复选框后，表示在改变图像显示尺寸时，系统将自动调整打印尺寸，此时图像的分辨率将保持不变。若取消该复选框的勾选，则改变图像的分辨率时，图像的打印尺寸将相应改变。

六、画布大小调整与旋转

在 Photoshop 中，画布大小是图像的可编辑区域，利用"编辑"菜单中的"画布大小"和"旋转画布"命令可对画布进行增大、减小、旋转或翻转，使画布尺寸满足设计需要。

1. 调整画布大小

打开一幅图片，选择"图像">"画布大小"菜单，在打开的"画布大小"对话框中设置新画布尺寸，然后设置裁切方位，单击 确定 按钮即可更改画布尺寸，如图 1-30 所示。

> 默认情况下，"画布大小"与"图像大小"是相等的。当调整图像尺寸时，图像会相应放大或缩小；当改变画布尺寸时，只会裁切或扩大画布，而图像本身不会被缩放。

图 1-30　"画布大小"对话框

✖ **当前大小**：显示当前图像尺寸。

✖ **新建大小**：用于设置新画布的尺寸。

✖ **相对**：勾选该复选框后，可在"宽度"和"高度"编辑框中输入数值来控制画布的增减量，值为正数时，画布将扩大，值为负数时，画布将进行裁切。

✖ **定位**：用于设置图像裁切或延伸的方向。默认情况下，图像裁切或扩展是以图像中心为中心的。若单击其他方块，则裁切或扩展将改变，如图 1-31 所示。

✖ **画布扩展颜色**：用于设置图像扩展区域的颜色（针对背景图层），用户可单击右侧的色块，利用打开的"拾色器"对话框来自定扩展颜色，默认为背景色。

图 1-31　以不同定位点扩展画布后的效果

当对画布进行减小处理时，系统将显示如图 1-32 所示的询问对话框，提示用户若要减少画布必须裁切一部分原图像，单击"继续"按钮，可在改变画布大小的同时裁切部分图像。

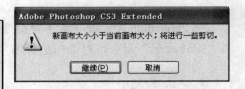

图 1-32 减小画布大小时的询问对话框

2. 旋转画布

利用"旋转画布"命令可以对整个图像进行旋转或翻转操作，如 180 度旋转、90 度旋转、水平或垂直翻转等操作。

要对图像进行旋转或翻转操作，可选择"图像">"旋转画布"菜单中的子菜单项（如图 1-33 左图所示），可以将整幅图像分别作"180 度"旋转、"顺时针 90 度"旋转、"逆时针 90 度"旋转、"任意角度"旋转、"水平翻转画布"和"垂直翻转画布"操作。图 1-34 所示为将整个图像沿顺时针 45 度旋转后的效果。

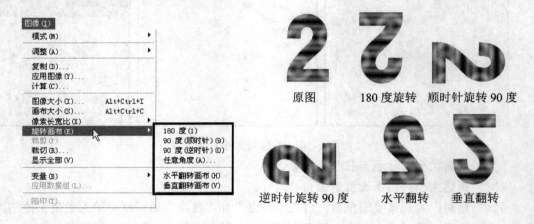

图 1-33 "旋转画布"菜单

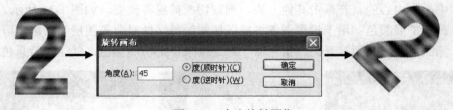

图 1-34 自由旋转图像

"旋转画布"菜单中的各子菜单项不能对单个图层或选区图像进行旋转或翻转操作。如果要对单个图层或选区图像进行旋转与翻转操作时，可使用"编辑"菜单中的"变换"或"自由变换"命令（项目四中有详细介绍）。

七、图像的裁剪与裁切

图像的裁剪是指移去图像中不需要的部分，以突出或加强构图效果。在 Photoshoop 中，可以使用"裁剪工具" ⛏、"裁剪"或"裁切"命令来裁剪图像。

1. 使用"裁剪工具"裁剪图像

利用"裁剪工具" ⛏可以直观地裁剪掉照片中多余的图像，使其更加完美。"裁剪工具" ⛏的使用方法很简单，具体操作如下。

步骤 1 选中"裁剪工具" ⛏，然后在图像窗口中按下鼠标左键并拖动，绘制一个裁切框（裁切框内的图像为保留区域），如图 1-35 左图所示。

步骤 2 将光标放置在裁切框的外侧，当光标呈↻形状时，按下鼠标左键并拖动，可以旋转裁切框，如图 1-35 右图所示。

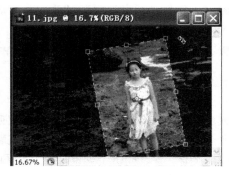

图 1-35 绘制与旋转裁切框

　　　将光标放置在裁切框内，拖动鼠标可移动裁切框的位置；将光标放置在裁切框的 8 个控制点上，当光标呈↔、↕、↖或↘形状时，拖动鼠标可改变裁切框的大小；按【Esc】键或者单击选项栏中的"取消当前裁剪操作"按钮◌可取消裁切操作。

步骤 3 选定裁切范围后，按【Enter】键，或在裁切区域中双击鼠标左键确定裁切操作，其效果如图 1-36 右图所示。

图 1-36 裁切图像前后对比效果

此外，选中“裁剪工具”后，用户还可利用其属性栏中指定的长宽精确裁切图像，并修改图像的分辨率，如图 1-37 所示。

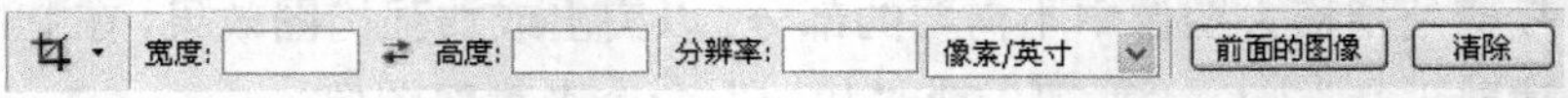

图 1-37 “裁剪工具”属性栏

- **宽度、高度**：直接输入数值可设置裁切区域的高度和宽度。
- **分辨率**：设置裁切图像的分辨率，在其右侧的下拉列表中可以设置单位。
- **“前面的图像”**：单击该按钮表示使用图像当前的长、宽比例。
- **“清除”**：单击该按钮可清除当前宽度、高度和分辨率数值。

2. 使用“裁剪”命令裁剪图像

使用“裁剪”命令裁剪图像的具体操作如下：

步骤 1 使用“矩形选框”、“套索”等选区工具选择要保留的图像区域（有关选区工具的使用方法详见项目二）。

步骤 2 选择“图像”>“裁剪”菜单即可裁切图像。

3. 使用“裁切”命令裁剪图像

“裁切”命令通过移去不需要的图像数据来裁剪图像，其工作方式与“裁剪”命令不同。该命令通过裁切周围的透明像素或指定颜色的背景像素来裁剪图像。

选取“图像”>“裁切”菜单，打开如图 1-38 所示的“裁切”对话框，在其中设置所需选项，单击确定按钮即可裁剪图像。

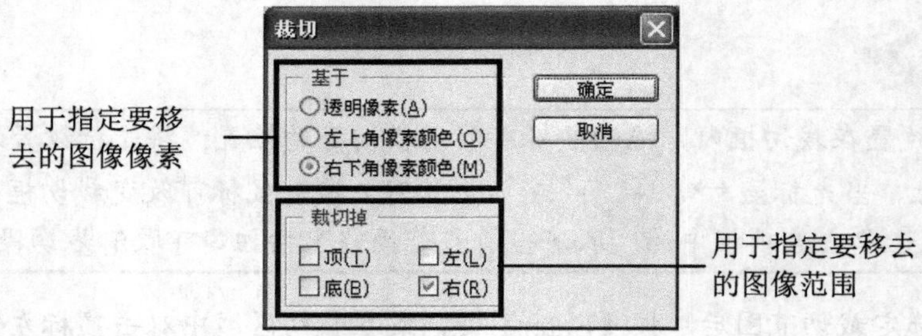

图 1-38 “裁切”对话框

- **“透明像素”**：用于指定移去图像边缘的透明区域，只保留包含非透明像素的最小图像，如图 1-39 所示。

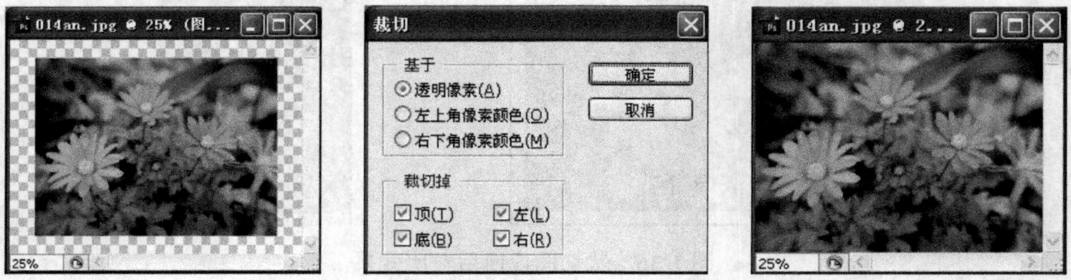

图 1-39 利用“裁切”命令裁切图像中的透明区域

✤ **"左上角像素颜色"和"右下角像素颜色"**：从图像中移去与图像左上角（右下角）像素颜色相同，并且与图像等宽或等高的完整区域，如图 1-40 所示。

✤ **裁切掉**：在该区域可以选择一个或多个要移去的图像区域，如"顶"、"底"、"左"或"右"。

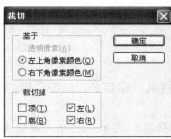

图 1-40 利用"裁切"命令裁切与图像左上角像素颜色相近的区域

从图 1-40 右图可知，图像的左侧未被裁切。虽然图像的左侧与左上角像素颜色相同，但是，由于该区域没有与图像等高，故未被裁切。

八、利用"最近打开文件"命令打开最近使用的文件

选择"文件">"最近打开文件"菜单，用户可以在其下的子菜单中找到最近曾打开过的文件，以避免浪费时间，如图 1-41 所示。

"最近打开文件"菜单中最多可列出最近打开过的 10 个文件，用户也可以自定义该文件的数量。选择"编辑">"首选项">"文件处理"菜单，打开"首选项"对话框，在其中的"近期文件列表包含"编辑框中输入要列出的文件数量即可，如图 1-42 所示。

选择该菜单可以清除
最近打开的文件列表

图 1-41 "最近打开文件"菜单　　　　图 1-42 "首选项"对话框

模块三　保存贺卡

学习目标

保存图像文件
退出 Photoshop CS3 程序

一、保存图像文件

贺卡制作好了，我们需要将其保存起来，以备后用。要保存贺卡文件，可以执行如下操作：

步骤1　选择"文件" > "保存"菜单，打开"存储为"对话框，如图 1-43 所示。

步骤2　在"存储为"对话框的"保存在"下拉列表中选择贺卡要存储的文件夹（"素材图片"\ "项目一"文件夹），其他参数保持默认，单击 存储(S) 按钮，即可将文件保存。

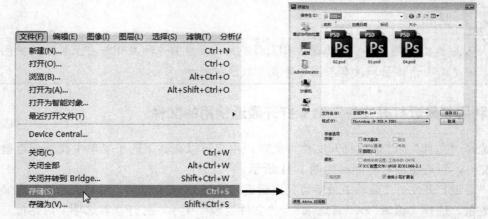

图 1-43　打开"存储为"对话框

> 如果对已有文件编辑后保存，则选择"文件" > "保存"菜单后将不再打开"存储为"对话框。

二、退出 Photoshop CS3 程序

完成贺卡的制作后，如果不使用 Photoshop CS3 程序了，可以选择如下任一种方法来退出程序：

✖　单击程序窗口标题栏右侧的"关闭"按钮 。

✖　选择"文件" > "退出"菜单，或者按【Ctrl+Q】组合键。

✖　按【Alt+F4】组合键。

延伸阅读

为方便用户更快捷地精通 Photoshop CS3，除了要掌握前面介绍的几种基本操作外，还需要了解位图与矢量图的区别、"存储为"命令的使用，以及图像文件都有哪些格式。

一、"存储为"命令

当用户在编辑已有图像时，如果不希望将原图像文件覆盖，可以选择"文件">"存储为"菜单，在打开的"存储为"对话框中重新定义文件名和存储位置。

二、了解图像文件格式

所谓图像文件格式，即计算机中存储图像文件的方法，不同的格式代表不同的图像信息，而每一种格式都有它的特点和用途。常用的图像格式有如下几种：

- **PSD 格式：**是 Photoshop 默认的存储格式，图像未完成前，将图像存储为 PSD 格式可保存文件的图层、通道等信息，便于修改。该格式的缺点是文件尺寸较大。
- **TIFF 格式：**是目前最常用的无损压缩图像文件格式，几乎所有的图像编辑软件都支持它。
- **JPEG 格式：**是一种压缩效率很高的存储格式。它采用的是具有破坏性的压缩方式，仅适用于保存不含文字或文字尺寸较大的图像。否则，将导致图像中的字迹模糊。
- **GIF 格式：**是 256 色 RGB 图像格式，其特点是文件尺寸较小，支持透明背景，特别适合作为网页图像。此外，还可利用 ImageReady 制作 GIF 格式的动画。
- **BMP 格式：**是 Windows 操作系统中"画图"程序的标准文件格式，此格式与大多数 Windows 和 OS/2 平台的应用程序兼容。由于该图像格式采用的是无损压缩，因此，其优点是图像完全不失真，其缺点是图像文件的尺寸较大。
- **PNG 格式：**是一种无损压缩图像格式，并且压缩比率较高，适合在网络中传播。该格式支持 RGB 模式（不包含 Alpha 通道）、索引颜色、灰度和位图模式的图像。此外，PNG 格式可以保留灰度和 RGB 模式图像中的透明度。

三、位图与矢量图

位图与矢量图是两个截然不同的概念，它们的最大区别在于，位图被放大显示到一定比例后，图像就会变得模糊，而矢量图被放大任意显示比例后依然很清晰。

1. 位图

位图又被称为图像，是由许多色块（即像素）组成的，每一个色块代表一个像素，且只显示一种颜色，是构成图像的最小单位。当位图被放大显示后，即可看到这些色块，即我们通常所说的马赛克效果，如图 1-44 所示。

位图可以模仿出真实事物效果，具有较强的表现力、色彩细腻、层次多且细节丰富等优点，其缺点是文件尺寸太大，与分辨率有关。

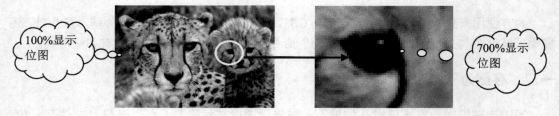

图 1-44　位图被放大显示前后对比效果

2.　矢量图

矢量图又被称为向量图形，是由矢量绘图软件（诸如 Illustrator、CorelDraw、InDesign 等）制作的图形。它与分辨率无关，无论放大多少倍显示，图形仍能保持原来的清晰度，如图 1-45 所示。

图 1-45　矢量图被放大显示前后对比效果

成果检验

利用本书提供的素材，并结合本项目所学内容制作如图 1-46 所示的手机广告。

图 1-46　手机广告效果图

制作要求

（1）素材位置：素材与实例\项目一\05.jpg、06.psd、07.psd 文件。

（2）主要练习新建、打开、保存图像文件的方法。

项目二　制作化妆品广告
——选区制作（上）

课时分配：4 学时

学习目标

 *(闹钟图标)*	掌握选框工具制作选区的方法
	掌握套索工具制作选区的方法
	掌握"魔棒工具"与"快速选择工具"创建选区的方法
	了解使用"色彩范围"命令创建选区的方法
	了解文字选区工具的使用方法以及描边和填充选区的方法

模块分配

模块一	制作广告图像
模块二	为广告图像添加文字

作品成品预览

图片资料

素材位置：素材与实例\项目二\化妆品广告

本例中，将通过制作化妆品广告来学习使用 Photoshop 各种制作选区工具与命令的创建选区的方法，以及描边与填充选区等内容。

模块一　制作广告图像

学习目标

	掌握“矩形选框工具”的用法
	掌握“魔棒工具”的用法
	掌握“套索”和“磁性套索”工具的用法

一、选区制作工具与命令概览

简单来讲，创建选区就是为图像的局部区域筑起一道封闭的“墙”。当用户只对图像中的某个区域进行复制、删除、填充等操作时，可以先创建该区域的选区，然后再编辑，这样只会改变选区内的图像，而选区外的图像不会受到影响。图 2-1 所示为选取人物图像后，将人物移至其他图像中进行照片合成的效果。

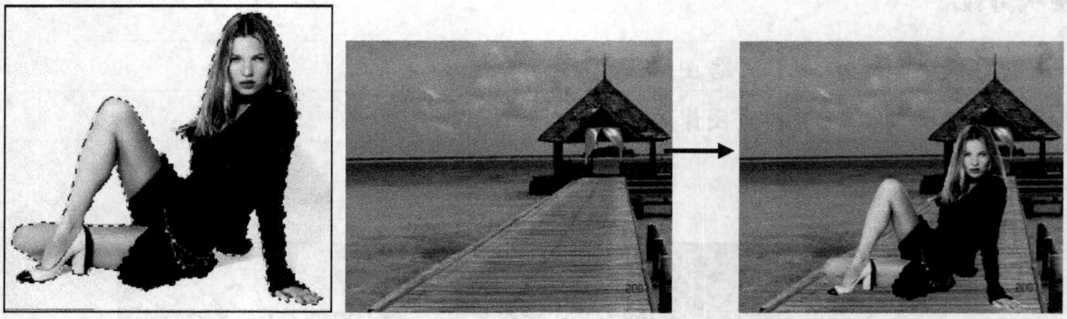

图 2-1　照片合成效果

在 Photoshop 中，创建选区的方法有多种，可以使用选区工具直接创建选区，也可以使用命令来创建选区。

- 创建规则选区，可使用“矩形选框工具”、“椭圆选框工具”、“单行选框工具”和“单列选框工具”。
- 创建不规则选区，可使用“套索工具”、“多边形套工具”、“磁性套索工具”。
- 创建文字形状的选区，可使用“横排文字蒙版工具”和“直排文字蒙版工具”。
- 按颜色创建选区，可使用“魔棒工具”和“快速选择工具”，以及“色彩范围”命令来创建。

二、利用“矩形选框工具”制作广告背景图像

利用“矩形选框式具”可以创建矩形、正方形选区，下面通过制作背景图像来学习其使用方法。

步骤 1 按【Ctrl+N】组合键，打开“新建”对话框，在其中设置“名称”为“化妆品广告”，“宽度”为 600 像素，“高度”为 400 像素，“分辨率”为 72 像素/英寸，“颜色模式”为“RGB 颜色”，“背景内容”为“白色”，其他参数为默认，如图 2-2 所示。设置好参数后，单击确定按钮创建一个新文档。

步骤 2 打开素材图片“01.jpg”（素材与实例\项目二），如图 2-3 所示。下面要从中选取部分图像作为广告的背景。

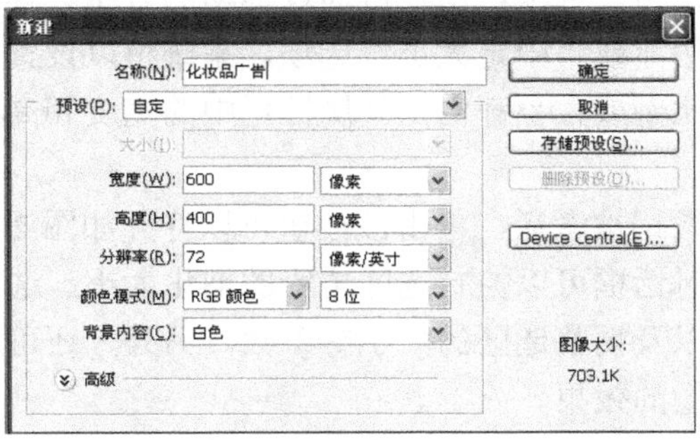

图 2-2　设置新文档参数

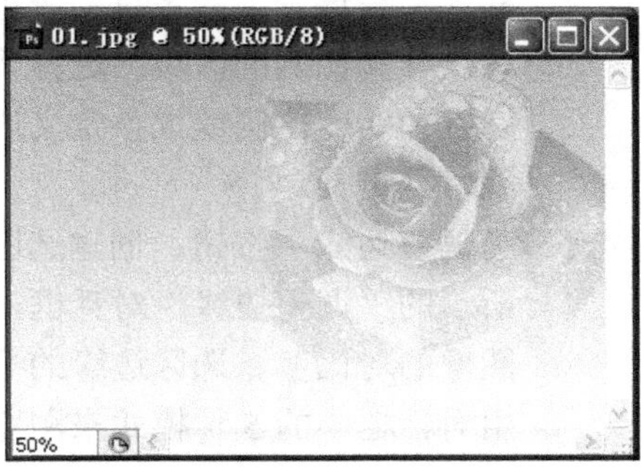

图 2-3　打开素材图片

步骤 3 在工具箱中选择“矩形选框工具”，此时工具属性栏如图 2-4 所示，在其中不做任何设置。

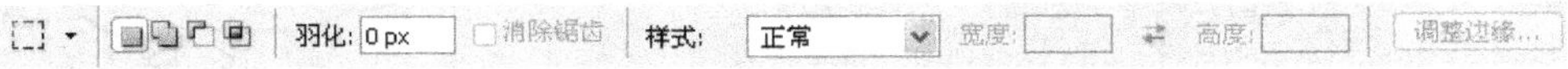

图 2-4　“矩形选框工具”属性栏

- **选区运算按钮：** 通过单击不同的按钮可以控制选区的创建方式（详见延伸阅读中的选区运算）。
- **羽化：** 设置羽化值后，选区的虚线框会缩小并且拐角变得平滑，填充的颜色不再局限于选区的虚线框内，而是扩展到了选区之外并且呈现逐渐淡化的效果。图 2-5 所示为对非羽化与羽化选区进行填充后的对比效果。

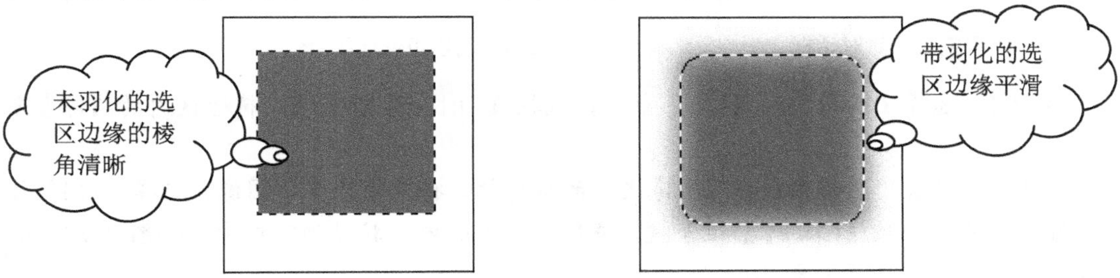

图 2-5　填充非羽化与带羽化效果的选区的对比效果

- 消除锯齿：该复选框只有选择“椭圆选框工具” 后才会被激活，用来在锯齿之间填入中间色调，从而在视觉上消除锯齿现象。图 2-6 所示为取消与勾选“取消锯齿”复选框，填充椭圆选区的对比效果。

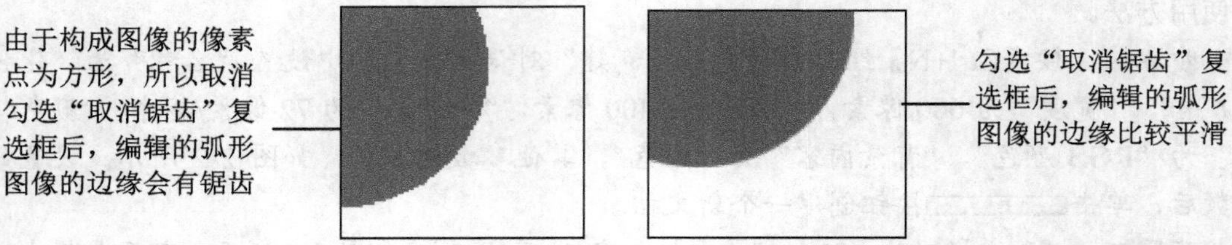
由于构成图像的像素点为方形，所以取消勾选“取消锯齿”复选框后，编辑的弧形图像的边缘会有锯齿
勾选“取消锯齿”复选框后，编辑的弧形图像的边缘比较平滑

图 2-6　取消与勾选“取消锯齿”复选框的填充选区效果对比

- **样式：**在该选项的下拉列表里选择“正常”选项，用户可通过拖动的方法选择任意尺寸和比例的区域；选择“固定比例”或“固定大小”选项，系统将以设置的宽度和高度比例或大小定义选区，其比例或大小都由工具属性栏中的宽度和高度编辑框定义。
- **“调整边缘”按钮：**创建选区后，该按钮被激活，单击该按钮可以打开如图 2-7 所示的“调整边缘”对话框，利用该对话框可以控制选区边缘的羽化大小、选区图像的对比度、选区边缘的平滑度，以及调整选区的大小等参数。另外，还可利用对话框中的 5 种模式来浏览选区图像的效果。

步骤 4　将鼠标光标移至“01.jpg”图像窗口的左上角，按下鼠标左键并向右下角拖动鼠标，释放鼠标后，即可创建一个矩形选区，如图 2-8 右图所示。

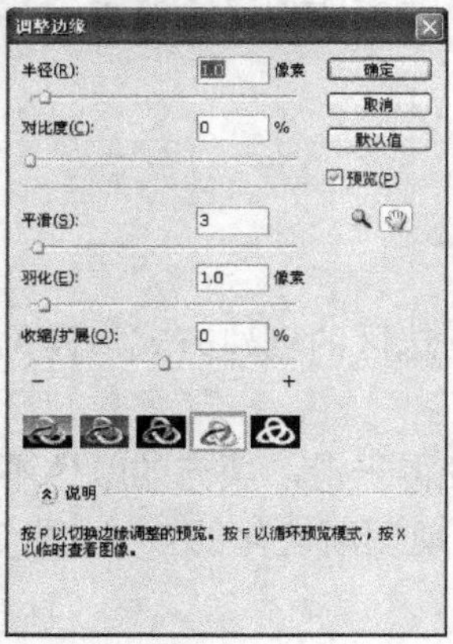
调整边缘
半径(R):
像素
确定
取消
默认值
预览(P)
对比度(C):
平滑(S):
羽化(E):
收缩/扩展(O):
说明

图 2-7　“调整边缘”对话框

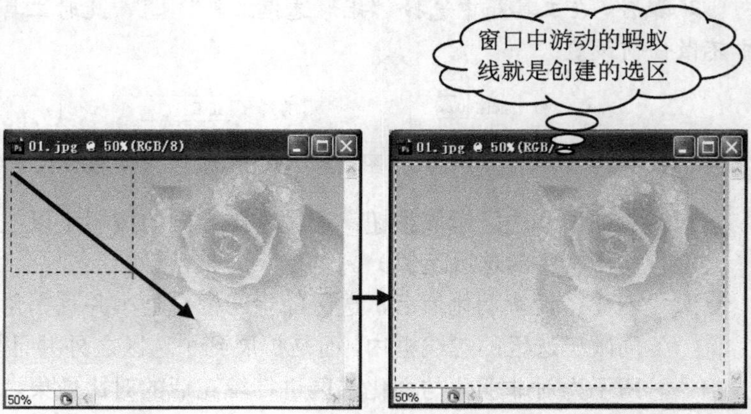
窗口中游动的蚂蚁线就是创建的选区
01. jpg @ 50%(RGB/8)
50%

图 2-8　创建矩形选区

步骤 5　选择“编辑”>“拷贝”菜单，或按【Ctrl+C】组合键，将选区内的图像复制到剪贴板。

步骤 6　单击“化妆品广告”图像文件的标题栏，将其置为当前图像，选择“编辑”>“粘贴”菜单，或按【Ctrl+V】组合键，将剪贴板中的内容粘贴到窗口中，如图 2-9 所示。这样，广告的背景图像就制作好了。

　　使用"拷贝"与"粘贴"命令粘贴选区图像至新图像窗口后，被粘贴的图像将位于新图像窗口的中央，这时用户可以使用"移动工具" 调整其位置，以满足设计需求。

图 2-9　粘贴图像

三、利用"魔棒工具"创建选区

　　利用"魔棒工具" 可以选取图像中颜色相同或相近的区域，而不必跟踪其轮廓。

　　步骤 1　打开素材图片"02.jpg"（素材与实例\项目二），如图 2-10 所示。由于该图像的背景颜色比较单调，可以使用"魔棒工具" 选取背景，然后将选区反向选中人物图像。

　　步骤 2　选择工具箱中的"魔棒工具" ，在其工具属性栏中单击"添加到选区"按钮 ，其他选项保持系统默认，如图 2-11 所示。

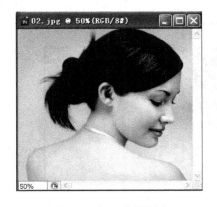

图 2-10　打开素材图片　　　　　　　　　图 2-11　"魔棒工具"属性栏

✖　**容差**：用于设置选取的颜色范围，其值在 0～255 之间。值越小，选取的颜色越接近；值越大，选取的颜色范围也就越大。

✖　**连续**：勾选该复选框，只能选择色彩相近的连续区域；不勾选该复选框，则可选择图像上所有色彩相近的区域。

✖　**对所有图层取样**：勾选该复选框，可以在所有可见图层（在"图层"调板中显示眼睛图标 的图层）上选取相近的颜色；不勾选该复选框，则只能在当前可见图层上选取颜色。

　　步骤 3　将鼠标光标移至"02.jpg"图像窗口左上角的背景处，然后单击鼠标，此时可看到与单击处颜色相同或相近的区域被选中，如图 2-12 中图所示。继续用鼠标单击其他背景区域，选中这些区域，如图 2-12 右图所示。

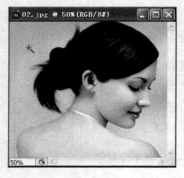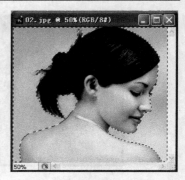

图 2-12　利用"魔棒工具"创建选区

步骤 4　本例中要选择人物图像，因此需要选择"选择" > "反向"菜单，或者按【Shift+Ctrl+I】组合键，将选区反向以选中人物，如图 2-13 所示。

步骤 5　使用"移动工具" 将选区中的人物图像拖至"化妆品广告"图像窗口中，并放置在如图 2-14 所示位置。

使用"魔棒工具" 时，单击不同的点可选择不同的区域。因此，用户在使用"魔棒工具" 进行区域选择时，可反复进行选取，直到符合要求为止。

图 2-13　反选选区　　　　　　　　　　图 2-14　移动人物图像

四、利用"套索工具"选取化妆品

利用"套索工具" 可以创建任意形状的选区，下面通过选取化妆品图像来学习其用法，具体操作如下所示。

步骤 1　打开素材图片"03.jpg"（素材与实例\项目二），如图 2-15 所示。

步骤 2　选择工具箱中的"套索工具" ，在其工具属性栏中的"羽化"编辑框中输入 10，其他选项保持系统默认，如图 2-16 所示。

步骤 3　将光标放置在化妆品图像的边缘，按下鼠标左键并沿化妆品图像的边缘拖动，待光标返回到起点时，释放鼠标后，系统会自动将起点和终点连接，形成一个封闭的区域，如图 2-17 右图所示。

图 2-15　打开素材图片

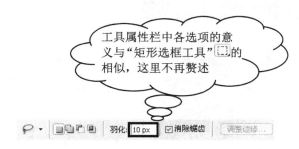

工具属性栏中各选项的意义与"矩形选框工具"的相似，这里不再赘述

图 2-16　"套索工具"属性栏

图 2-17　利用"套索工具"选取图像

步骤 4　使用"移动工具"将选区中的化妆品图像拖至"化妆品广告"图像窗口中，并放置在如图 2-18 所示位置。

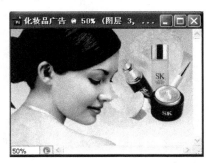

图 2-18　移动图像

小技巧

在用"套索工具"创建选区时，按【Esc】键可取消正在创建的选区；如果光标未到达起点，松开鼠标后，系统会自动用直线将起点和终点连接起来，形成一个封闭选区。

五、使用"磁性套索工具"选取花朵

利用"磁性套索工具"可以自动捕捉图像对比度较大的两部分的边界，像磁铁一样吸附的方式、沿着图像边界绘制选取范围。该工具特别适用于选择与背景对比强烈且边缘较为复杂的图像。

步骤 1　打开素材图片"04.jpg"（素材与实例\项目二），如图 2-19 所示。下面，我们要利用"磁性套索工具"选取百合花。

步骤 2　在工具箱中选择"磁性套索工具"，此时工具属性栏如图 2-20 所示，各选项保持系统默认。

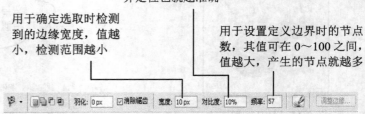

用于确定选取时检测
到的边缘宽度，值越
小，检测范围越小

用于设置套索的敏感度，
值越大，对比度越大，边
界定位也就越准确

用于设置定义边界时的节点
数，其值可在0～100之间，
值越大，产生的节点就越多

图2-19　打开素材图片　　　　　　　　图2-20　"磁性套索工具"属性栏

步骤 3　将鼠标光标移至百合花的边缘任意位置上单击，确定选区的起点，释放鼠标并沿着百合花的边缘拖动鼠标，此时可产生一条套索线并自动附着在百合花的周围，且每隔一段距离有一个方形节点，如图2-21左图所示。

步骤 4　继续沿百合花的边缘拖移光标，在需要拐角处，单击鼠标左键，手动定义一个节点，如图2-21右图所示。

利用"磁性套索工具"![图标]创建选区时，若选取的节点不符合要求，可以按【Delete】键逐次删除定义的节点。要终止选取，可以按【Esc】键。

图2-21　利用"磁性套索工具"定义选区

在利用"磁性套索工具"![图标]选取图像时，为方便选取操作，应将图像放大显示，并配合"抓手工具"![图标]来移动图像的显示区域。

步骤 5　当光标到达选区起点时，此时光标显示为![图标]形状，单击鼠标左键，即可完成选区的创建，如图2-22右图所示。

步骤 6　利用"移动工具"![图标]将选区内的百合花拖至"化妆品广告"窗口中，放置在如图2-23所示位置。

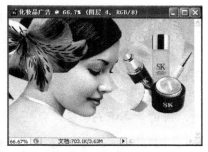

图 2-22　封闭选区　　　　　　　　　　图 2-23　移动图像

延伸阅读

　　下面，我们将详细介绍选区运算的方式、选区羽化的作用、"多边形套索工具" 的使用，以及其他选框工具的用法。

一、选区运算

　　选区运算是指利用"矩形选框工具" 、"套索工具" 、"魔棒工具" 等工具属性栏中的运算按钮 ，可以在已有选区上进行加、减与相交操作，从而得到新选区。

　　✂　**新选区** ：单击它可以创建新的选区。如果已存在选区，则绘制的选区会取代已有的选区；如果在选区外单击，可取消选区。

　　✂　**添加到选区** ：单击它可创建新选区，也可在原选区上添加新的选区。

　　✂　**从选区减去** ：单击它可创建新选区，也可在原选区的基础上减去不需要的选区。

　　✂　**与选区交叉** ：单击它可创建新的选区，也可创建与原选区相交的选区。

　　下面通过制作手提箱标志来介绍选区运算的方法，具体操作如下。

　　步骤 1　新建图像文件，选择"矩形选框工具" ，然后单击工具属性栏中的"添加到选区"按钮 ，然后利用该工具在图像窗口上方绘制矩形选区，如图 2-24 左图所示。

　　步骤 2　参照如图 2-24 右图所示的框架形状，再利用"矩形选框工具" 绘制 3 个矩形选区，得到 4 个选区相加的新选区。

图 2-24　利用"添加到选区"按钮增加选区

　　步骤 3　单击"矩形选框工具" 属性栏中的"从选区中减去"按钮 ，然后在框架左侧绘制矩形选区，如图 2-25 左图所示，释放鼠标后，即可得到两者相减的新选区，如图 2-25 中图所示。

步骤 4 继续利用"矩形选框工具" 在框架的其他 3 面绘制选区，以使框架的外侧凸出的区域均等。

步骤 5 按【D】键，恢复默认的前、背景色（黑、白色），然后按【Alt+Delete】组合键，用前景色填充选区，得到如图 2-25 右图所示效果。

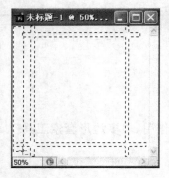  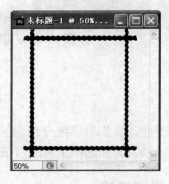

图 2-25　修饰框架边缘与填充框架

步骤 6 下面绘制手提箱。单击"矩形选框工具" 属性栏中的"新选区"按钮，然后在框架的中央绘制一个矩形选区，如图 2-26 左图所示。此时可看到框架选区被取代。

步骤 7 单击"矩形选框工具" 属性栏中的"添加到选区"按钮，然后在如图 2-26 右图所示位置添加一个矩形选区。

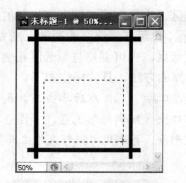 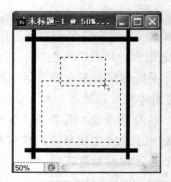

图 2-26　绘制手提箱的外轮廓

步骤 8 单击"矩形选框工具" 属性栏中的"从选区中减去"按钮，然后在如图 2-27 左图所示位置绘制绘制一个选区，得到手提箱的把手。

步骤 9 利用"矩形选框工具" 在把手的两侧各绘制一个矩形选区，得到如图 2-27 中图所示的新选区，然后按【Alt+Delete】组合键，用前景色填充选区，得到如图 2-27 右图所示手提箱。

步骤 10 下面为手提箱添加装饰物。选择"套索工具" ，在其工具属性栏中单击"与选区交叉"按钮，然后在手提箱选区中绘制任意形状的选区，释放鼠标后，即可得到两者相交的新选区（如图 2-28 中图所示）。按【Ctrl+Delete】组合键，用背景色填充选区，并按【Ctrl+D】组合键取消选区，得到如图 2-28 右图所示图像。

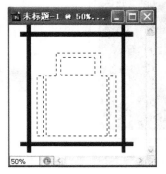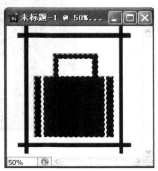

图 2-27　绘制手提箱

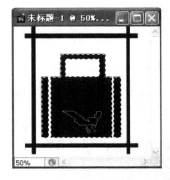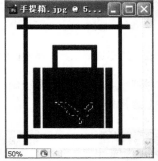

图 2-28　创建相交选区

　　利用选区制作工具创建选区后，按下【Shift】键表示在原有选区的基础上增加选区（相当于选择"添加到选区"按钮）；按下【Alt】键表示从原有选区减去新选区（相当于选择"从选区减去"按钮）；按下【Alt+Shift】键表示对原有选区与新选区相交（相当于选择"与选区交叉"按钮）。

二、选区羽化

　　在 Photoshop 中，选区的羽化是使用频率非常高的一个命令。在填充选区或复制（删除）选区图像前，先对选区进行羽化操作，再进行填充或复制，可以得到边缘柔和而淡化的图像效果，从而方便用户合成图像。

1. 填充设置羽化选区

　　步骤 1　打开素材图片"08.psd"（素材与实例\项目二），按【F7】键，打开"图层"调板，单击"背景"图层，将其置为当前图层，如图 2-29 所示。

图 2-29　打开素材图片

步骤 2　按【D】键，恢复默认的前、背景色（黑、白色）。选择"矩形选框工具" ，在其工具属性栏中的"羽化"编辑框中输入 60，如图 2-30 所示。

图 2-30　在"矩形选框工具"属性栏中设置羽化值

步骤 3　利用"矩形选框工具" 在酒瓶位置绘制一个选区，释放鼠标后，可得到一个边缘较平滑的选区，如图 2-31 右图所示。

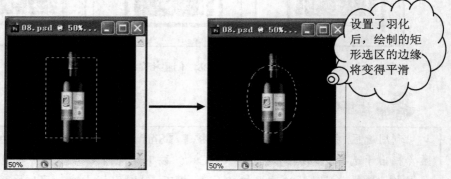

图 2-31　绘制带羽化效果的选区

在选区制作工具的属性栏中设置羽化值后，如果绘制的选区比羽化值小，系统将显示警告信息，提示用户当前选区为不可见。

步骤 4　按【Ctrl+Delete】组合键，用背景色填充选区，然后按【Ctrl+D】组合键，取消选区。这样，就得到一种很自然的发光效果，如图 2-32 左图所示。

如果不设置羽化而直接创建选区，然后再填充选区，则得到的图像边缘较清晰，如图 2-32 右图所示。从图中可知，这种效果很不美观，根本不能满足设计需求。

2. 复制选区图像制作无缝拼图

步骤 1　打开素材图片 "09.jpg" 和 "10.jpg" 两个图像文件，如图 2-33 所示。下面我们要将两幅图片进行拼合。

  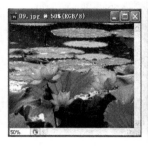 

图 2-32　填充羽化选区与非羽化选区的效果对比　　　　图 2-33　打开素材图片

步骤 2　单击 "09.jpg" 图像文件的标题栏，将其置为当前图像。选择 "套索工具" ，在其工具属性栏中设置 "羽化" 为 35，然后用该工具选取部分图像，如图 2-34 下图所示。

步骤 3　利用 "移动工具" 将选区内的荷花图像移至 "10.jpg" 图像窗口中，如图 2-35 所示。从图中可知，两幅图像很自然地融合在了一起。

图 2-34　创建选区　　　　　　　　　　图 2-35　无缝拼图

知识库

　　在创建了一个复杂选区，或使用 "魔棒工具" 创建选区后，如果此时没有或不能设置选区羽化值，这时可以使用 "羽化选区" 命令来补救。选择 "选择" ＞ "修改" ＞ "羽化选区" 菜单，打开如图 2-36 所示的 "羽化选区" 对话框，在其中的 "羽化半径" 编辑框中输入数值，单击 [确定] 按钮，也可对选区进行羽化操作。

三、使用 "椭圆选框工具" 创建选区

　　利用 "椭圆选框工具" 可以绘制椭圆或正圆选区。
选择 "椭圆选框工具" ，其工具属性栏如图 2-37 所示，其中各选项的意义与 "矩形选框工具" 属性栏中的相似，这里不再赘述。选定工具并设置羽化值后，在图像窗口中按下鼠标左键并拖动，即

图 2-36　"羽化选区" 对话框

可绘制椭圆选区。图 2-38 所示为利用"椭圆选框工具"  绘制并填充选区得到的效果。

图 2-37 "椭圆选框工具"属性栏

图 2-38 利用"椭圆选框工具"绘制选区

小技巧

利用"椭圆"、"矩形"选框工具绘制选区时,按住【Shift】键在图像中拖动鼠标,可以拖出一正圆或正方形选区;按住【Alt】键在图像中拖动鼠标,将以拖动的开始点作为中心点来制作选区;同时按住【Shift】和【Alt】键在图像中拖动鼠标,将以拖动的开始点为中心制作出一个正方形或正圆选区。

四、使用"单行选框工具"和"单列选框工具"创建抽线图

利用"单行选框工具" 和"单列选框工具"可以创建 1 个像素宽的横向或纵向选区,这两个工具主要用于制作一些线条。

选择"单行"或"单列"选框工具后,只需在图像中单击鼠标即可创建选区。图 2-39 所示为利用这两个工具创建了多个选区后,并对选区进行填充得到的抽线图效果。

图 2-39 创建抽线图

提示

使用"单行"和"单列"选框工具创建选区时,工具属性栏中的"羽化"值必须设置为 0,否则这两个工具不能使用。

五、使用"多边形套索工具"创建选区

利用"多边形套索工具" 可以制作一些像三角形、五角星、多边形等棱角分明、边缘呈直线的多边形选区。

步骤 1　打开一幅包含五角星的图片（素材与实例\项目二\13.jpg），如图 2-40 左图所示。下面要利用"多边形套索工具" 选取其中的五角星。

步骤 2　选择"多边形套索工具" ，然后在五角星的任意顶点单击鼠标左键确定起点，松开鼠标后并沿五角星的边缘移动光标，在需要拐弯处单击鼠标，此时第一条边线即被定义，如图 2-40 右图所示。

图 2-40　定义第一条边线

步骤 3　释放鼠标后继续移动光标，在需要拐弯处再次单击鼠标可定义第二条边线。依此类推，最后当光标移至起点时，光标的右下角出现一个小圆圈 ，单击鼠标即可形成一个封闭的选区，如图 2-41 右图所示。

图 2-41　完成多边形选区的制作

利用"多边形套索工具" 制作选区时，双击鼠标可将起点与终点自动连接；按下【Shift】键，可按水平、垂直或 45°角方向定义边线；按下【Alt】键，可切换为"套索工具" ；按【Delete】键，可取消最近定义的边线；按住【Delete】键不放，可取消所有定义的边线，与按【Esc】键的功能相同。

模块二　为广告图像添加文字

学习目标

掌握文字蒙版工具的用法

掌握描边与填充选区的方法

一、利用文字蒙版工具制作文字选区

在 Photoshop 中，系统提供了两种文字蒙版工具："横排文字蒙版工具" 和 "直排文字蒙版工具" ，利用它们可以创建横排或直排文字形状的选区。

步骤 1　选择工具箱中的 "横排文字蒙版工具" ，其工具属性栏及各选项意义如图 2-42 所示。

设置字体样式　　　　设置字体大小　　　设置文字对齐方式　　取消当前所有编辑　　提交所有当前编辑

图 2-42　"横排文字蒙版工具" 属性栏

步骤 2　在工具属性栏中设置字体为 "汉仪秀英体简"，字号为 80，其他选项保持系统默认。将光标移至图像窗口中，在合适的位置单击鼠标左键确定一个插入点，待出现闪烁的光标后输入所需文字，如图 2-43 右图所示。

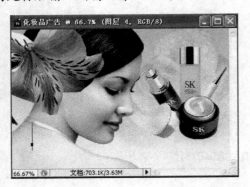

此时文字处于蒙版状态，并以半透明的粉红色显示

图 2-43　输入文字

如果用户的操作系统中没有安装汉仪字体库,可以根据个人所需来设置字体样式,也可以去购买汉仪字体库并安装到系统中。

步骤 3　将光标移至文字蒙版的外侧，当光标呈 形状时，按下鼠标左键并拖动，调整文字的位置，如图 2-44 所示。

步骤 4　单击工具属性栏中的 "提交所有当前编辑" 按钮 ，或按 【Ctrl+Enter】组合键确定输入，此时得到如图 2-45 所示的文字选区。

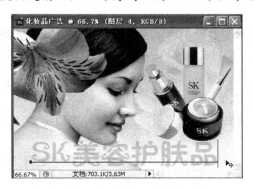

图 2-44　调整文字蒙版的位置

图 2-45　创建的文字形状选区

> 如果要更改输入的文字内容，用户需要在没有提交当前编辑前修改。一旦提交了编辑，就不能再修改了，这跟输入文字有所不同。

二、描边与填充文字选区

文字选区创建好后，我们可以对选区进行描边和填充操作，赋予选区各种色彩。

1. 填充选区

在 Photoshop 中，填充选区就是在选区的内部填充颜色或图案。在前面，我们知道通过按【Alt+Delete】和【Ctrl+Delete】组合键，只能使用前景色或背景色填充选区。下面，我们可以使用"填充"命令来填充选区，不但可以填充前景色、背景色、图案，还可以设置填充颜色或图案的混合模式和不透明度。

步骤 1　按【D】键，恢复默认的前、背景色（黑色和白色）。选择"编辑" > "填充"菜单，打开"填充"对话框，如图 2-46 所示，其中各参数的意义分别如下所示。

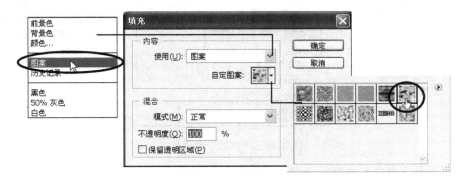

图 2-46　"填充"对话框

- ✖ **使用**：单击右侧的下拉按钮 ⌄，可在弹出的下拉列表中选择所需的填充方式，如前景色、背景色、图案等。
- ✖ **自定图案**：在"使用"下拉列表中选择"图案"，该选项才被激活。单击其右侧的下拉三角按钮 ▾，可以在列表中选择所需的图案进行填充。
- ✖ **模式**：用于设置填充内容的混合模式（有关混合模式的详细内容参见项目五）。
- ✖ **不透明度**：用于设置填充内容的不透明度。
- ✖ **保留透明区域**：勾选该复选框后，只对普通图层（背景图层除外）中有像素的区域进行填充。

步骤 2 单击"填充"对话框"使用"右侧的下拉按钮 ⌄，从弹出的下拉列表中选择"背景色"，其他参数保持默认，单击 确定 按钮，用白色填充选区，如图 2-47 右图所示。

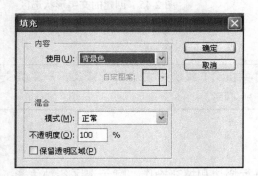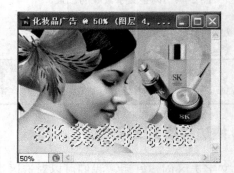

图 2-47　利用"填充"命令填充文字选区

2．描边选区

描边选区是指沿着选区的边缘描绘指定宽度的颜色。

步骤 1 保持文字选区不变，选择"编辑">"描边"菜单，打开"描边"对话框，其中各参数的意义如图 2-48 所示。

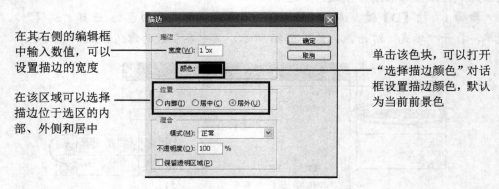

图 2-48　"描边"对话框

步骤 2 在"描边"对话框中设置"宽度"为 4 像素，"位置"为"居外"，单击"颜色"右侧的色块，打开如"选取描边颜色"对话框，然后在如图 2-49 中图所示的编辑框中输入颜色编码"#e60012"，指定描边颜色为红色。单击 确定 按钮，返回"描边"对话框，再单击 确定 按钮，为选区描边，其效果如图 2-49 右图所示。

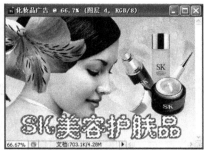

图 2-49　为文字选区描边

步骤3　继续用"横排文字蒙版工具" 在图像窗口的右上角制作英文"Skin of Love"的文字选区（用户自定义文字属性）。

步骤4　选择"编辑">"填充"菜单，打开"填充"对话框，单击"使用"右侧的下拉按钮，从弹出的列表中选择"图案"，然后单击"自定图案"右侧的下拉三角按钮，从弹出的列表中选择一种图案，单击 确定 按钮，用图案填充文字选区，如图 2-50 所示。

图 2-50　用图案填充选区

步骤5　利用"描边"命令为步骤 4 中的文字选区描边，参数设置及效果分别如图 2-51 所示。描边完成后，按【Ctrl+D】组合键取消选区，这样广告就制作好了。

图 2-51　描边图案文字

延伸阅读

下面我们来介绍利用"快速选择工具"、"色彩范围"命令创建选区的方法，以及自定义图案的方法。

一、使用"快速选择工具"创建选区

利用"快速选择工具"  可以使用一种可调节的圆形笔刷快速"画"出一个选区。拖动光标时，选区会跟随图像中定义的边缘自动查找并向外扩展。

选择"快速选择工具" ，其工具属性栏如图 2-52 所示，其中各选项的意义如下。

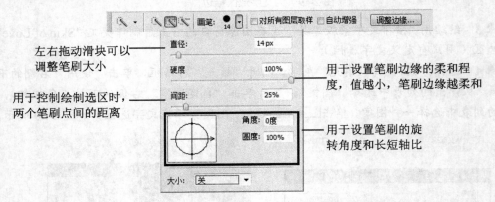

图 2-52 "快速选择工具"属性栏

✿ **选区运算按钮** ：该组按钮与选框工具组属性栏中的功能相似，这里不再赘述。默认状态下，"新选区"按钮 被选中，当创建选区后，自动切换到"添加到选区"按钮 。

✿ **画笔** ：单击其右侧的下拉三角按钮 ，可以从弹出的笔刷下拉面板中设置笔刷的大小、硬度、间距等属性。

✿ **自动增强：** 勾选该复选框可以使绘制的选区边缘更平滑。

步骤 1 打开一幅图片（素材与实例\项目二\14.jpg），选择"快速选择工具" ，在其工具属性栏中设置笔刷大小为 10，其他选项保持默认，如图 2-53 上图所示。

步骤 2 属性设置好后，将光标移至图像窗口中的荷花图像上，按下鼠标左键并拖动，释放鼠标后，即可创建如图 2-53 下图所示选区。

　　如果创建的选区中包含了不需要的选区，此时可适当缩小笔刷尺寸，单击属性栏中的"从选区减去"按钮 ，或者按住【Alt】键，在需删除区域内拖动即可减少选择区域。

步骤 3 继续在荷花图像的其他区域拖动鼠标，直至选中整个花朵，这样，荷花图像就被选中了，如图 2-54 所示。

图 2-53 选取部分荷花　　　　　　　图 2-54 选取整个荷花

　　　利用"快速选择工具"创建选区时，按键盘中的【]】键可增大该工具的笔刷尺寸；按【[】键可缩小笔刷尺寸。

二、利用"色彩范围"命令创建选区

　　　"色彩范围"命令可以使用图像中指定的颜色来定义选区，并能指定其他颜色来增加或减少选区。

　　　步骤 1　打开素材图片 "05.jpg"（素材与实例\项目二），如图 2-55 所示。下面，我们用"色彩范围"命令来选取图像中的黄色花朵。

　　　步骤 2　选择"选择" > "色彩范围"菜单，打开"色彩范围"对话框，如图 2-56 所示，其中各选项的意义如下所示。

图 2-55 打开素材图片　　　　　　　图 2-56 "色彩范围"对话框

　✖　**选择**：用于选择定义选区的方式，默认为"取样颜色"。

　✖　**颜色容差**：用于调整颜色选取范围。

　✖　**"选择范围"和"图像"单选钮**：用于指定色彩范围预览窗口中的图像显示方式（显示选区图像或完整图像）。

✸ **选区预览**：用于指定图像窗口（不是预览窗口）中的图像选择预览方式。

✸ **吸管工具** ✒✒✒：✒工具用于在预览图像窗口中单击取样颜色，✒和✒工具分别用于增加和减少选择的颜色范围。

✸ **反相**：用于实现选择区域与未被选择区域间的相互切换。

步骤 3 将光标移至图像窗口中的黄色花上，当光标呈吸管状态✒时，单击鼠标将黄色定义为要选取的范围，然后在对话框中调整"颜色容差"值，直至预览窗口中的黄色花朵变成白色，其他参数保持默认，如图 2-57 所示。

步骤 4 调整满意结果后，单击 确定 按钮关闭对话框，选择的结果如图 2-58 所示。

预览窗口中白色区域为选择区域

图 2-57　设置选取范围　　　　　　　图 2-58　创建的选区

步骤 5 下面改变花朵的颜色。选择"编辑" > "填充"菜单，打开"填充"对话框，在"使用"下拉列表中选择"颜色"，系统自动打开"选取一种颜色"对话框，在如图 2-59 左图所示的编辑框中输入颜色编码（#e60012），单击 确定 按钮返回"填充"对话框，再设置"模式"为"色相"，其他选项保持默认，如图 2-59 右图所示。

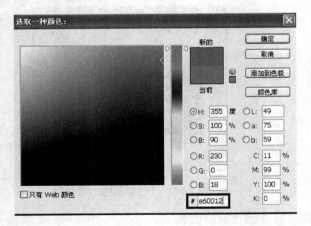

图 2-59　设置填充参数

步骤 6 参数设置好后，单击 确定 按钮，用红色填充选区，按【Ctrl+D】组合键取消选区，得到如图 2-60 所示效果。

用"色彩范围"命令创建选区时，如果"颜色容差"设置到最大限度后，还有未被选中的区域时，可单击"添加到取样"工具，然后在未被选中的区域单击即可。

图 2-60　用"填充"命令改变花朵的颜色

三、图案定义与使用

在 Photoshop 中，系统允许用户将自定义的图像定义为图案，在使用"填充"命令、"油漆桶工具"、"图案图章工具"、"修复画笔工具"编辑图像时，将自定义的图案填充、复制到同一图像中的其他位置或另一幅图像中。下面通过一个小实例来介绍自定义图案的方法。

步骤 1　打开素材图片"15.jpg"，利用"矩形选框工具"在图像窗口中选取要作为图案的区域，如图 2-61 左图所示。

步骤 2　选择"编辑" > "定义图案"菜单，打开"图案名称"对话框（如图 2-61 右图所示），在"名称"编辑框中输入图案的名称，单击[确定]按钮，选区内的图像就被定义为图案。

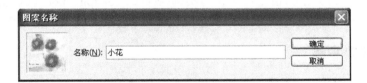

图 2-61　定义图案

步骤 3　打开素材图片"16.jpg"，然后利用"魔棒工具"选取背景图像，如图 2-62 左图所示。

步骤 4　选择"编辑" > "填充"菜单，打开"填充"对话框，在"使用"下拉列表中选择"图案"，激活"自定图案"，然后在图案列表中选择自定义的图案"小花"，并设置"模式"为"滤色"，单击[确定]按钮，即可使用自定义的小花图案填充选区，其效果如图 2-62 右图所示。

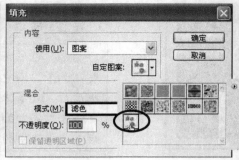

图 2-62　使用自定义图案填充选区

成果检验

利用本项目所学知识，制作如图 2-63 所示的图像效果。

图 2-63　效果图

制作要求

（1）素材位置：素材与实例\项目二\06a.jpg、06b.jpg、07a.jpg、07b.jpg 文件。

（2）主要练习"矩形选框工具"、"套索工具"、"描边"命令等使用方法。

简要步骤

步骤 1　创建一个新图像文件（宽度和高度分别为 600、400 像素；分辨率为 72 像素/英寸，颜色模式为 RGB 颜色的图像）。

步骤 2　利用"矩形选框工具"在"06a.jpg"图像中选取渐变背景，然后复制到新图像窗口中作为背景图像。

步骤 3　打开素材图片"06b.jpg"、"07a.jpg"、"07b.jpg"，利用"移动工具"将"06b.jpg"拖至新图像窗口中，然后按【F7】键，打开"图层"调板，在调板中设置该图层的混合模式为"线性加深"，"填充"为 60%。

步骤 4　分别利用"魔棒工具"和"多边形套索工具"选取人物和商品图像，然后依次移至新图像窗口中（选取人物和商品图像时，需要设置羽化值）。

步骤 5　利用"横排文字蒙版工具"创建文字选区，并分别用"描边"和"填充"命令描边与填充选区。

项目三　合成照片
——选区制作（下）

课时分配：4 学时

学习目标

	掌握快速蒙版制作选区的方法
	掌握"抽出"滤镜的使用方法
	了解 Photoshop 的选区修改方法
	了解 Photoshop 辅助工具的应用
	了解利用"钢笔工具"选取图像的方法

模块分配

模块一	图像选取
模块二	为照片添加画框

作品成品预览

图片资料
....
素材位置：素材与实例\项目三\合成照片

本例中，将通过合成照片再来介绍一些特殊的选区制作方法，以及修改选区的相关操作，Photoshop 辅助工具的应用等。

模块一　图像选取

学习目标

掌握使用快速蒙版模式选取图像的方法
掌握使用"抽出"滤镜的用法
了解使用"钢笔工具"选取图像的方法

一、利用快速蒙版模式选取蝴蝶

在 Photoshop 中，快速蒙版模式是一种非常有效的选区制作方法。在该模式下，用户可以使用"画笔工具" ✐、"橡皮擦工具" ✑ 等工具编辑蒙版，然后将蒙版转换为选区，从而可以得到任意形状的选区。此外，蒙版本身可以包含透明度信息，因此，使用快速蒙版模式制作的选区都具有羽化效果。

步骤 1　打开素材图片"01.jpg"和"02.jpg"文件（素材与实例\项目三），分别如图 3-1 所示。单击"02.jpg"文件的标题栏，将其置为当前图像。

图 3-1　打开素材图片

步骤 2　下面我们要选取"02.jpg"文件中的蝴蝶，并将其移至"01.jpg"图像窗口中。双击工具箱中的"以标准模式编辑"按钮 ◻，打开如图 3-2 所示的"快速蒙版选项"对话框，其中各选项的意义如下所示：

✖ **被蒙版区域**：选中该单选钮，表示在编辑蒙版时，显示蒙版颜色的区域为非选择区域。

✖ **所选区域**：选中该单选钮，表示显示

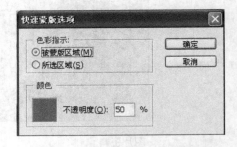

图 3-2　"快速蒙版选项"对话框

蒙版颜色的区域为选区。

❀ **颜色：** 在该区域可以设置蒙版的颜色和不透明度值。要设置新的蒙版颜色，只需单击色块并设置颜色即可。

步骤3 在"快速蒙版选项"对话框中选中"所选区域"单选钮，其他选项保持默认，单击 确定 按钮关闭对话框，并进入蒙版编辑状态，如图3-3右图所示。

图3-3 设置快速蒙版选项

提示

颜色和不透明度的设置只影响蒙版的外观，而不会真正改变蒙版下的图像。通过更改这两个选项，可以使蒙版与图像中的颜色对比鲜明，从而方便用户选取所需图像。

步骤4 选择"画笔工具" ✐，单击工具属性栏"画笔"右侧的下拉三角按钮▾，然后从弹出的笔刷下拉面板中选择主直径为45像素的柔角笔刷，如图3-4所示。

步骤5 按【D】键，恢复默认的前、背景色（黑色和白色）。用"画笔工具" ✐在蝴蝶翅膀上涂抹，如图3-5所示。从图中可知，蝴蝶翅膀被半透明的红色遮盖。

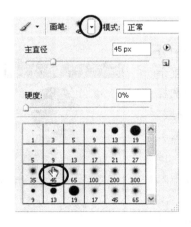

图3-4 设置笔刷属性　　　　图3-5 用"画笔工具"编辑蒙版

步骤6 继续用"画笔工具" ✐在蝴蝶的翅膀上涂抹，直至蝴蝶的翅膀完全被半透明的红色覆盖，如图3-6左图所示。

　　在编辑蒙版时，按【X】键，将前景色和背景色交换，也就是将前景色设置为白色，然后利用"画笔工具" ✐ 在蒙版区上涂抹可减少蒙版区。另外，根据操作需要，用户可以利用"画笔工具" ✐ 的工具属性栏更改笔刷的大小。

　　步骤 7　单击工具箱中的"以快速蒙版模式编辑"按钮 ◉ ，切换到标准模式编辑状态，此时蒙版区域被转换成选区，如图 3-6 右图所示。

　　步骤 8　使用"移动工具" ⊹ 将选区中的蝴蝶移至"01.jpg"图像窗口中，并放置在如图 3-7 所示位置。

图 3-6　将蒙版转换成选区　　　　　　　　　　　图 3-7　移动图像

　　按住【Alt】键单击"以快速蒙版模式编辑"按钮 ◉ ，可以在"被蒙版区域"和"所选区域"选项之间切换。

二、利用"抽出"滤镜选取人物

　　利用"抽出"滤镜可以快速地从背景较复杂的图像中分离出某一部分图像，例如人物的头发、动物的毛发以及复杂的山脉等图像。提取的结果是将背景图像擦除，只保留选择的图像。如果当前是背景图层，则自动将其转换为普通图层。

　　步骤 1　打开素材图片"03.jpg"（素材与实例\项目三），如图 3-8 所示。从图中可知，这幅图片的背景并不复杂，但要精确选取婴儿的头发，使用前面介绍的哪种方法，都不太容易实现。下面我们用"抽出"滤镜来选取。

　　步骤 2　选择"滤镜" > "抽出"菜单，打开"抽出"对话框，如图 3-9 所示，其中常用选项的意义分别如下所示。

图 3-8　打开素材图片

　　❀　"边缘高光器工具" ✐ ：用于勾画出需要抽出的图像边缘。

　　❀　"橡皮擦工具" ✐ ：用于对选择有误的边缘区域进行擦除。

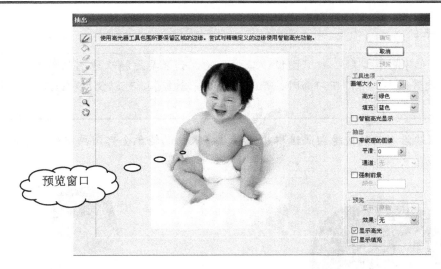

图 3-9　"抽出"滤镜对话框

❈　"填充工具" ：用于对所选区域填充颜色。

❈　"清除工具" ：用于清除抽出图像边缘的背景图像，该工具可降低不透明度，并可累积使用。按住【Alt】键并拖动鼠标，可恢复原来的不透明度。

❈　"边缘修饰工具" ：用于编辑抽出图像的轮廓，它能锐化边缘，也可累积使用。

❈　"工具选项"：该区域主要用于设置画笔的大小和颜色，以及填充的颜色。

❈　"抽出"选项区：该区域主要用于调整抽出的图像边缘的平滑度。

❈　"预览"选项区：在"显示"下拉列表中可设置抽出图像外的显示方式。选择"显示高度"和"显示填充"复选框，可以显示加亮边界和显示填充颜色。

步骤 3　单击"抽出"对话框左侧工具箱中的"边缘高光器工具" ，然后在右侧的"工具选项"区域设置"画笔大小"为 10，其他参数保持默认，如图 3-10 左图所示。

步骤 4　为方便精确选取图像，按【Ctrl+ +】组合键，放大显示图像。利用"边缘高光器工具" 在人物图像边界的外侧单击并拖动鼠标，沿人物边界勾画选取框，如图 3-10 右图所示。

按住【空格】键，在预览窗口中按住鼠标左键并拖动，可以移动图像的显示区域

图 3-10　设置笔刷属性与勾画选取框

利用"边缘高光器工具" 沿图像边缘勾画时，如果要更精确地选取图像，可以将笔刷直径设置得小一点。在勾画时，若选取框不符合需求，可以使用"橡皮擦工具" 擦除框线。

步骤 5 继续沿人物的边缘勾画选取框，直至将人物的轮廓全部勾画出来，如图 3-11 右图所示。

图 3-11 勾画人物的轮廓

步骤 6 选择对话框左侧工具箱中的"填充工具"，然后在人物图像中单击，将人物图像填充为蓝色（蓝色区域为要保留的图像），如图 3-12 所示。

勾画人物轮廓时，必须构成一个封闭的区域，否则在使用"填充工具"填充时，系统会无法分析用户想要保留的区域，也就不能精确选取图像。

步骤 7 单击对话框右侧的 预览 按钮，然后放大显示图像，查看图像的选取结果，如图 3-13 所示。若图像边缘有杂色，可用"橡皮擦工具"或"清除工具"擦除。

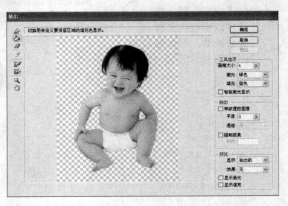

图 3-12 填充被保留的区域　　　　图 3-13 预览与修改选取结果

步骤 8　如果对选取结果满意，单击 确定 按钮，即可将人物图像从背景中分离出来，如图 3-14 左图所示。

步骤 9　使用"移动工具" 将分离出的人物图像拖至"01.jpg"图像窗口中，并放置在如图 3-14 右图所示位置。这样，照片就合成好了。

图 3-14　选取的图像与移动图像

延伸阅读

一、利用"钢笔工具"选取图像

在 Photoshop 中，利用"钢笔工具" 可以沿图像的边缘绘制路径，并能在绘制的同时，根据图像轮廓修改路径形状，完成后将路径转换为选区即可。下面，我们通过选择花瓶图像来学习"钢笔工具" 选取图像的方法。

步骤 1　打开素材图片"04.jpg"（素材与实例\项目三），如图 3-15 所示。下面，我们要用"钢笔工具" 选取花瓶。

步骤 2　为方便选取图像，利用"缩放工具" 将花瓶放大显示。选择"钢笔工具" 、、分别单击工具属性栏中的"路径"按钮 和"重叠路径区域除外"按钮 ，如图 3-16 所示。

"形状图层"按钮，单击该按钮，可以在绘制图形时生成一个带矢量蒙版的形状图层

"填充像素"按钮，单击该按钮，可以绘制出各种形状的位图，类似于使用"画笔工具"在图像窗口中绘画

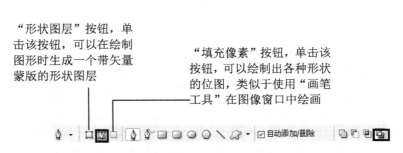

图 3-15　打开素材图片　　　　　　　　图 3-16　"钢笔工具"属性栏

步骤 3 将鼠标光标移至如图 3-17 左图所示位置单击，确定路径的起点。将光标移至下一点，按下鼠标左键并拖动创建一个带控制柄的曲线锚点，如图 3-17 右图所示。

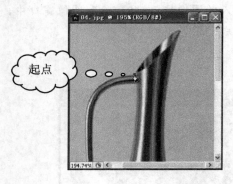

图 3-17　确定路径的起点

利用"钢笔工具" ✎ 绘制曲线锚点时，按住【Ctrl】键的同时拖动曲线锚点的任一控制柄，可以单独调整控制柄的长度或弧度，以使该锚点一侧的曲线路径段的弧度与所选图像边缘的弧度相吻合。

步骤 4 利用"钢笔工具" ✎ 沿花瓶的轮廓继续绘制其他锚点，当绘制到如图 3-18 左图所示位置时，按住【Alt】键单击该锚点，删除锚点上方的控制柄。继续沿花瓶轮廓创建其他锚点，直至选取花瓶的整个轮廓，如图 3-18 右图所示。

创建带控制柄的曲线锚点时，尽量不要将控制柄拖得太长，以减少过多的调整操作

图 3-18　绘制花瓶轮廓路径

利用"钢笔工具" ✎ 选取图像时，在有弧度的轮廓上要创建带控制柄的曲线锚点；在需要拐角时，要参照步骤 4 中的方法，删除一侧控制柄。

步骤 5 打开"路径"调板，单击调板底部的"将路径作为选区载入"按钮 ○，如图 3-19 左图所示。此时路径被转换成选区，如图 3-19 右图所示。

步骤6　按【F7】键，打开"图层"调板，按【Ctrl+J】组合键，将选区内的花瓶图像拷贝到新图层，并单击"背景"图层左侧的眼睛图标 👁，关闭"背景"图层的显示，此时，可看到选取的花瓶图像，如图3-20右图所示。

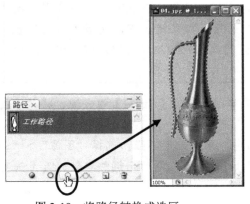

图3-19　将路径转换成选区　　　　　　　　图3-20　将图像拷贝到新图层

二、利用通道抠取人物头发与动物毛发

学了这么多抠取图像的方法，对于边缘整齐、颜色对比强烈的图像可以使用"魔棒"、"钢笔"、"套索"等工具或命令选取。但是，对于抠取毛发图像，尤其人物的飘飘长发，使用这些方法就无从下手了。下面，我们向大家推荐一种最有效且常用的方法——通道抠图法，保证你能轻松抠取人物飘逸的长发。

步骤1　打开素材图片"05.jpg"（素材与实例\项目三），如图3-21所示。下面我们要将图片中的女孩与她飘逸的长发一同抠取出来。

步骤2　选择"窗口" > "通道"菜单，打开"通道"调板，分别单击3个通道，观察通道中头发与背景的反差，选择一个反差较大的，这里选择"绿"通道，然后将其拖至调板底部的"创建新通道"按钮 📄 上，复制出"绿副本"通道，如图3-22右图所示。

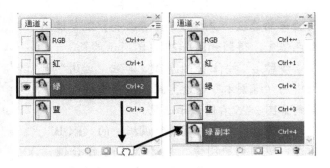

图3-21　打开图片　　　　　　　　图3-22　对比通道并创建通道副本

在 Photoshop 中，通道主要用于存储图像的颜色和选区信息（有关通道的相关内容可参考项目十一）。每个通道（RGB 复合通道除外）就是一个 256 色的灰度图，按住【Ctrl】键，单击某个通道即可载入该通道的选区。默认情况下，通道中白色代表选区，灰色为带羽化的区域，黑色代表非选区。因此，我们把要选取的部分编辑成白色，其他区域为黑色。

步骤3 选择"图像">"调整">"反相"菜单，或者按【Ctrl+I】组合键，将"绿副本"通道反相，结果如图 3-23 所示。

步骤4 从图 3-23 可看出头发区域变成了白色，但对比度不强。选择"图像">"调整">"色阶"菜单，打开"色阶"对话框，参照如图 3-24 左图所示调整参数，直至头发及发丝变为纯白，如图 3-24 右图所示。

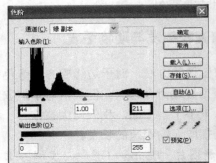

图 3-23　反相"绿副本"通道　　　　图 3-24　利用"色阶"命令调整"绿副本"通道

利用"色阶"命令调整"绿副本"通道时，要随时观察周边的发丝，不要调整过度，致使飘散的发丝丢失（有关"色阶"命令的详细介绍可参考项目九中）。

步骤5 按【D】键，恢复默认的前、背景色（黑、白色）。利用"套索工具"  制作人物脸部的选区，并按【Ctrl+Delete】组合键用白色填充，得到如图 3-25 左图所示效果。

步骤6 按住【Ctrl】键，单击"通道"调板中的"绿副本"通道，载入该通道的选区，得到如图 3-25 右图所示选区。

步骤7 单击"通道"调板中的"RGB"通道，返回到原图像。按【Ctrl+J】组合键，将选区内的图像生成"图层1"。按【F7】键，可看到该图层，如图 3-26 右图所示。

图 3-25　编辑"绿副本"通道并载入其选区

步骤 8　为便于观察选取结果，可以在"背景"图层之上新建"图层 2"，并用黄色（#fff100）填充该层，如图 3-27 右图所示。此时画面效果如图 3-28 所示。

图 3-26　返回原图像并创建新图层　　　　　　图 3-27　创建新图层并填充

步骤 9　在"图层"调板中单击选中"图层 1"，然后选择"加深工具" ，在其工具属性栏中单击"画笔"右侧的下拉三角按钮 ，从弹出的面板中设置笔刷为 60 像素的柔角笔刷（如图 3-29 上图所示），然后利用该工具在人物的发丝上小心地涂抹，使颜色淡的发丝显示出来，如图 3-29 下图所示。这样，飘逸的长发就被抠出来了。

图 3-28　填充新图层后　　　　　　图 3-29　利用"加深工具"编辑发丝

步骤 10　如果读者有兴趣的话，还可以将人物的身体抠取出来。因为人物的身体边缘比较清晰，可以使用前面介绍的"钢笔工具" 来抠取。具体的操作方法是：暂时关闭"图层 1"和"图层 2"，只显示背景层，然后用"钢笔工具" 勾勒出人物身体，接下来将路径转换为选区，结果如图 3-30 左图所示。

步骤 11　接下来按【Ctrl+C】组合键，将选区图像复制到剪贴板，按【Ctrl+V】组合键，为选区图像创建新图层"图层 3"，如图 3-30 左 2 图所示。拖动"图层 3"到"图层 2"上方，则"图层 1"和图层 3 中即为抠取的完整人物图像。

图 3-30　选取人物身体部位

三、选区的保存与载入

Photoshop 中制作的选区都只是临时的，如果想将辛苦制作好的选区保存下来，以便日后使用，可以执行如下操作。

步骤 1　打开素材图片 "06.jpg"，首先将小狗制作成选区，如图 3-31 左图所示。选择 "选择" > "存储选区" 菜单，打开 "存储选区" 对话框。

步骤 2　在 "存储选区" 对话框中设置选区所要保存的文档（一般都保存在原文档中）、名称等选项，如图 3-31 中图所示。然后单击 [确定] 按钮，保存后的选区成为一个蒙版，显示在 "通道" 调板中，此时选区即被保存，如图 3-31 右图所示。

　　保存选区还有一种快捷的方法，在选区制作好后，单击 "通道" 调板中的 "将选区存储为通道" 按钮◻，系统会自动将选区保存在 "Alpha" 通道中，如图 3-32 所示。

图 3-31　保存选区

步骤 3　按【Ctrl+D】组合键取消选区，若要再调出前面保存过的选区，可选择 "选择" > "载入选区" 菜单，此时系统将打开图 3-33 左图所示的 "载入选区" 对话框，在 "通道" 下拉列表中选择前面保存过的选区，单击 "确定" 按钮即可。

步骤 4　用户也可直接在 "通道" 调板中，按住【Ctrl】键单击前面被保存的通道，或选中保存的通道，单击调板底部的 "将通道作为选区载入" 按钮◯，即可重新载入选区，如图 3-33 右图所示。

图 3-32　保存选区的方法　　　　　　　　图 3-33　载入选区的两种方法

如果图像中已经存在选区，"载入选区"对话框中"操作"设置区的选项将全部激活，用户可以选择载入选区与原有选区的运算方式。另外，保存过选区的图像，应以 psd 或 tif 格式进行存储，如果以 jpg 或 gif 等格式保存，存储的选区仍然会丢失。

模块二　为照片添加画框

学习目标

 掌握 Photoshop 辅助工具的用法

一、利用参考线标示画框

在 Photoshop 中，参考线是浮动于图像上方的一些不会被打印出来的线条，利用它们可以帮助用户精确定位图像的位置。要利用参考线标示画框，可以执行如下操作。

步骤 1　选择"视图">"标尺"菜单，或者按【Ctrl+R】组合键，在图像窗口的左侧和顶部显示标尺，如图 3-34 所示。

步骤 2　为方便设置参考线的位置，用户可以将图像放大显示到足以查看标尺刻度。

步骤 3　按【F8】键，打开"信息"调板，用于观察参考线设置的位置。将光标放在图像窗口顶部的水平标尺上，按下鼠标左键并向窗口内部拖动，在垂直标尺 1.5cm 处放置一条水平参考线，如图 3-35 所示。

选择"视图">"新建参考线"菜单，打开如图 3-36 所示的"新建参考线"对话框，在其中设置"取向"和"位置"后，单击"确定"按钮也可添加一条新参考线。

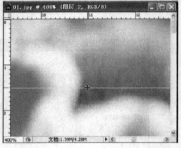

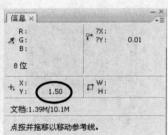

图 3-34　显示标尺　　　　　　　　　　图 3-35　设置第一条水平参考线

步骤 4　将光标放置在垂直标尺上，按下鼠标左键并向窗口内部拖动，在水平标尺1.5cm 处放置一条垂直参考线，如图 3-37 右图所示。

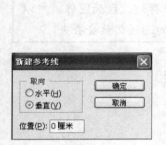

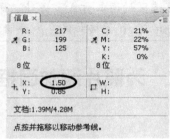

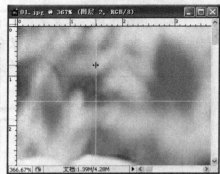

图 3-36　"新建参考线"对话框　　　　　图 3-37　设置第一条垂直参考线

步骤 5　参照与步骤 3~4 相同的操作方法，分别在垂直标尺 18.6cm 处放置一条水平参考线，水平标尺 28.5cm 处放置一条垂直参考线，如图 3-38 所示。

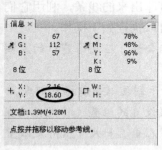

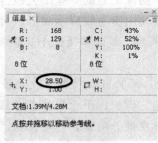

图 3-38　设置第 3 和第 4 条参考线

步骤 6　为防止意外移动参考线的位置，选择"视图" > "锁定参考线"菜单，或按【Alt+Ctrl+;】组合键，锁定参考线的位置。按【Ctrl+R】组合键隐藏标尺，如图 3-39 所示。

图3-39 隐藏标尺后

要移动参考线的位置，可首先按住【Ctrl】键或选择"移动工具" ，然后将光标移至参考线上方，待光标呈 状后按住鼠标左键并拖动，到合适的位置后松开鼠标左键即可。

连续按【Ctrl+H】组合键或选择"视图" > "显示" > "参考线" 菜单，可显示或隐藏参考线。

若要删除一条或几条参考线，可用"移动工具" 直接将参考线拖出画面即可。如果要删除所有参考线，可选择"视图" > "清除参考线" 菜单。

若要更改参考线的颜色或样式，可选择"编辑" > "首选项" > "参考线、网格和切片" 菜单，弹出"首选项" 对话框，在"参考线" 设置区的"颜色" 下拉列表中可以选择参考线的颜色，在"样式" 下拉列表中可以设置参考线的样式，如图3-40所示。

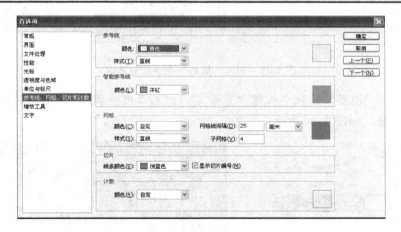

图3-40 "首选项"对话框设置参考线属性

二、填充选区并制作投影

步骤1 按【F7】键，打开"图层"调板，单击调板底部的"创建新图层"按钮 ，新建"图层3"，如图3-41右图所示。

步骤2 选择"矩形选框工具" ，在工具属性栏中单击"添加到选区"按钮 ，然后利用该工具在如图3-42所示位置绘制两个矩形选区。

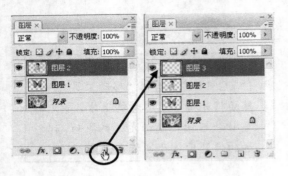

图 3-41　新建图层　　　　　　　　　　　　图 3-42　创建选区

步骤 3　选择"编辑">"填充"菜单，打开"填充"对话框，在其中选择"使用"下拉列表中的"图案"，然后在"自定图案"下拉列表中选择如图 3-43 左图所示的图案，然后单击 确定 按钮，即可使用所选图案填充选区，其效果如图 3-43 右图所示。

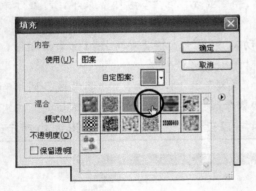

图 3-43　利用"填充"命令填充选区

步骤 4　在"图层"调板中新建"图层 4"，然后参照步骤 2~3 相同的操作方法绘制左右两侧的画框，如图 3-44 所示。

图 3-44　绘制左右两侧画框

步骤 5　在"图层"调板中单击"图层 3"左侧的眼睛图标，暂时隐藏该图层中图像的显示，此时图像的显示效果如图 3-45 右图所示。

图 3-45　关闭图层的显示

　　步骤 6　将图像的左上角放大显示，然后利用"多边形套索工具" 创建一个三角形选区，按【Delete】键删除选区内图像，得到如图 3-46 中图所示效果。

　　步骤 7　继续利用"多边形套索工具"在图像的其他 3 个角依次创建三角形选区，并删除选区内图像，得到如图 3-46 右图所示效果。

图 3-46　修饰画框的角

　　步骤 8　在"图层"调板中单击选中"图层 3"，将其设置为当前图层，然后单击该图层最左侧显示眼睛图标 ，重新显示该图层。然后按住【Ctrl】键并单击"图层 4"左侧的缩览图，创建该层的选区，如图 3-47 中图所示。按【Delete】键删除选区内图像，暂时隐藏"图层 4"，得到如图 3-47 右图所示效果。

图 3-47　创建图层选区并删除图像

　　步骤 9　重新显示"图层 4"，按【D】键，恢复默认的前、背景色（黑色和白色），然后在"图层"调板中新建"图层 5"，并按【Alt+Delete】组合键，用前景色填充选区。

　　步骤 10　利用选区的运算功能减去图像右侧的选区，然后选择"移动工具" ，再按1次【→】键，将选区内的图像向右移动，制作出左侧画框投影，如图3-48中图所示。

步骤 11 按【Ctrl+D】组合键取消当前选区，利用"矩形选框工具" 选取右侧的画框投影，然后选择"移动工具" ，再按1次【←】键将选区内的图像向左移动，制作出右侧画框投影，如图3-48右图所示。

图 3-48　移动选区图像的位置

步骤 12 在"图层"调板单击选中"图层 2"，然后单击调板底部的"创建新图层"按钮 ，新建"图层6"，如图3-49右图所示。

图 3-49　新建图层

步骤 13 按住【Ctrl】键的同时，单击"图层3"左侧的缩览图，创建该层的选区。按【Alt+Delete】组合键，在"图层6"中填充选区，然后参照步骤10～11，通过按【↑】和【↓】键分别移动上下边框底图，制作出上下画框的投影，其最终效果如图3-50右图所示。

图 3-50　创建上下画框的投影

延伸阅读

选区制作好后，我们可以利用 Photoshop 提供的选区修改命令，对选区进行移动、反选、收缩、扩大与边界等操作来满足不同的设计需求。

一、移动选区

绘制好选区后，然后选中任意一种选区制作工具，即可利用以下方法移动选区。

✖　（确保选区制作工具的属性栏中按下的是"新选区"按钮▣）将光标移至选区内，当光标变形为"⯈⬚"形时，在选区内单击并拖动鼠标，到所需的位置后释放鼠标即可移动选区，如图 3-51 所示。

> 如果在移动时按下【Ctrl】键，则可移动选区中的图像（相当于选择"移动工具"⯈⊕）。

图 3-51　移动选区

✖　使用键盘上的【↑】、【↓】、【←】、【→】4 个方向键可每次以 1 个像素为单位精确移动选区。

✖　按下【Shift】键的同时再按方向键，可每次以 10 个像素为单位移动选区。

二、隐藏与显示选区边缘

在编辑选区时，为了方便观察图像效果，我们可以通过选择"视图"＞"显示"＞"选区边缘"菜单，或者按【Ctrl+H】组合键隐藏或显示选区边缘。

三、全选、反选、取消与重新选择选区

要选择整幅图像，可选择"选择"＞"全部"菜单，或者按下【Ctrl+A】组合键。

> "全部"命令常与"合并拷贝"命令配合使用,可将当前显示画面用于其他图像。

创建好选区后,如果要将选区与非选区进行转换,可以执行如下任一操作:

�֍ 选择"选择">"反向"菜单,或者按【Shift+Ctrl+I】组合键。

✖ 在图像窗口内单击鼠标右键,系统自动弹出如图 3-52 所示的快捷菜单,从中选择
"选择">"选择反向"菜单,也可反选选区。

> 快捷菜单是在屏幕不同位置及不同
操作状态下单击鼠标右键所弹出的菜
单,主要用于显示与当前工具、操作状
态相关的命令,而这些命令都可以在菜
单栏的相应菜单中找到。

图 3-52　选区修改快捷菜单

要取消已有选区,或者重新选择选区,可执行如下操作:

✖ 选择"选择">"取消选择"菜单,或按【Ctrl+D】组合键。

✖ 在图像窗口内单击鼠标右键,从弹出的快捷菜单中选择"取消选择"命令。

✖ 如果想将取消过的选区重新选择,可选择"选择">"重新选择"菜单,或者按
下【Shift+Ctrl+D】组合键。

四、选区扩展与收缩

创建选区后,利用"扩展"命令可以将选区均匀地向外扩展;利用"收缩"命令可以
将原选区均匀地向内收缩。

选择"选择">"修改">"扩展"菜单,打开"扩展选区"对话框,在"扩展量"编
辑框中输入 1~100 间的整数,单击 确定 按钮可得到扩展的选区,如图 3-53 所示。

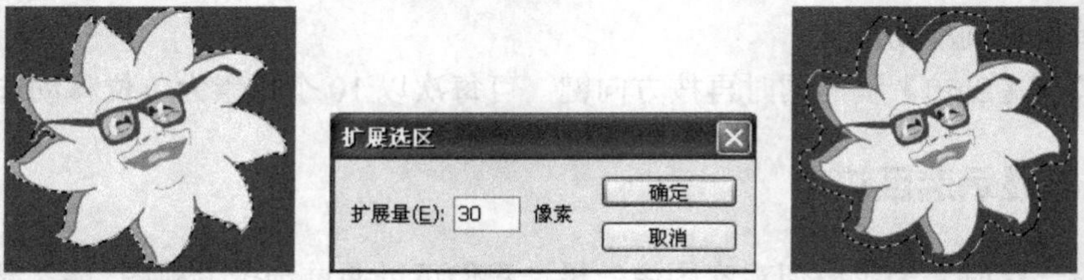

图 3-53　扩展选区

选择"选择">"修改">"收缩"菜单,打开"收缩选区"对话框,在"收缩量"编
辑框中输入 1~100 之间的整数,单击 确定 按钮即可将选区按指定的数值收缩。例如,
利用该命令可以制作空心字效果,如图 3-54 所示。

图3-54　制作的空心字效果

五、制作边界选区

利用"边界"命令可以围绕原选区创建一个指定宽度的选区。选择"选择">"修改">"边界"菜单，打开"边界选区"对话框，在"宽度"编辑框中输入正值或负值，单击[确定]按钮，即可在原选区的外部或内部选取指定宽度的区域，如图3-55右图所示。在清除粘贴图像周围的光晕效果时，该命令非常有用。

图3-55　创建边界选区

六、选区平滑

利用"平滑"命令可以减少选区边界中的不规则区域，以使选区变得平滑。选择"选择">"修改">"平滑"菜单，在"取样半径"编辑框中输入数值，单击[确定]按钮即可使选区边缘变得平滑。通常情况下，利用该命令来消除使用"魔棒工具"、"色彩范围"定义选区时所选的零星区域，如图3-56右图所示。

图3-56　平滑选区操作

七、扩大选取与选取相似

选择"选择">"扩大选取"菜单和"选择">"选取相似"菜单都可在原有选区的基础上扩大选区。

- 选择"选择">"扩大选取"菜单，可以在原有选区的基础上，选取与原选区颜色相近且相邻的颜色区域，如图 3-57 中图所示。
- 选择"选择">"选取相似"菜单，可以在当前图像（包括所有图层）中选取与原有选区颜色相近的所有区域，如图 3-57 右图所示。

提示

"扩大选取"与"选取相似"命令选取图像的范围都受"魔棒工具"属性栏中的"容差"值影响，该值越大，选取的范围就越大。

图 3-57　利用"扩大选取"与"选取相似"命令选取图像

成果检验

利用本项目所学知识，制作如图 3-58 所示的图像效果。

图 3-58　效果图

制作要求

（1）素材位置：素材与实例\项目三\07.jpg、08.jpg 文件。

（2）主要练习"抽出"滤镜、选区修改、选区羽化等命令的用法。

简要步骤

步骤 1　打开素材图片"07.jpg"，然后制作带羽化效果的椭圆选区并填充白色。

步骤 2　利用"边界"命令创建环状选区并填充白色，移动选区的位置再填充。

步骤 3　利用"抽出"滤镜选取"08.jpg"图像中的人物。

步骤 4　利用"直排文字蒙版工具" 在"背景"图层上制作文字选区，在确认输入前，利用文字工具属性栏中的"创建文字变形"功能制作文字选区变形（样式为拱形、弯曲为－50%），然后按【Ctrl+J】组合键，将选区内的图像生成新图层。

步骤 5　按住【Ctrl】键单击文字图层的缩览图，创建该层的选区并设置羽化，然后在该图层的下方新建图层，并用白色填充，制作出文字发光效果。

项目四　制作图书封面
——图像编辑

课时分配：4 学时

学习目标

| 掌握设置前、背景颜色的方法 |
| 掌握图像的基本编辑方法 |
| 掌握变换图像的各种方法 |
| 了解撤销与恢复图像的方法 |

模块分配

模块一	图像选取
模块二	编辑封面图像

作品成品预览

图片资料

素材位置：素材与实例\项目四\图书封面

本例中，通过制作图书封面来介绍设置前景色和背景色的各种方法、图像的基本编辑方法，以及操作的撤销和重复等内容。

模块一　　图像选取

学习目标

掌握设置前、背景颜色的方法
掌握"贴入"和"合并拷贝"命令的用法
掌握删除图像的方法

一、利用参考线规划图书封面布局

一个普通的图书封面主要包括：封面（封皮的正面）、封底和书脊 3 个部分。下面先利用参考线标示这几个部分。

步骤 1　按【Ctrl+N】组合键，打开"新建"对话框，参照如图 4-1 所示参数创建一个新文档。

步骤 2　按【Ctrl+R】组合键，显示标尺，然后在封面的上下左右距边缘 3mm 处各拖出 1 条参考线，标示出血参考线（出血为印刷术语，即装订裁切时的边缘区域）；在水平标尺 143mm 和 153mm 处各放置一条垂直参考线，标示出书脊，如图 4-2 所示。

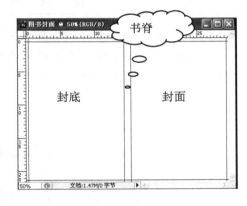

图 4-1　设置新文件参数　　　　　　　　图 4-2　规划图书封面的布局

制作图书封面时，一般将"分辨率"设置为 300 像素/英寸、"颜色模式"为 CMYK 颜色，但由于分辨率过高会导致计算机运行速度减慢，所以这里将"分辨率"设置为 72 像素/英寸。而 CMYK 颜色模式下很多滤镜功能不能使用，所以一般在 RGB 颜色模式下编辑图像，完成后再将颜色模式转换成 CMYK。

二、利用"拾色器"设置前景色和背景色

前景色是使用画笔、铅笔、油漆桶等工具绘画或填充图像时使用的颜色，背景色是使用"橡皮擦工具" 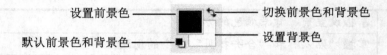等在背景图层上擦除图像时使用的颜色。

在使用 Photoshop 编辑图像时，可以利用工具箱中的前景色和背景色设置工具来设置颜色，如图 4-3 所示。

设置前景色 ——　　　　　　　　　—— 切换前景色和背景色

默认前景色和背景色 ——　　　　　　　—— 设置背景色

图 4-3　工具箱中的前景色和背景色设置工具

✖ **"设置前景色"和"设置背景色"色块**：默认情况下，这两个色块的颜色分别为黑色和白色。单击这两个色块，可以打开"拾色器"对话框设置所需的颜色。

✖ **"默认前景色和背景色"按钮** ■：单击该按钮，可以将前景色和背景色恢复为默认的黑色和白色。

✖ **"切换前景色和背景色"按钮** ↰：单击该按钮，可以切换前景色和背景色。

在英文输入法状态下，按【D】键，可以将前景色和背景色恢复为默认的黑色和白色；按【X】键，可以切换前景色和背景色。

在 Photoshop 中，最常用的设置颜色的方法是利用"拾色器"对话框设置。下面首先介绍利用"拾色器"对话框设置本例中使用的前、背景色，具体操作如下。

步骤 1　单击工具箱中的"设置前景色"色块，打开图 4-4 所示"拾色器"对话框，其中各选项的意义如下。

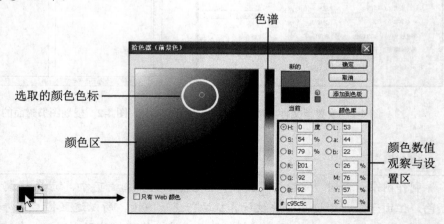

图 4-4　"拾色器"对话框

✖ **颜色区**：利用鼠标在该区域单击，即可选取所需的颜色。

✄ **色谱**：上下拖动白色滑块 ▷ ◁，可以改变颜色区中的颜色主色调。

✄ **颜色数值观察与设置区**：在该区域可以观察颜色数值或输入数值来确定颜色。

步骤 2 在如图 4-5 所示区域输入颜色数值，单击 确定 按钮，即可将所选颜色设置为前景色。

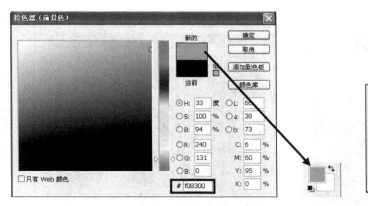

知识库

设置背景色的方法与前景色相似，只需单击工具箱中的背景色色块，从弹出的"拾色器（背景色）"对话框中选择所需颜色即可。

图 4-5 输入所需颜色数值

步骤 3 按【Alt+Delete】组合键，用前景色填充图像，得到图 4-6 所示填充效果。

三、利用"贴入"命令将图像粘贴到选区内

利用"贴入"命令可以将复制的内容粘贴到同一图像或其他图像的新选区中，系统会自动生成一个带蒙版的新图层。

步骤 1 选择"套索工具" ，然后利用该工具在图像窗口中绘制如图 4-7 所示的选区。

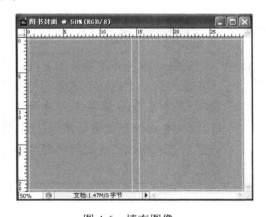

图 4-6 填充图像

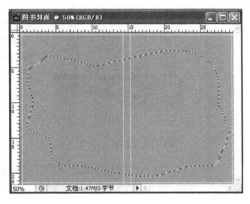

图 4-7 绘制选区

步骤 2 按【Alt+Ctrl+D】组合键，打开"羽化选区"对话框，在其中设置"羽化半径"为 40 像素，如图 4-8 所示。设置完成后，单击 确定 按钮，将选区羽化。

步骤 3 打开素材图片"01.jpg"（素材与实例\项

图 4-8 "羽化选区"对话框

目四），按【Ctrl+A】组合键全选图像，如图 4-9 左图所示，然后按【Ctrl+C】组合键，将选区内图像复制到剪贴板。

步骤 4 切换到"图书封面"图像窗口，选择"编辑">"贴入"菜单，或者按【Shift+Ctrl+V】组合键，将剪贴板中的图像粘贴到选区内，并且很自然地与背景图像融合在一起，其效果如图 4-9 右图所示。

图 4-9　将图像贴入到选区中

　　从图 4-9 右图可知，选区外的图像被隐藏，此时用户可以使用"移动工具" ▶✦ 移动被粘贴的图像，以调整其显示效果。

步骤 5 按【F7】键，打开"图层"调板，如图 4-10 所示。从图中可知，贴入选区的图像被放在一个带蒙版的新图层中。

 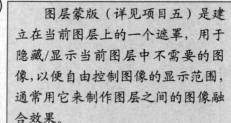

图 4-10　贴入图像后生成的带蒙版的图层

　　图层蒙版（详见项目五）是建立在当前图层上的一个遮罩，用于隐藏/显示当前图层中不需要的图像，以便自由控制图像的显示范围，通常用它来制作图层之间的图像融合效果。

　　在不同分辨率的图像间粘贴选区或图层图像时，粘贴的图像将保持其原像素尺寸，这样可能会使粘贴的图像与新图像不成比例，因此，可以在拷贝或粘贴前，利用"图像大小"命令，更改分辨率使其与目标图像相同，或者利用"自由变换"命令（参见后面的延伸阅读）调整粘贴内容的大小。

延伸阅读

下面我们来介绍图书封面设计的基本常识，了解 Photoshop 中其他设置颜色的方法，以及图像编辑的基本方法等内容。

一、图书封面设计常识

要想制作出好的封面，首先要了解图书封面的构成、常用的书籍开本，以及纸张的选择，这些是制作一个好作品的前提，也是每一个设计者所必须掌握的知识。

1. 封面构成

通常情况下，一个完整的图书封面由封面（封皮的正面）、封底、书脊和勒口组成，如图 4-11 所示。

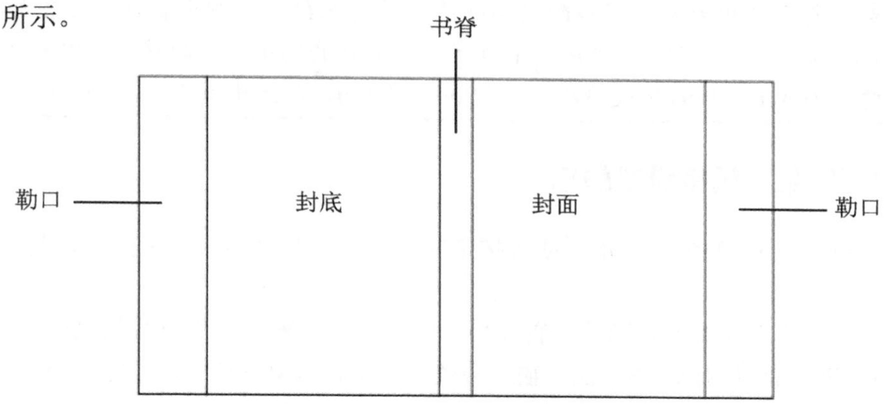

图 4-11　图书封面构成

- **封面**：是整个设计中最为重要的部分，书籍的名称、设计的图形、作者名及出版社名称等主要信息都集中在这里。
- **封底**：是封面设计的一个补充，它是用来放置书籍介绍、条形码、书号及定价的地方。
- **书脊**：书脊在整个封面中的作用也是举足轻重的，如果将书放置到书架上，书脊就成了浓缩的封面，在该位置一般放置书名、作者名、出版社名称等。
- **勒口**：是用来连接内封和坚固封面的，在该位置可以放置作者的简历和书籍的宣传语等。不过，现在大部分图书都不设勒口。

2. 纸张种类

在制作封面前，设计者先要根据书的需要（内容、成本及读者群）选择不同的纸张和开本，出版用的纸张种类繁多，如铜版纸、胶版纸、凸版纸、卡纸和特种纸等。对于封面设计者来说，设计思想一定要与所选的纸张达成一致，这样才能制作出完美的作品。

3. 书籍开本

书籍的开本，是指书籍的幅面大小。确定开本是封面设计的基础，一个合格的封面设计者必须掌握书籍印刷中一些常用开本的尺寸，以便在进行设计、绘制草稿及正稿时把握精确的画面大小。

常用的书籍开本规格如下表示：

16K	18.5cm × 26cm	大 16K	20.3cm × 28cm
32K	13cm × 18.4cm	大 32K	14cm × 20.3cm
24K	19.6cm × 18.2cm	64K	9.2cm × 12.6cm
大 64K	10.1cm × 13.7cm	8K	26cm × 37.6cm

上表中所示尺寸为常用书籍的成品规格，设计正稿时，四个切口上应各加 3mm 的长度（出血），以便于装订时切边。例如，本例制作的图书封面规格为 140×210mm，书脊厚度为 10mm，封面的成品尺寸为 290×210mm，加上出血后应为 296×216mm。

二、利用"颜色"调板设置颜色

选择"窗口" > "颜色"菜单，或者按【F6】键，打开"颜色"调板，如图 4-12 左图所示。

要利用"颜色"调板设置颜色，首先单击调板中的设置前景色或背景色色块，然后拖动 RGB 滑块或直接在 RGB 编辑框中输入数值（取值范围 0～255），即可改变当前前景色或背景色。

单击"颜色"调板右上角的按钮 ，弹出如图 4-12 右图所示的调板控制菜单，从中可以选择其他颜色模式来设置颜色。

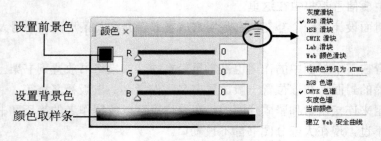

图 4-12 "色板"调板

双击"颜色"调板中的设置前景色或背景色色块，可以打开"拾色器"对话框进行颜色设置；利用鼠标在颜色取样条上单击，可以设置前景色，按住【Alt】键单击颜色取样条，可以设置背景色。

三、利用"吸管工具"设置颜色

"吸管工具" 主要用于在图像中吸取所需颜色，并将它设置为前景色或背景色。在处理图像时，通常利用该工具从图像中获取颜色来修补图像。

打开一幅图像，选择"吸管工具" ，然后在图像中的取色位置单击鼠标，即可将单击处的颜色设置为前景色。要设置背景色，可以在按住【Alt】键的同时，利用"吸管工具" 在图像中单击即可，如图 4-13 所示。

设置前景色

设置背景色

图 4-13　利用"吸管工具"吸取图像中的颜色

此外，用户还可用"吸管工具" 的属性栏设置取样大小，其中包括"取样点"、"3×3 平均"、"5×5 平均"等多种方式，如图 4-14 所示。默认为"取样点"，表示仅吸取光标下一个像素的颜色；选择其他选项如"3×3 平均"，可吸取 3×3 个像素的颜色的平均值。

四、利用"色板"调板设置颜色

选择"窗口">"色板"菜单，打开"色板"调板，如图 4-15 所示。默认状态下，该调板中的颜色是系统预先设置好的，用户可以直接选取而不必再自定义颜色。

要利用"色板"调板设置前景色，直接单击调板中的色块即可；要设置背景色，在按住【Ctrl】键的同时，单击调板中的色块即可。

3 x 3 平均
5 x 5 平均
11 x 11 平均
31 x 31 平均
51 x 51 平均
101 x 101 平均

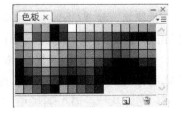

图 4-14　"吸管工具"属性栏　　　　　　　　图 4-15　"色板"调板

另外，利用"颜色"调板或"拾色器"设置好一种颜色后，可将其添加到"色板"调板中，以方便随时使用。其操作方法很简单，将光标移至调板中的空白处单击（此时光标为油漆桶形状 ），如图 4-16 左图所示。在随后打开的"色板名称"对话框中输入色样名称或直接单击"确定"按钮，即可将色样添加到调板中，如图 4-16 右图所示。

知识库

要删除色样，可首先按住【Alt】键，当光标呈剪刀状 时，单击要删除的色样方格即可。

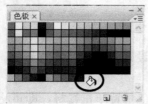  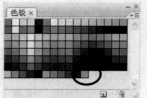

图 4-16　添加色样到"色板"调板

五、利用"合并拷贝"命令拷贝分层图像

利用"合并拷贝"命令可以将选区图像中各图层（可见图层）所有内容合并拷贝存入剪贴板中，以便将它们用于其他图像。具体操作方法如下。

步骤 1　打开项目三中制作的"合成照片"文件，然后按【F7】键，打开"图层"调板，该文件共包含 7 个图层，如图 4-17 所示。

图 4-17　打开图片

步骤 2　按【Ctrl+A】组合键全选图像，然后选择"编辑">"合并拷贝"菜单，或按【Shift+Ctrl+C】组合键，如图 4-18 左图所示。

步骤 3　按【Ctrl+N】组合键，打开"新建"对话框，保持系统默认参数，单击　确定　新建图像文件。按【Ctrl+V】组合键，将"合成照片"图像选区中的所有图层的内容粘贴过来，此时从"图层"调板中可知，选区内图像被粘贴到同一图层中，如图 4-18 右图所示。

图 4-18　合并拷贝与粘贴选区图像

六、图像的删除

在编辑图像时，如果图像中的一些区域或图层不再需要，可以将其删除。删除图像包括以下几种情况。

✿ 如果要删除选区内的图像，可选择"编辑">"清除"菜单，或者按【Delete】键。其中，如果当前图层为背景图层，被清除选区将以背景色填充，如图 4-19 所示；如果当前不是背景图层，被清除选区将变为透明区，如图 4-20 所示。

图 4-19　在背景图层上删除选区内图像

图 4-20　在背景图层外的图层中删除选区图像

✿ 如果要删除某个图层上的图像，可以将该层拖拽到"图层"调板底部的"删除图层"按钮上，或者单击选定图层后直接单击"删除图层"按钮，如图 4-21 所示。

✿ 在清除选区内的图像时，还可以先设置选区的羽化值，删除的图像边缘将得到羽化效果，如图 4-22 下图所示。

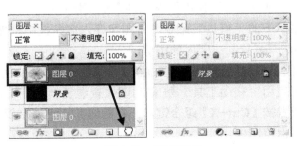

图 4-21　删除图层　　　　　　　　　图 4-22　删除羽化选区图像

模块二　编辑封面图像

学习目标

掌握复制与移动图像的方法
掌握自由变换图像的方法

一、复制和移动树叶

下面，我们通过制作封面图像来详细学习在 Photoshop 中复制与移动图像的方法。

1. 复制图像

在 Photoshop 中，复制图像是很常用的一种操作，是指将图像中的某个区域应用于同一图像的其他位置或其他图像中。

步骤 1　打开素材图片 "02.jpg"（素材与实例\项目四），利用 "魔棒工具" 选中白色背景，然后按【Shift+Ctrl+I】组合键，将选区反选选中树叶，如图 4-23 中图所示。

步骤 2　按【Alt+Ctrl+D】组合键，打开 "羽化选区" 对话框，在其中设置 "羽化半径" 为 5 像素，单击 确定 按钮执行羽化操作。

图 4-23　创建选区并设置羽化值

步骤 3　按【Ctrl+C】组合键，将选区内的树叶图像复制到剪贴板。单击 "图书封面" 的标题栏，按【Ctrl+V】组合键，树叶图像被粘贴到图像的中央，如图 4-24 所示。

在 Photoshop 中，复制图像的方法有多种，还可以使用如下几种方法复制：

✖ 制作好选区后，选择 "编辑" 菜单下的 "拷贝" 命令，将图像存入剪贴板中，然后选择 "编辑" > "粘贴" 菜单，即可复制选区内的图像。

✖ 按【Ctrl+J】组合键，可将当前图层或选区内的图像复制到新图层中，并且被复制的图像与原图像完全重合，可使用 "移动工具" 移动图像查看复制的图层。

✖ 选择 "编辑" > "剪切" 菜单，或者按【Ctrl+X】组合键，会将图像剪切到剪贴板，但这种方式下，在原位置不会再保留图像。

✂　将要复制图像所在的图层拖拽到"图层"调板底部的"创建新图层"按钮□上，可快速复制出该层的副本图层，如图 4-25 所示。

图 4-24　粘贴图像

图 4-25　利用"图层"调板复制图层

✂　选择"移动工具"后，按住【Alt】键，当光标呈形状时，在图像窗口中按住鼠标左键并拖动即可复制图像。如果图像中不存在选区，可以复制出当前图层的副本图层；如果存在选区，只在当前图层中进行复制操作，而不生成新图层。

　　选择"移动工具"后，按住【Alt +Shift】组合键的同时，按下鼠标左键并拖动，可垂直、水平、45°角复制图像。另外，使用"移动工具"将当前图像移至其他图像的操作也相当于复制操作。

2. 移动图像

　　移动图像是指用"移动工具"将选区内或当前图层中的图像移至同一图像的其他位置或其他图像中。在前面我们曾多次移动过图像，下面我们来详细学习移动图像的方法。

步骤 1　选择"移动工具"，其工具属性栏如图 4-26 所示，其中各选项的意义如下。

图 4-26　"移动工具"的工具属性栏

✂　**"自动选择"**：勾选该复选框后，在其右侧的下拉列表中选择"图层"项，表示系统自动将当前选择的图像所在图层置为当前图层；选择"组"项，表示系统自动选中图层所在的图层组（详见项目五）。

✂　**"显示变换控件"**：勾选该复选框后，可在选中图像的周围显示定界框，此时，用户可以对图像进行缩放、旋转、扭曲等操作（详见图像变换）。

✂　：该组按钮必须在选中两个以上图层（链接图层）时才被激活，主要用于设置当前图层中的图像与其他图层（链接图层）中图像的对齐方式。

✿ 　昌昌昌　叫叫叫：该组按钮必须选中 3 个以上的图层（链接图层）时才被激活，主要用于设置当前图层中的图像与其他图层（链接图层）中图像的分布方式。

步骤 2　将光标移至图像窗口中，按下鼠标左键并拖动鼠标，将树叶图像稍向封面区域移动，放置在如图 4-27 所示位置。

图 4-27　移动图像

要移动当前图层中选区内的图像，首先选择"移动工具" ，然后将选区图像移至目标位置即可。如果在背景图层上移动选区图像，则原位置将被填充当前背景色，如图 4-28 中图所示；如果在普通图层上移动选区图像，则原位置将变为透明，如图 4-28 右图所示。

背景图层　　　普通图层

图 4-28　移动选区内的图像

选中"移动工具" 后，若在拖动时按住【Shift】键，则可按 45°、水平或垂直方向移动图像。

在选中其他工具时（ 、 、 、 等工具除外），可按住【Ctrl】键再拖动鼠标来移动图像；按下【Ctrl】键后，使用 4 个方向键以 1 个像素为单位移动图像；按下【Shift+Ctrl】组合键后，可用 4 个方向键以 10 个像素为单位移动并复制图像。

二、用"自由变换"命令变形树叶

选择"编辑"＞"自由变换"菜单，在图像的四周显示自由变形框，此时我们可以对图像进行旋转、缩放、扭曲、斜切和透视操作，以使图像符合设计要求。

步骤 1　选择"编辑"＞"自由变换"菜单，或者按【Ctrl+T】组合键，此时树叶图像的四周显示出一个具有 8 个控制点的变形框，如图 4-29 左图所示。

步骤 2　将光标放置在变形框的左上角控制点上，当光标呈 形状（在其他控制点上将呈↔、↕、↖形状）时，按下【Shift】键，然后按下鼠标左键并向变形框右下角拖动，可将树叶图像成比例缩小，如图4-29右图所示。

图4-29　缩小树叶图像

　　　　在利用"自由变换"命令缩放图像时，按住【Alt+Shift】组合键的同时拖动变形框的控制点，可以基于变形框的中心点成比例缩放图像。

　　步骤 3　将光标放置在变形框内部，待光标呈▶形状时，按下鼠标左键并拖动，此时可移动树叶图像的位置，如图4-30所示。

图4-30　移动图像

　　步骤 4　将光标移至变形框外任意位置，待光标呈↻形状时，按下鼠标左键并拖动可旋转树叶图像，如图4-31左图所示。

　　步骤 5　调整满意角度后，在变形框内部双击鼠标左键，或者按【Enter】键确认变形操作，得到如图4-31右图所示效果。

　　　　在自由变换图像时，按【Ctrl】键的同时拖动变换框的任意一控制点，可以对图像进行扭曲变形操作。如果变形效果不满意，可按【Esc】键取消操作。

图 4-31　旋转图像

步骤 6　将树叶图像再复制 4 份，分别进行自由变换操作，并参照如图 4-32 右图所示放置图像。

图 4-32　复制与自由变换树叶图像

步骤 7　打开素材图片 "03.psd"、"04.psd" 和 "05.jpg"（素材与实例\项目四）3 个素材文件，分别如图 4-33 所示。

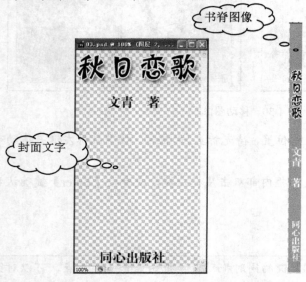

图 4-33　打开素材图片

为方便用户操作，我们将书名、作者、定价和条码制作成了素材。实际操作中，用户需要自己根据设计需要输入相应的文字。

步骤 8 将 3 个素材图片分别放在"图书封面"图像的封面、书脊和封底区域，其效果如图 4-34 所示。

延伸阅读

下面我们将介绍图像变换、旋转与翻转操作的特点与应用，以及图像操作的重复与撤销等内容。

一、图像变换、旋转和翻转详解

创建选区图像或选择非背景图层图像，然后选择"编辑"＞"变换"菜单，打开图 4-35 所示子菜单，利用其中的命令可以对图像进行缩放、旋转、透视、扭曲、变形、水平或垂直翻转、旋转 180° 等操作。

图 4-34 制作封面、书脊和封底图像

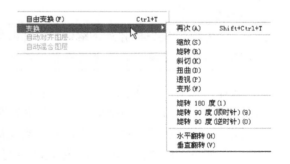

图 4-35 "变换"菜单

选择"变换"菜单下的"缩放"、"旋转"、"斜切"、"扭曲"、"透视"和"变形"命令后，将在图像的四周显示变形框，用户需要拖动控制点实现变形操作；选择"旋转 180 度"、"旋转 90 度（顺时针）"、"旋转 90 度（逆时针）"、"水平翻转"和"垂直翻转"命令，将直接对图像进行变形操作，而不显示变形框。

图 4-36 所示为部分"变换"命令变形图像的效果。

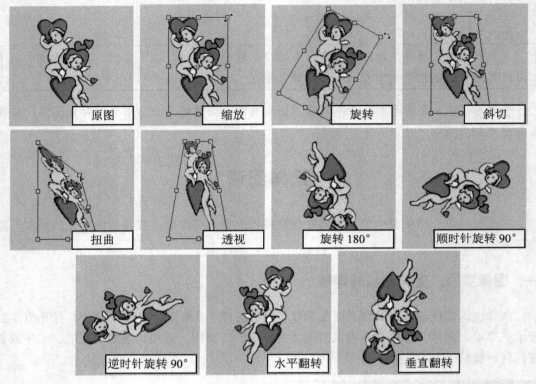

图 4-36　部分"变换"命令变形图像效果

　　"变换"命令与前面介绍的"旋转画布"命令所不同的是，前者是针对当前图层或选区内图像变换，而后者将对整幅图像进行旋转。

　　选择"变换"菜单下的"变形"命令后，图像的四周会显示变形网格，如图 4-37 左图所示，其中实色圆点为控制柄，空心方块为控制点，与"变形"命令相关的操作分别如下：

❀　将光标放置在变形网格内部，当光标呈▶形状时，按下鼠标左键并拖动，即可改变变形网格的形状，如图 4-37 中图和右图所示。

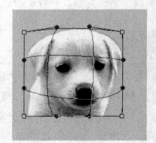

图 4-37　显示变形网格

❋ 拖拽控制柄可以改变其长度和角度，从而可自定义变形效果，如图 4-38 左图和中图所示；拖动控制点可以改变其位置，也可自定义变形效果，如图 4-38 右图所示。

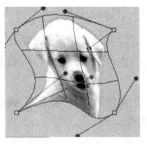

图 4-38　拖动变形网格的控制柄和控制点变形图像

❋ 选择"变形"命令后，在如图 4-39 所示的工具属性栏中单击"变形"右侧的下拉按钮✓，可以从弹出的下拉列表中选择系统预设样式，并可设置变形参数，以对图像进行相应的变形操作。例如，选择"扇形"、"旗帜"和"鱼形"，设置所需的参数后，即得到相对应的图像效果。

　　当同一图像多次执行扭曲、透视、缩放等变换后，会随着每次的变换丢失一部分像素。这样，图像就会因为像素的减少而模糊。所以，尽量不要反复变换同一图像。为避免这种情况发生，用户可以在提交变换前对图像执行多个变形命令。

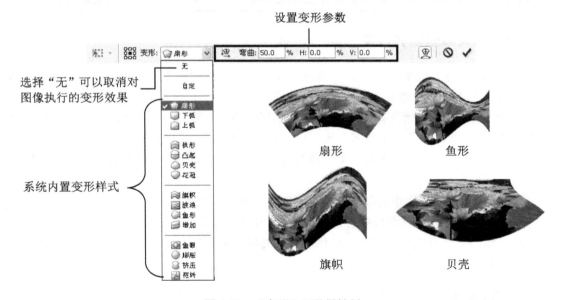

图 4-39　"变形"工具属性栏

　　当图像窗口出现自由变形框后，利用工具属性栏中可以精确设置图像的缩放比例、旋转、斜切的角度等，这种方法比手动调整更精确，如图 4-40 所示。

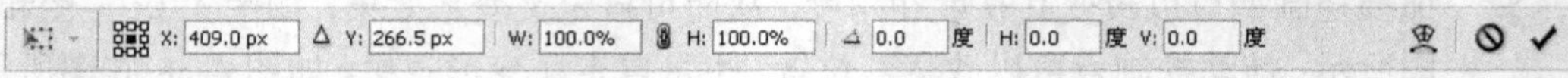

图 4-40　利用工具属性栏精确变换图像

❀ **参考点定位器**：单击定位器上的方形控制点，可以更改参考点的位置。

❀ ：在"水平位置"和"垂直位置"编辑框中输入数值，可以精确定位图像的位置。

❀ W: 100.0% ❚ H: 100.0%：在"宽度"和"高度"编辑框中输入数值，单击"链接"图标❚，可以按比例缩放图像。

❀ △ 0.0 度：在该编辑框中输入数值，可以精确旋转图像。

❀ H: 0.0 度 V: 0.0 度：在"水平斜切"和"垂直斜切"编辑框中输入数值，可以精确斜切图像。

❀ **"在自由变换和变形模式之间切换"按钮**：单击该按钮可以切换到"变形"工具属性栏，对图像使用系统预设样式变形图像。

❀ **"提交"按钮**✔：单击该按钮可以应用变换操作。

❀ **"取消"按钮**🚫：单击该按钮可以撤销变换操作。

> 利用"自由变换"命令变换图像时，按住【Alt】键并拖动变形框某一控制点可以进行对称变形调整；按住【Ctrl + Shift】组合键并拖动变形框某一控制点可以进行斜切调整；按住【Ctrl + Alt + Shift】组合键并拖动某一控制点可以进行透视效果调整。

二、操作的简单撤销和重复

在 Photoshop 中编辑图像时，很难避免操作错误或编辑效果不理想，这时，我们可以利用"编辑"菜单来撤销或重复所进行的操作。

在 Photoshop 对图像没有做任何处理之前，"编辑"菜单中的第一条命令为"还原"（为不可用状态），当执行了一步或多步操作后，它就被替换为"还原+操作名称"。

❀ 单击"还原+操作名称"菜单项可撤销刚执行过的操作，此时菜单项变为"重做+操作名称"。

❀ 单击"重做+操作名称"菜单项则取消的操作又被恢复。

❀ 如果要逐步还原前面执行的多步操作，可以选择"编辑"＞"后退一步"菜单。

❀ 如果要逐步恢复被删除的操作，可以选择"编辑"＞"前进一步"菜单，如图 4-41 所示。

> 按【Ctrl+Z】组合键可撤销上一步的操作；按【Alt+Ctrl+Z】组合键可依次撤销前面的操作。

没做任何操作前　　　　　　　　　　执行操作后

撤销最近一步操作后　　　　　　　　撤销多步操作后

图 4-41　利用"编辑"菜单撤销单步或多步操作

三、认识"历史记录"调板

利用"历史记录"调板可以撤销前面所进行的多步操作，并可在图像处理过程中为当前处理结果创建快照，以及将当前处理结果保存为文件。

选择"窗口">"历史记录"菜单，可显示"历史记录"调板，如图 4-42 所示。

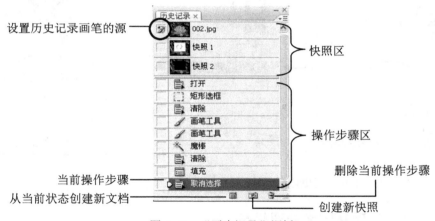

图 4-42　　"历史记录"调板

❀ **快照区**：所谓快照，即创建的图像的某个编辑状态下的副本。默认情况下，打开一个图像文件后，系统将自动把该图像文件的初识状态记录在快照区中，快照名称为文件名。

❀ **"设置历史记录画笔的源"图标** ：该图标在某快照列的左侧，表示利用"历史记录画笔工具" 涂抹的图像将恢复到该快照所保存的图像状态。

❀ **"从当前状态创建新文档"按钮** ：单击该按钮，可以将当前图像编辑状态创建一个新文件。

❀ **"创建新快照"按钮** ：单击该按钮，可以创建一个新快照，并显示在快照区中。

❀ **"删除当前操作步骤"按钮** ：选中某个操作步骤，然后单击该按钮可以将其删除。

1. 撤销打开图像后所有的操作

当用户打开一个图像文件后,系统将自动把该图像文件的初始状态记录在快照区中(最上面的第一个快照),用户只要单击该快照,即可撤销打开文件后所执行的全部操作。

2. 撤销指定步骤后所执行的系列操作

要撤销指定步骤后所执行的系列操作,用户只需在操作步骤区中单击该步操作即可。此时,该操作以后的操作均以灰色显示,如图 4-43 所示。

3. 恢复被撤销的步骤

如果撤销了某些步骤,而且还未执行其他操作,则还可恢复被撤销的步骤,此时只需在操作步骤区单击要恢复的操作步骤即可。

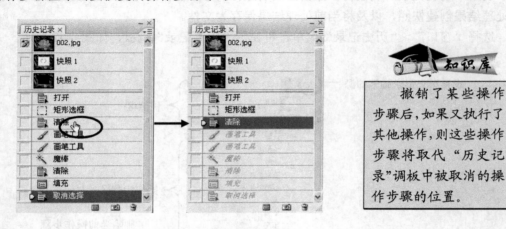

知识库

撤销了某些操作步骤后,如果又执行了其他操作,则这些操作步骤将取代"历史记录"调板中被取消的操作步骤的位置。

图 4-43 利用"历史记录"调板撤销操作

四、使用"快照"暂存图像处理状态

由于"历史记录"调板中只能保存有限的操作步数(默认为 20 步),因此,如果操作较多的话,将会导致某些操作无法撤销。为此,Photoshop 还提供了所谓的"快照"功能。

通过创建快照可以保存图像的当前状态,要恢复该状态,只需单击"历史记录"调板中的快照名称即可。例如,在图 4-44 左图中单击"创建新快照"按钮后,系统将创建"快照 1",并将其放在"历史记录"调板上方的快照区。以后无论执行了多少操作,只要单击"快照 1",系统均可自动恢复到"快照 1"所保存的图像状态。

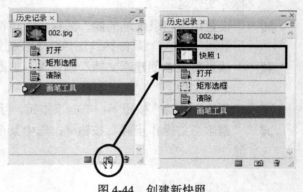

图 4-44 创建新快照

如果用户的电脑系统内存较多的话，可以选择"编辑">"首选项">"性能"菜单，打开"首选项"对话框，在其中的"历史记录状态"编辑框中输入所需数值，可以设置更多的可记录的步骤数。

成果检验

利用本项目所学知识，制作如图 4-45 所示的图像效果。

图 4-45 效果图

制作要求

（1）素材位置：素材与实例\项目四\06.jpg、07.jpg 文件。

（2）主要练习使用"自由变换"与"变形"命令变形图像的方法，以及复制与删除图像的方法。

简要步骤

步骤 1 打开素材图片"06.jpg"，然后制作正圆选区并填充白色，再利用"单列选框工具"在正圆上绘制多个单列选区并删除选区内图像。

步骤 2 利用"变形"命令制作出一个花瓣，然后在花瓣的一端创建带羽化的椭圆选区并删除选区内的花瓣图像。

步骤 3 复制花瓣图像并利用"自由变换"命令变形每个花瓣组成一个花朵，然后在花朵的中央创建带羽化的椭圆选区并填充黄色。

步骤 4 复制花朵图像，并利用"自由变换"命令变形花朵制作出形状各异、大小不等的花朵。

步骤 5 创建新图层，然后利用"多边形套索工具"创建花茎选区并填充绿色，利用"橡皮擦工具"擦除花朵上的花茎图像。

步骤 6 打开素材图片"07.jpg"，然后选中蝴蝶图像并将其移至"06.jpg"图像中，使用"自由变换"命令变形蝴蝶图像并复制一份。

项目五　制作电影海报
——强大的图层

课时分配：4 学时

学习目标

	认识"图层"调板
	了解图层的分类、特点及创建方法
	掌握图层的基本编辑方法
	掌握图层蒙版与图层样式的创建和编辑方法
	了解图层组与剪辑组的功能与应用方法

模块分配

模块一	制作海报背景
模块二	处理海报图像与编辑文字

作品成品预览

图片资料

素材位置：素材与实例\项目五\电影海报

本例中，通过制作电影海报来学习 Photoshop 强大的图层功能。

模块一　制作海报背景

学习目标

了解图层的概念与认识"图层"调板
了解图层的类型及创建方法
掌握图层的基本操作与设置方法

一、图层概览

在 Photoshop 中，图层是一个非常重要的功能。用户在编辑图像时，执行的所有操作都与图层有着密切的联系。因此，为方便读者理解图层概念，在制作电影海报前，我们先对图层作一个简单的剖析。

我们可以将"图层"想象为透明的玻璃，每层玻璃上都有不同的画面，将多层玻璃叠加在一起就能构成一幅完整的图像。例如，图 5-1 所示的图像文件就是由"背景"、"图层1"和"图层 2"三个图层组成的。图层与图层之间是彼此独立的，用户对某一层进行操作时，而不会影响到其他图层。

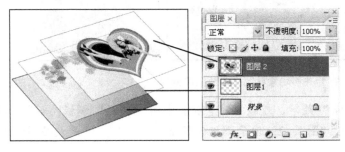

图 5-1　图层概念

二、认识"图层"调板

在 Photoshop 中，利用"图层"调板可以创建、删除、重命名图层，调整图层顺序，创建图层组、图层蒙版，以及为图层添加效果等，从而方便用户管理每个图层，设计出想要的图像效果。

步骤 1　设置背景色为黑色，按【Ctrl+N】组合键，打开"新建"对话框，参照图 5-2左图所示设置新图像文件的参数，单击 确定 按钮，创建一个背景为黑色的图像文件。

步骤 2　打开素材图片"01.jpg"和"02.jpg"，然后分别用"移动工具" 将城堡和火焰图像拖至新图像窗口中，分别放置在窗口的上方和下方，其效果如图 5-3 右图所示。

此时，从图中可知，火焰图像遮盖了部分城堡图像。

图 5-2 创建新图像文件

图 5-3 打开并移动素材图片至新图像窗口

步骤 3 选择"窗口"＞"图层"菜单，或按【F7】键，打开"图层"调板，如图 5-4 所示。从图中可知，火焰图像所在"图层 2"位于调板的最上方，因此，这是火焰图像遮盖城堡图像的主要原因。

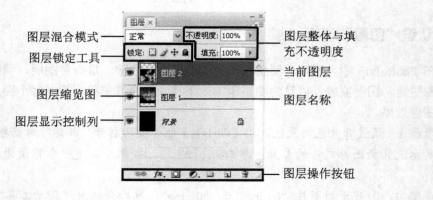

图 5-4 "图层"调板

知识库

在“图层”调板中，各图层自上而下依次排列，位于调板中最上面的图层，在图像窗口中也位于最前面，调整图层的顺序也就相当于改变了图像的显示效果。

- **图层混合模式**：用于设置当前图层与其下方图层的叠加效果以改变图像的颜色。因此，图层混合模式又称图层颜色混合模式。单击右侧的下拉按钮，在弹出的下拉列表中系统提供了23种混合模式供用户选择。
- **图层整体与填充不透明度**：用于控制当前图层的整体与填充内容的透明程度。
- **当前图层**：在“图层”调板中，以蓝色显示的图层为当前图层，单击相应的图层即可改变当前图层。
- **图层显示控制列**：用于显示/隐藏图层内容。当图层的左侧显示眼睛图标时，表示图像窗口将显示该图层的图像，单击该图标，图标将消失并隐藏该图层的图像。
- **图层操作按钮**：利用这些按钮可以创建图层链接，添加图层样式和图层蒙版，创建调整或填充图层，创建图层组和新图层，以及删除图层。

三、通过设置图层的不透明度与混合模式调整图像融合效果

步骤1　在“图层”调板中，单击“图层2”左侧的眼睛图标，暂时关闭火焰图像的显示，此时的画面效果如图5-5右图所示。

图5-5　关闭图层的显示

知识库

将图层隐藏后，再次在该图层的左侧单击，即可重新显示被隐藏的图层；在“图层”调板中，按住【Alt】键单击选定图层左侧的眼睛图标，可以隐藏除当前层以外的其他全部图层。

步骤2　在“图层”调板中单击“图层1”，将其置为当前图层，然后单击“混合模式”右侧的下拉按钮，从弹出的下拉列表中选择“强光”，此时城堡图像与背景融合在一起，如图5-6右图所示。

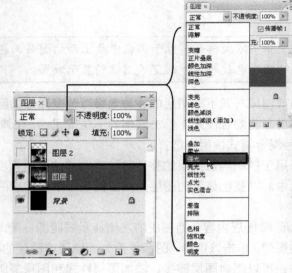

图 5-6 为"图层 1"设置图层混合模式

　　首先确认图层混合模式列表框不被选中（显示为白底黑字），然后按【Shift+ =】组合键（向前）和【Shift+ —】组合键（向后）可在各种图层混合模式之间切换。如果图层混合模式列表框被选中（显示为蓝底白字），该快捷键将不可用。另外，如果当前选中了绘画工具，则按此快捷键调整的是绘画工具的混合模式，而不是图层的混合模式。

　　步骤 3　在"图层"调板中，单击"不透明度"右侧的按钮 ，直接拖动滑块至 75%，或在编辑框中输入数值，按【Enter】键，更改"图层 1"的"不透明度"，如图 5-7 右图所示。

　　步骤 4　单击"图层 2"将其置为当前图层，然后重新显示该图层，再参照步骤 2～3 的操作方法，为"图层 2"设置"混合模式"为"变亮"，"不透明度"设置为 60%，参数设置及效果分别如图 5-8 所示。

图 5-7　设置"图层 1"的不透明度　　　　　图 5-8　设置"图层 2"的混合模式和不透明度

四、利用图层样式为人物添加外发光效果

图层样式是应用于一个图层（背景图层除外）或图层组的一种或多种效果，从而改变图像的外观，使您设计出的作品更具特色。下面通过为图层添加外发光效果来学习具体的操作方法。

步骤 1　打开素材图片"03.jpg"，利用前面学过的方法选取其中的人物图像（选取时不加羽化效果），并将其移至新图像窗口中，放置在如图 5-9 右图所示位置。此时，人物图像被放置在"图层 3"中。

图 5-9　选取并移动人物图像至新图像窗口中

步骤 2　单击"图层"调板底部的"添加图层样式"按钮，然后从弹出的列表菜单中选择"外发光"，如图 5-10 左图所示。

步骤 3　稍等片刻，系统自动打开如图 5-10 右图所示的"图层样式"对话框，在其中设置"不透明度"为 59%，"大小"为 27，单击"设置发光颜色"色块，在随后打开的"拾色器"对话框中设置发光颜色为白色（#ffffff），单击　确定　按钮返回"图层样式"对话框，其他参数保持默认，如图 5-10 右图所示。

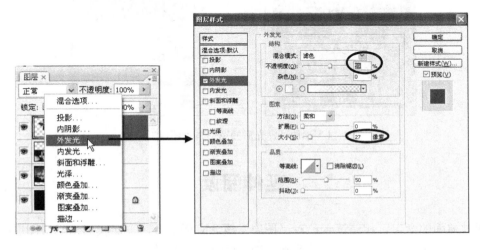

图 5-10　设置外发光参数

✖ **混合模式**：在其下拉列表中可以选择所加外发光与原图图像合成模式。

✖ **不透明度**：用于设置外发光的不透明度。

✖ **杂色**：用于设置是否在外发光图像中添加杂点。

✖ ◉ □ ○ ▭ ⋮ ：可以设置发光颜色，左侧是纯色，右侧为渐变色。

✖ **方法**：系统提供了"柔和"与"精确"两种方式。其中选择"柔和"可以使发光的边缘变得自然柔和，但发光边缘扩大时不保留细节；选择"精确"可以在扩大发光边缘时，既能保持边缘柔和又能保留细节特征。

✖ **扩展**：用于设置外发光的扩散程度。

✖ **大小**：用于设置外发光的数量大小。

✖ **等高线**：在右侧的下拉列表中可以选择外发光的轮廓。等高线很有用，选择不同的等高线可能会有意想不到的效果，试试看吧。

步骤 4 外发光参数设置好后，单击 □ 确定 □ 按钮关闭对话框，此时将在人物图像的边缘产生发光效果，如图 5-11 左图所示。

　　为"图层 2"添加外发光效果后，该图层的右侧多了两个符号 *fx* 和 ▼，如图 5-11 右图所示。其中 *fx* 符号表明已对该层执行了样式处理，用户以后要修改样式时，只需双击 *fx* 符号即可，而单击 ▼ 符号可展开或收缩显示该图层样式的下拉列表。

　　此外，单击样式前的眼睛图标 ◉ 可显示或关闭样式，从而使样式起作用或不起作用。

图 5-11　添加外发光后的图层与"图层"调板

延伸阅读

　　通过前面的学习，相信读者已对"图层"概念有所了解，下面我们来学习图层的类型及创建方法、图层两种不透明度的区别、图层的基本操作等内容。

一、图层类型及创建方法

在 Photoshop 中，图层的类型有：背景图层、普通图层、文字图层、调整图层、填充图层、形状图层和智能对象。下面，我们具体介绍各类图层的特点及创建方法。

1. 背景图层

新建的图像或不包含其他图层信息的图像，通常只有一个图层，那就是背景图层。背景图层具有的特点如下：

- ✖ 背景图层永远都在最下层。
- ✖ 在背景图层上可用画笔、铅笔、图章、渐变、油漆桶等绘画和修饰工具进行绘画。
- ✖ 无法对背景图层添加图层样式和图层蒙版。
- ✖ 背景图层中不能包含透明区域。
- ✖ 当用户清除背景图层中的选定区域时，该区域将以当前设置的背景色填充，而对于其他图层而言，被清除的区域将成为透明区。

如果用户要对背景图层添加图层样式或图层蒙版的话，应选择"图层">"新建">"图层"菜单，将其转换为普通图层，然后为其添加图层样式或图层蒙版，设置完成后再选择"图层">"新建">"背景图层"菜单，将其转换成背景图层即可。

2. 普通图层

普通图层是指包含位图图像的图层。要创建一个普通图层，用户可执行下述操作之一。

- ✖ 单击"图层"调板底部的的"创建新图层"按钮，此时将创建一个完全透明的空图层。
- ✖ 选择"图层">"新建">"图层"菜单或按【Shift+Ctrl+N】组合键，也可创建新图层。此时系统将打开"新建图层"对话框，如图 5-12 所示。通过该对话框可设置图层名称、基本颜色、不透明度和色彩混合模式。
- ✖ 在剪贴板上拷贝一幅图片后，选择"编辑">"粘贴"菜单也可创建普通图层。

选择该复选框，表示该层
与其上一层组成剪辑组

设置图层前
面方框的颜
色，以区分
图层

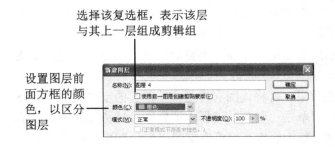

图 5-12 创建新图层

提示

按【Shift+Alt+Ctrl+N】组合键可直接创建新图层，新建的图层总位于当前图层之上，并自动成为当前图层；双击图层名称，可为图层重命名。

3. 调整图层

在 Photoshop 中，我们可以将使用“色阶”、“曲线”等命令制作的效果单独放在一个图层中，而不真正改变源图像，这个图层就是调整图层。

要创建调整图层，只需单击“图层”调板底部的“创建新的填充或调整图层”按钮，从弹出的下拉菜单中选择“色阶”、“曲线”、“色相/饱和度”等选项，在打开的命令设置对话框中调整相关参数，然后单击 确定 按钮，即可得到一个调整图层，如图 5-13 所示。

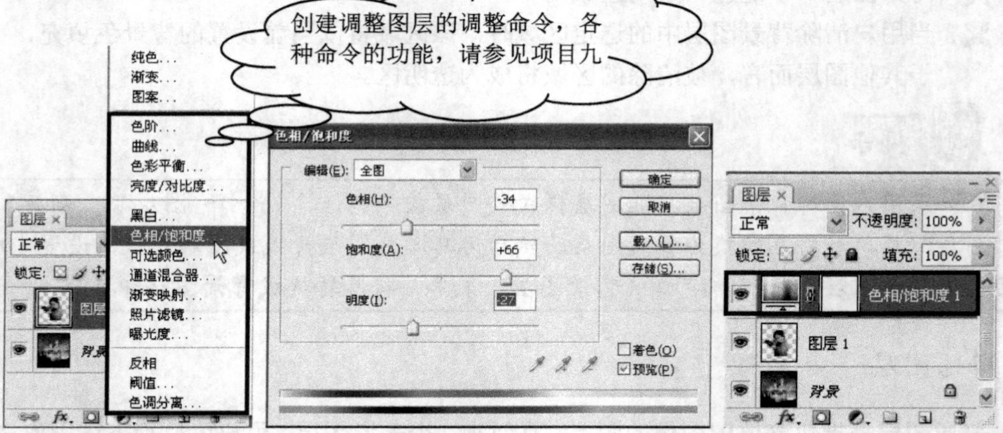

图 5-13　创建调整图层

调整图层的特点与操作技巧如下：

- 调整图层对于图像属于“非破坏性调整”，也就是说，我们可以随时通过删除或关闭调整图层来恢复图像的原貌。
- 要更改调整图层参数，可以双击调整图层缩览图，即可打开相应的设置对话框进行参数调整。
- 调整图层是一个带蒙版的图层，单击蒙版缩览图，然后用各种绘图工具在图像窗口进行编辑操作，可编辑蒙版内容，从而改变调整图层的效果。
- 调整图层将影响位于其下方的所有图层，而使用调整命令只能调整当前图层中图像的效果。
- 如果要撤销对某一图层的调整效果，可将该图层移至调整图层的上方；如果要撤销对所有图层的调整效果，只需单击“图层”调板中调整图层缩览图左侧的眼睛图标，关闭调整图层，或将调整图层拖至调板底部的“删除图层”按钮上，将其删除。

4. 填充图层

填充图层也是一种带蒙版的图层，其内容可为纯色、渐变色或图案。填充图层主要有如下特点：可随时更换其内容，可将其转换为调整层，可通过编辑蒙版制作融合效果。

要创建填充图层，只需单击“图层”调板底部的“创建新的填充或调整图层”按钮，从弹出的下拉菜单中选择“纯色”、“渐变”或“图案”选项，然后在打开的相应对话框中设置相关参数，单击确定按钮，即可得到一个填充图层，如图 5-14 所示。

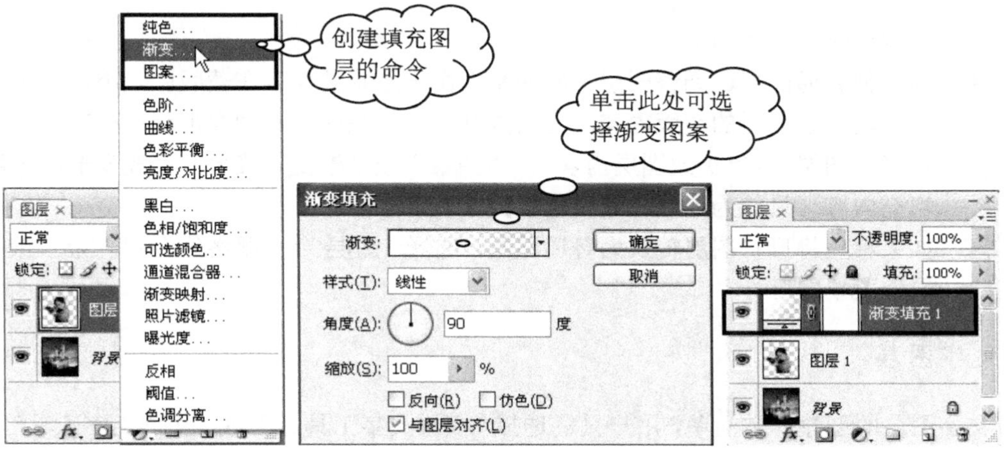

图 5-14　创建填充图层

对于填充图层来说，在使用时还应注意以下几点：

- 如果用户希望改变填充图层的内容或将其转换为调整图层，可选择“图层”>“更改图层内容”菜单中的相关命令。
- 如果用户希望编辑填充图层，可选择“图层”>“图层内容”选项菜单或双击“图层”调板中的填充图层缩览图，此时将再次打开“渐变填充”对话框。
- 对于填充图层而言，用户只能更改其内容，而不能在其上进行绘画。因此，如果希望将填充图层转换为带蒙版的普通图层（此时可在图层上绘画），可选择“图层”>“栅格化”>“填充内容”或“图层”菜单。

5. 形状图层

在 Photoshop 中，用户可使用路径和形状工具绘制路径、形状或填充区。其中，绘制形状时，系统将自动创建一个形状图层，并且形状被保存在图层蒙版中。用户以后可根据需要随时编辑形状或改变形状图层的内容。

要创建形状图层，应首先选择工具箱中的形状绘制工具，并在其工具属性栏中单击“形状图层”按钮，然后在图像窗口中按下鼠标左键并拖动，绘制所需图形。释放鼠标后，在“图层”调板中即可生成一个形状图层，如图 5-15 所示。

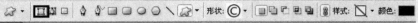

图 5-15　创建形状图层

使用形状层时应注意如下几点。

❀　与其他普通图层、调整图层不同的是，由于形状被保存在蒙版中，因此，用户无法编辑形状图层的蒙版内容，而只能利用形状编辑工具调整形状的外观。

❀　选择"图层">"更改图层内容">"图案"或"渐变"菜单，可改变形状图层的填充内容（只能为纯色、渐变色或图案）。

❀　如果希望将形状图层转换为普通图层，选择"图层">"栅格化">"形状"或"图层"菜单即可。

6. 文字图层

文字图层的创建非常简单，用户只需选择"横排文字工具" T 或"直排文字工具" IT ，并在图像窗口中单击输入文字（如果有需要，可先在工具属性栏中设置文字大小、颜色等属性），然后单击文字工具属性栏中的"提交所在当前编辑"按钮 ✔ 或按【Ctrl+Enter】组合键确认输入，即可得到一个文字图层，其图层缩览图是一个 T 标志，如图 5-16 右图所示。

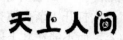

图 5-16　创建文字图层

文字图层具有如下特点：

❀　用户可随时编辑或更改文字图层中的文字，也可对其设置不透明度和混合模式等参数，以及为其增加图层样式。

❀　Photoshop 提供的部分绘图工具和图像编辑功能不能直接用于文字图层，需要时应先选中文字图层，然后选择"图层">"栅格化">"文字"或"图层"菜单，将其变为普通图层。

提示

对文字图层进行栅格化处理后，将不能再对文字的字体、字号等属性进行修改。

7. 智能对象

智能对象是包含栅格图像或矢量图形的图层，其内容来自其他 Photoshop 或 Illustrator 文件。当我们更新源文件时，这种变化会自动反映到当前文件中。此外，我们可以对智能对象应用非破坏性滤镜效果，并能随时修改滤镜参数和删除滤镜效果，而原图像不受影响。

在 Photoshop 中，我们可以使用如下任意一种方法获得智能对象：

✖ 选择"文件" > "打开为智能对象"或"置入"菜单，可以将打开或置入的文件（Photoshop 可支持的文件格式包括 TIF、JPG、PSD、AI 等）生成为智能对象。

✖ 在 Illustrator 程序中，使用"复制"命令将矢量图形复制到剪贴板，然后切换到 Photoshop 程序中，使用"粘贴"命令即可创建一个智能对象。

✖ 选中任意图层（调整与填充图层除外），选择"图层" > "智能对象" > "转换为智能对象"菜单，或者选择"滤镜" > "转换为智能滤镜"菜单均可。

创建智能对象后，要编辑智能对象，用户需要掌握如下几点：

✖ 在"图层"调板中，双击智能对象的缩览图，即可打开源文件进行修改。

✖ 在 Photoshop 中，可以对智能对象执行诸如缩放、旋转、扭曲等非破坏性操作，而不会影响源文件中的数据。

✖ 可以对智能对象应用非破坏性滤镜（"抽出"、"液化"、"消失点"和"图案生成器"除外），并可以随时编辑对其应用的滤镜，其中包括打开/关闭滤镜、重新调整滤镜参数和删除滤镜等。

✖ 要使用绘画与修饰工具编辑智能对象，首先要将其转换为普通图层，再进行编辑。

二、图层两种不透明度的区别

在 Photoshop 中，利用"图层"调板可以设置两种图层不透明度：整体不透明度和填充基本内容不透明度。下面通过一个小实例帮助用户理解，具体操作如下：

步骤 1　打开素材图片"05.psd"（素材与实例\项目五），如图 5-17 所示，该图片中为人物图像（图层 1）添加了图层样式。

图 5-17　打开素材图片

步骤 2　确保"图层 1"为当前图层，然后在"图层"调板中设置"不透明度"为 50%，此时可看到人物图像及效果都受到了影响，如图 5-18 所示。

步骤3 将"不透明度"恢复为100%，然后设置"填充"为50%，此时可看到，只有人物图像受到了影响，而外发光效果不受影响，如图5-19所示。

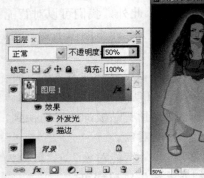

图5-18　设置图层不透明度　　　　　　　　　图5-19　设置填充不透明度

三、复制、删除图层与改变图层顺序

下面，我们将学习复制图层、删除图层，以及调整图层顺序的操作方法。

1. 复制图层

在Photoshop中，我们可以在图像内复制图层，也可以将图层复制到其他图像中。要复制图层可执行如下任一操作：

✤ 在"图层"调板中选中要复制的图层，然后按下鼠标左键并将其拖至"创建新图层"按钮上。

✤ 选中要复制的图层后，选择"图层"菜单或"图层"调板快捷菜单中的"复制图层"菜单项，也可复制图层，此时系统打开图5-20所示的对话框。用户可利用"为（A）"编辑框设置图层名称，在"文档"下拉列表选择要复制的图像文件（此时列出了当前打开的所有图像文件）。若选择"新建"，表示将选定图层复制到新图像文件中，此时"名称"编辑框被激活，用户可在此输入新建图像文件名称。

✤ 如果用户在图层中制作了选区，则可以把选区内的图像复制或剪切成一个新图层。例如，在图5-21中，我们制作兔子的选区后右击鼠标，系统将打开一个快捷菜单。从中选择"通过拷贝的图层"或"通过剪切的图层"，则系统将该选区图像创建为新图层。

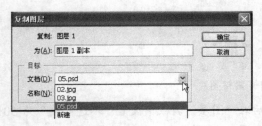

图5-20　"复制图层"对话框　　　　　　图5-21　通过复制或剪切选区图像创建新图层

- 利用鼠标拖动的方法可完成不同图像间的图层复制。打开要执行复制操作的源图像和目标图像，从源图像的“图层”调板中直接拖动要复制的图层到目标图像窗口中，即可完成图层的复制。
- 要将图像中当前图层内容或全部图层内容（以当前显示效果为准）进行复制，可选择“编辑”>“拷贝”（仅复制当前图层内容）或“合并拷贝”（复制显示内容）菜单。要粘贴剪贴板中内容到当前图像，可选择“编辑”>“粘贴”菜单，此时将创建一个普通图层。

2. 删除图层

如果不再需要图像中的某个图层时，可将其删除。删除后的图层将从“图层”调板中消失，且该图层中的内容会在图像中消失。要删除图层，可执行如下操作之一：

- 在“图层”调板中选中要删除的图层，然后单击调板底部的“删除图层”按钮。
- 在“图层”调板中选择要删除的图层，然后将其拖至“删除图层”按钮上。
- 选择“图层”菜单或“图层”调板菜单中的“删除图层”菜单项。

小技巧

在“移动工具”被选中的状态下，按【Delete】键，也可将选中的图层删除。

3. 改变图层顺序

“图层”调板中的图层是自上而下依次排列的，位于调板最上面的图层在图像窗口中也位于最上层，因此，在编辑图像时，调整图层的叠放顺序即可获得不同的图像处理效果。

要调整图层顺序，可执行如下任一方法：

- 在“图层”调板中选中要调整的图层，按住鼠标左键并将其拖至目标位置，释放鼠标即可改变其顺序，如图 5-22 所示。
- 选中要调整顺序的图层，选择“图层”>“排列”菜单下的子菜单，或者按其右侧的快捷键也可调整图层顺序，如图 5-23 所示。

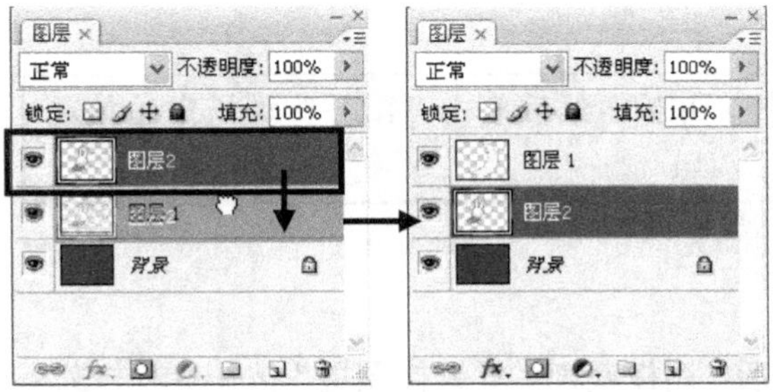

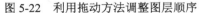

图 5-22　利用拖动方法调整图层顺序

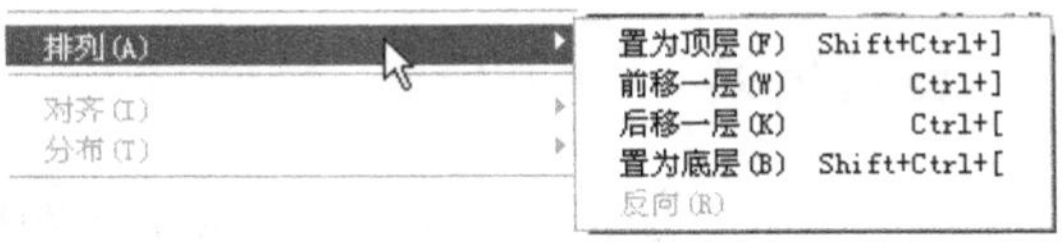

图 5-23　利用菜单命令调整图层顺序

四、选择、锁定与链接图层

要对图层进行锁定或链接操作，首先要选择所需图层，然后再进行相关操作。下面我们来学习选择、锁定与链接图层的方法。

1. 选择图层

要对某个图层进行编辑操作，首先要选中该图层，然后再进行编辑操作。另外，在 Photoshop CS3 中，用户可以同时选中多个图层（相似或所有图层），以方便对它们进行统一移动、变换、编组、对齐与分布、隐藏，以及合并所选图层等操作。选择图层的方法有：

✖ 在"图层"调板中单击某个图层即可选中该图层，并将其置为当前图层。

✖ 要选择多个连续的图层，可在按住【Shift】键的同时单击首尾两个图层。

✖ 要选择多个不连续的图层，可在按住【Ctrl】键的同时单击要选择的图层。这里值得注意的是，按住【Ctrl】键单击时，不要单击图层缩览图，否则将载入该图层的选区，而不是选中该图层。

✖ 要选择所有图层（背景图层除外），可选择"选择" > "所有图层"菜单，或按【Alt+Ctrl+A】组合键。

✖ 要选择所有相似图层（与当前图层类似的图层），例如，选择当前图像中的所有文字图层，可先选中一个文字图层，然后选择"选择" > "相似图层"菜单即可。

2. 锁定图层

在 Photoshop 中编辑图像时，为避免某些图层上的图像受到影响，可将其暂时锁定。要锁定图层可先选中该层，然后单击"图层"调板中锁定方式按钮 ◻ ⁄ ✛ 🔒 即可。

✖ "锁定透明像素" ◻：单击该按钮，表示禁止在透明区绘画。

✖ "锁定图像像素" ⁄：单击该按钮，表示禁止编辑该层。

✖ "锁定位置" ✛：单击该按钮，表示禁止移动该层，但可以编辑图层内容。

✖ "锁定全部" 🔒：单击该按钮，表示禁止对该层的一切操作。

> 如果要取消对某个图层的锁定，可选中该图层，然后单击"图层"调板中的锁定按钮 ◻ ⁄ ✛ 🔒 即可。

3. 链接图层

在"图层"调板中，选中两个或更多图层后，调板底部的"链接图层"按钮 ⊖ 被激活，单击该按钮可以在选中的图层间创建链接关系，并在这些图层的右侧显示链接图标 ⊖，如图 5-24 所示。此时可以对这些图层统一进行移动、变换、对齐与分布等操作。

提示

　　创建图层链接与同时选中多个图层有所不同，链接图层之间存在关联关系，当移动或变换其中一个链接图层时，其他图层也同时进行移动或变换操作。

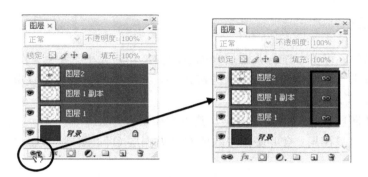

图 5-24　创建图层链接

要取消图层链接，请执行以下操作之一：

✘　选择一个链接的图层，然后单击"图层"调板底部的"链接图层"按钮 ☜。

✘　要暂时停用链接的图层，按住【Shift】键的同时，单击链接图层右侧的链接图标 ☜，此时链接图标 ☜ 上将出现一个红叉 ✘。按住【Shift】键，再次单击链接图标 ☜ 可重新启用链接。

知识库

　　选中一个链接图层，然后选择"图层" > "选择链接图层"菜单，可选择所有链接图层。

五、对齐与分布图层

　　利用 Photoshop 提供的"对齐"与"分布"命令可以将位于不同图层中的图像在水平或垂直方向上对齐，或均匀分布。

　　选中多个要调整的图层或创建链接的图层，选择"图层" > "对齐"或"分布"菜单中的相应子菜单项，或者选择"移动工具" 后，单击工具属性栏中的"对齐"与"分布"按钮，即可对齐或分布图层，如图 5-25 所示。

对齐子菜单　　　　　分布子菜单

▭ 顶边 (T)　　　　　　 顶边 (T)
▭ 垂直居中 (V)　　　　 垂直居中 (V)
▭ 底边 (B)　　　　　　 底边 (B)

▭ 左边 (L)　　　　　　 左边 (L)
▭ 水平居中 (H)　　　　 水平居中 (H)
▭ 右边 (R)　　　　　　 右边 (R)

　　　　　　　　　对齐按钮　　　　　　分布按钮

图 5-25　对齐、分布菜单与相应按钮

提示

> 用户在对图层进行对齐操作时，必须选中两个或以上的图层该命令才有效；如果对图层进行分布操作时，必须选中 3 个或 3 个以上的图层该命令才有效。

六、合并图层

编辑图像时，可以通过合并图层来缩小图像文件的大小。要合并图层，可选择“图层”主菜单，或单击“图层”调板右上角的按钮·≡，从弹出的调板控制菜单中选择适当的菜单项，如图 5-26 所示。

- 合并图层：表示将当前图层与其下方图层合并。
- 合并可见图层：合并图像中的所有可见图层（即“图层”调板中显示眼睛图标的图层）。
- 拼合图像：合并所有图层，并在合并过程中丢弃隐藏的图层。

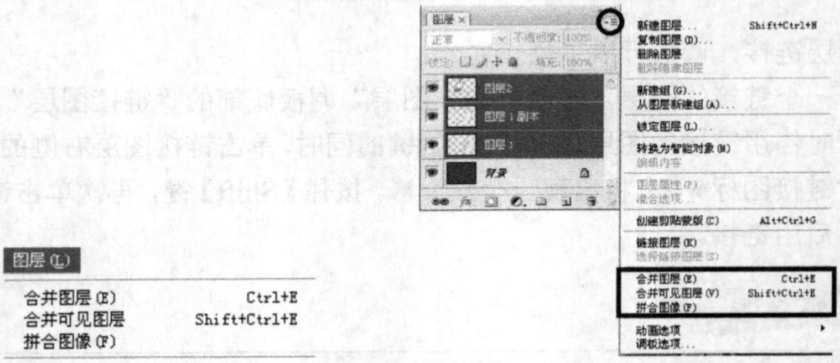

图 5-26　合并图层菜单命令

模块二　处理海报图像与编辑文字

学习目标

掌握创建与编辑图层蒙版的方法
掌握创建剪辑组的方法

一、利用图层蒙版制作图像融合效果

图层蒙版是建立在当前图层中的一个遮罩，用于隐藏或显示当前图层中不需要的图像，从而控制图像的显示范围，以制作图像间的融合效果。

图层蒙版实际上是一个 256 色灰度图像，其白色区域将显示图层图像，黑色区域将隐藏图层图像，灰色区域将使图层图像处于半透明状态。

下面，我们为人物图层添加图层蒙版并进行相应的编辑，以使其更好地与背景图像相融合。

在 Photoshop 中，图层蒙版被分成了两类，一类为普通的图层蒙版，另一类为矢量蒙版。下面，我们首先介绍普通图层蒙版的创建与编辑方法。

步骤 1　在"图层"调板中将"图层 3"置为当前图层，然后单击调板底部的"添加图层蒙版"按钮 ，此时可添加一个空白的蒙版，并处于选中状态，如图 5-27 右图所示。

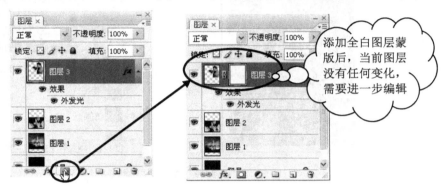

添加全白图层蒙版后，当前图层没有任何变化，需要进一步编辑

图 5-27　为"图层 3"添加图层蒙版

如果当前来制作选区，单击"图层"调板底部的"添加图层蒙版"按钮 将创建一个全白蒙版，当前图层中的图像被完全显示。如果选择"图层">"图层蒙版">"隐藏全部"菜单，或者按住【Alt】键，单击"图层"调板底部的"添加图层蒙版"按钮 将创建一个全黑蒙版，当前图层中的图像被完全隐藏。

如果当前存在选区，则单击"图层"调板底部的"添加图层蒙版"按钮 将创建一个选区内为白色（显示图层图像），选区外为黑色（隐藏图层图像）的蒙版。

制作选区后，如果已将其他图像复制到剪贴板，选择"编辑">"贴入"菜单，也可创建带蒙版的图层。

步骤 2　按【D】键，恢复默认的前、背景色（黑、白色）。选择"画笔工具" ，然后在其工具属性栏中设置画笔直径为 60，设置"不透明度"为 50%，如图 5-28 所示。

在编辑图层蒙版时，通过调整工具绘图工具属性栏中的"不透明度"可以控制蒙版的透明程度

图 5-28　设置"画笔工具"的工具属性

步骤 3 笔刷属性设置好后，将光标放置在人物图像的底边，按下鼠标左键并沿人物边缘拖动，隐藏部分人物图像，其效果如图 5-29 左图所示。从图中可知，人物图像与其下方图层中的图像自然地融合在一起。

图 5-29 编辑图层蒙版

编辑图层蒙版与前景色有关，当前景色为黑色时，用"画笔工具" 和"渐变工具" 在蒙版中绘画可增加蒙版区，用"橡皮擦工具" 在蒙版中擦除可减少蒙版区；当前景色为白色时，用"画笔工具" 和"渐变工具" 在蒙版中绘画可减少蒙版区，用"橡皮擦工具" 在蒙版中擦除可增加蒙版区。

在带蒙版的图层中，实际上存在两幅图像，一个是图层图像，另一个是蒙版图像。要编图层图像，可在"图层"调板中单击图层缩览图（此时将在图层缩览图周围出现一个白色边框）；要编辑蒙版图像，可在"图层"调板中单击蒙版缩览图（此时将在蒙版缩览图周围出现一个白色边框）。另外，按住【Alt】键单击"图层"调板中的蒙版缩览图，将在图像窗口显示蒙版图像，从而便于用户编辑蒙版。要退出蒙版图像编辑模式，可在"图层"调板中单击其他图层。

按住【Ctrl】键单击图层蒙版缩览图，可调入保存在蒙版中的选区。

二、利用剪辑组制作图案文字

剪辑组是使用某个图层（即基底图层）中的内容来遮盖其上方图层中的内容，其遮盖效果是下方图层中有像素的区域将显示上方图层中的图像，而下方图层中的透明区域将遮盖上方图层中的图像。

步骤 1 将前景色设置为白色，然后选择"横排文字工具" T，并参照如图 5-30 上图所示的工具属性栏设置文字的字体和字号，其他参数为默认。属性设置好后，在如图 5-30 下图所示位置输入文字，按【Ctrl+Enter】组合键确认输入。

步骤 2 打开素材图片"04.jpg"，利用"移动工具" 将图片移至"电影海报"图像窗口中，并放置在窗口的底部，如图 5-31 所示。此时系统自动生成"图层 4"。

图 5-30 输入文字　　　　　　　图 5-31 放置素材图片

从图 5-31 可知，"04.jpg" 图像将文字完全遮盖。下面我们在文字图层与 "图层 4" 之间创建一个剪辑组，文字图层将作为基底图层，而 "图层 4" 中的图像只能通过文字图层中有像素的区域显示出来，并采用文字图层的不透明度，从而制作出图案文字。

步骤 3　打开 "图层" 调板，然后按住【Alt】键，将光标放置在 "第七日" 文字图层与 "图层 4" 的分界线上，当光标呈 形状时单击鼠标，如图 5-32 左图所示。

步骤 4　此时文字显示出来，并且文字中显示 "图层 4" 的内容，在文字图层的名称下增加了一条下划线（第七日），"图层 4" 缩览图的右侧显示弯曲的箭头图标 ，如图 5-32 中图所示。此时得到的图案文字效果如图 5-32 右图所示。

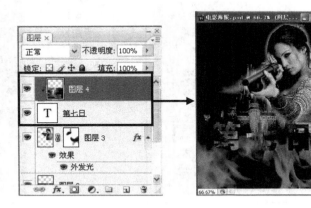

图 5-32 创建剪辑组

创建的剪辑组中可以包含多个图层，但它们必须是连续的图层。

要取消剪辑组，首先在 "图层" 调板中选择基底图层上方的第一个图层（如 "图层 4"），按【Alt+Ctrl+G】组合键，或按住【Alt】键，单击两图层的分界线即可。

步骤 5 在"图层"调板中确保"图层 4"为当前图层，然后利用"移动工具" ▶◆ 移动图像，调整该图像在文字中的显示区域，如图 5-33 所示。

步骤 6 在"图层"调板中选中"第七日"文字图层，然后单击调板底部的"添加图层样式"按钮 *fx.*，从弹出的列表菜单中选择"描边"项，打开"图层样式"对话框，在其中设置"大小"为 4，"颜色"为白色，如图 5-34 所示。

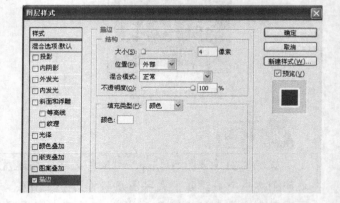

图 5-33　移动图像　　　　　　　　　　　　　　图 5-34　设置描边参数

步骤 7 参数设置好后，单击 确定 按钮关闭对话框。此时即可在文字的边缘产生描边效果，如图 5-35 所示。

步骤 8 单击"图层 4"将其置为当前图层，然后利用"横排文字工具" T 分别在如图 5-36 所示位置输入其他文字。

图 5-35　为文字添加描边效果　　　　　　　　　图 5-36　输入文字

❀ **大小**：用于控制描边的宽度。

❀ **位置**：用于设置描边的位置，系统提供了外部、居中和内部供用户选择。

❀ **填充类型**：用于设置描边的填充内容，包括颜色、渐变或图案 3 种选择。

❀ **颜色**：当设置"填充类型"为"颜色"时，单击右侧的色块，可以在打开的"拾色器"对话框中设置描边颜色。

三、利用调整图层调整作品整体效果

下面，我们将在所有图层之上添加一个"色相/饱和度"调整图层，来调整电影海报的整体效果。

步骤 1　确保"图层"调板中选中了最上面的图层，然后单击调板底部的"创建新的填充或调整图层"按钮 ，从弹出的列表菜单中选择"色相/饱和度"项，打开"色相/饱和度"对话框，参照图 5-37 右图所示设置参数。

步骤 2　参数设置好后，单击 确定 按钮，在所有图层之上创建一个"色相/饱和度"调整图层改变图像的整体效果。这样，电影海报就制作好了，按【Ctrl+S】组合键，将文件保存起来吧。

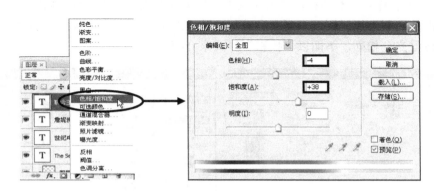

图 5-37　设置"色相/饱和度"参数

图 5-38　添加调整图层后的"图层"调板与图像效果

延伸阅读

下面，我们来学习 Photoshop 的其他图层样式的添加、编辑与修改操作，以及使用系统内置样式的方法，矢量蒙版的添加与应用，使用图层组分类管理图层的方法等。

一、Photoshop 其他图层样式介绍

在 Photoshop 中，除了为图像添加外发光和描边样式外，还可以添加投影、内阴影、内发光、斜面与浮雕、光泽、颜色叠加、渐变叠加和图案叠加样式。 下面，我们来介绍这些样式的应用。

1. 投影与内阴影

为图像制作投影或内阴影样式是进行图像处理时经常使用的手法，通过制作投影或内阴影，可使图像产生立体或透视效果。

在"图层"调板中，双击要添加投影或内阴影的图层（在图层名称或缩览图的外部单击），打开"图层样式"对话框，单击对话框左侧列表中的"投影"或"内阴影"选项，即可在对话框的右侧设置投影或内阴影参数，如图 5-39 所示。由于"投影"和"内阴影"样式的参数设置完全相同，下面以"投影"样式来介绍。

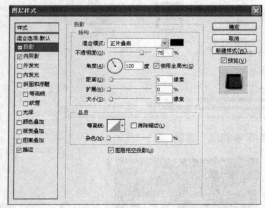
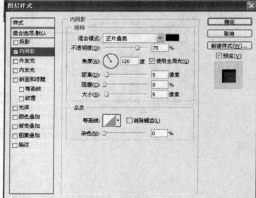

图 5-39　投影和内阴影设置对话框

✖ **混合模式**：在其下拉列表中可以选择所加阴影与原图层图像合成的模式。若单击其右侧的色块，可在弹出的"拾色器"对话框中设置阴影的颜色。

✖ **不透明度**：用于设置投影的不透明度。

✖ **"使用全局光"**：若选中该复选框，表示为同一图像中的所有层使用相同的光照角度。

✖ **距离**：用于设置投影的偏移程度。

✖ **扩展**：用于设置阴影的扩散程度。

✖ **大小**：用于设置阴影的模糊程度。

✖ **等高线**：在右侧的下拉列表中可以选择阴影的轮廓。

✖ **杂色**：用于设置是否为阴影填充杂点。

✖ **"图层挖空投影"**：选中该复选框可设置层的外部投影效果。

图 5-40 所示为文字添加投影或内阴影样式后效果。

原图 投影样式 内阴影样式

图 5-40 为文字添加投影和内阴影样式

2. 斜面和浮雕样式

在 Photoshop 中，斜面和浮雕样式可以说是最复杂的图层样式，其中包括内斜面、外斜面、浮雕效果、枕状浮雕和描边浮雕，虽然每一项中包含的设置选项都是一样的，但是制作出来的效果却截然不同。

"斜面和浮雕"参数设置对话框如图 5-41 所示，其中部分设置项的意义如下。

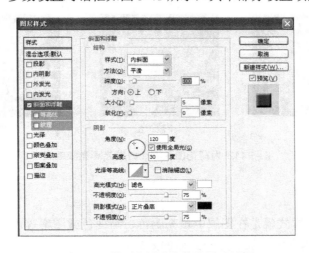

图 5-41 斜面和浮雕参数设置对话框

✖ **样式**：在其下拉列表中可选择浮雕的样式，其中有"外斜面"、"内斜面"、"浮雕效果"、"枕状浮雕"和"描边浮雕"选项。

✖ **方法**：在其下拉列表中可选择浮雕的平滑特性，其中有"平滑"、"雕刻清晰"和"雕刻柔和"选项。

✖ **深度**：用于设置斜面和浮雕效果深浅的程度。

✖ **方向**：用于切换亮部和暗部的方向。

✖ **软化**：用于设置效果的柔和度。

✖ **光泽等高线**：用于选择光线的轮廓。

✖ **高光模式**：用于设置高亮部分的模式。

✖ **阴影模式**：用于设置暗部的模式。

图 5-42 显示了对文字图层应用内斜面、外斜面、浮雕效果和枕状浮雕后的效果。此外，选中"斜面和浮雕"下的"等高线"复选框，可设置等高线效果。选中"纹理"复选框，可设置"纹理"效果，如图 5-43 所示

内斜面 外斜面

浮雕效果 枕状浮雕

图 5-42 添加斜面和浮雕效果后的文字   图 5-43 设置"等高线"和"纹理"

3. 内发光与光泽样式

从图层样式列表中选择"内发光"或"光泽"选项，用户可为图像增加内发光或类似光泽的效果。图 5-44 所示为图像添加内发光和光泽样式后的效果。

原图   内发光   光泽

图 5-44 为荷花图像添加内发光和光泽效果

4. 叠加样式

为图像添加叠加样式就是在图层中填充颜色、渐变色或图案等内容，从而改变图像的外观。图 5-45 所示为文字添加叠加样式后的效果。

原图   颜色叠加   渐变叠加   图案叠加

图 5-45 为文字添加叠加样式

 提示

对于文字图层来说，为其添加叠加或描边样式，不但能改变文字的外观，还可以保证文字的可编辑性。这样，用户就不需要将文字图层进行栅格化处理了。

二、编辑与修改图层样式

对图层添加样式后，我们还可对样式进行修改、复制、显示、关闭与清除样式等操作。

1. 修改图层样式

要修改图层样式，可执行如下操作：

❈ 在"图层"调板中双击添加图层样式的图层，即可打开"图层样式"对话框，然后选择相应的样式选项并进行参数修改。

❈ 在"图层"调板中双击样式名称，也可打开"图层样式"对话框。

2. 复制样式

要复制样式，可以执行如下任一操作：

❈ 在"图层"调板中，按住【Alt】键，当光标呈 ↞↠ 形状时，按下鼠标左键向目标图层拖动鼠标，松开鼠标后，即可将样式复制到目标图层，如图 5-46 所示。

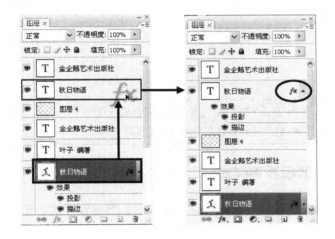

图 5-46　利用"图层"调板复制图层样式

❈ 在源图层上右键单击 fx 图标，在弹出的菜单中选择"拷贝图层样式"，然后在目标图层上右击鼠标，在弹出的菜单中选择"粘贴图层样式"，如图 5-47 所示。

图 5-47　利用快捷菜单复制样式

3. 显示、关闭与清除样式

对图层添加了样式之后，用户还可对其进行显示、关闭和清除等操作。

✿ 在"图层"调板中单击"效果"左侧的眼睛图标👁可隐藏为图层添加的所有样式，如图 5-48 所示。如果单击某样式左侧的眼睛图标👁，可以只隐藏该样式。再次单击眼睛图标，可重新显示样式。

✿ 如果要删除所有样式，可以将图层右侧的 *fx* 图标拖拽到"图层"调板底部的"删除图层"按钮上，如图 5-49 所示。

图 5-48 关闭所有图层样式   图 5-49 删除所有图层样式

如果当前图层添加了多种样式，要删除其中的一种，只需在"图层"调板中将该样式名称拖至调板底部的"删除图层"按钮上即可。

三、利用"样式"调板添加样式

利用"样式"调板，我们不仅可以对图像应用系统内置样式，还可以将自定义的样式保存在调板中，以方便将其应用于其他图像。

选择"窗口">"样式"菜单，打开"样式"调板。要应用某种样式，只需在选中图层后，单击"样式"调板中所需样式即可，如图 5-50 所示。单击"样式"调板右上角的按钮，在弹出的调板控制菜单中可进行复位、加载、保存或替换样式等操作，如图 5-51 所示。

图 5-50 利用"样式"调板添加样式   图 5-51 "样式"调板控制菜单

要利用"样式"调板保存样式，先选中应用样式的图层，然后将光标移至"样式"调板的空白处，当光标变成桶状 时单击，在打开的"新建样式"对话框中输入样式名称并选择设置项目，单击 确定 按钮，即可将当前图层的样式保存在调板中，如图 5-52 所示。

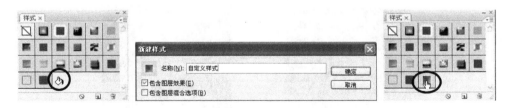

图 5-52　保存自定义样式到"样式"调板中

　　利用"样式"调板保存的样式，在重装 Photoshop 程序后将会消失。如果想长久保存样式，可以在"样式"调板控制菜单中选择"存储样式"项，将其保存成文件。

四、矢量蒙版的创建与使用

矢量蒙版的内容为一个矢量图形，通常由钢笔或形状工具来创建，其主要作用是显示或隐藏图像中不需要的区域。要创建矢量蒙版，可执行如下任一操作：

❖　选择要添加矢量蒙版的图层（背景图层除外），然后利用"钢笔工具" 或形状工具绘制路径后（其操作方法可参见项目七），如图 5-53 左图所示。选择"图层">"矢量蒙版">"当前路径"菜单，或按住【Ctrl】键单击"图层"调板底部的"添加图层蒙版"按钮 ，即可在当前图层创建矢量蒙版，如图 5-53 右图所示。

图 5-53　创建矢量蒙版

❖　选择要添加矢量蒙版的图层（背景图层除外），选择"图层">"矢量蒙版">"显示全部"菜单，然后利用"钢笔工具" 或形状工具在蒙版上绘制路径即可。

　　在 Photoshop 中，一个图层中可同时包含普通图层蒙版与矢量蒙版。通过在"图层"调板中单击不同的蒙版缩览图，可分别对其进行编辑。

与图层蒙版有所不同，由于矢量蒙版中保存的是矢量图形，因此它只能控制图像的透明与不透明，而不能制作半透明效果，并且用户无法使用"渐变"、"画笔"等绘图工具编辑矢量蒙版。对于矢量蒙版而言，用户可以通过改变矢量蒙版的形状，来改变图像的显示效果，如图 5-54 所示。

图 5-54　改变矢量蒙版的形状

　　要改变矢量蒙版的形状，可以使用"直接选择工具" 、"钢笔工具" 等路径编辑工具，具体的编辑方法可参考项目七。

　　默认情况下，当创建了图层蒙版或矢量蒙版后，在图层缩览图和蒙版缩览图之间会看到一个链接符号，这表示用户在移动该图层的图像或对其进行变形时，蒙版将随之执行相应的变化。如果单击该符号可解除两者之间的链接，这样对图层原图进行各种处理时，图层蒙版将不受影响。若要重新链接，只需在图层缩览图与蒙版缩览图之间的空白处单击即可出现链接符号。

五、使用图层组分类管理图层

　　如果当前图像中包含的图层较多时，为了减轻"图层"调板中的杂乱情况，我们可以使用图层组来组织和管理图层。这时，可以对组中的图层进行统一的属性设置，例如，设置混合模式、不透明度等。要创建图层组，可执行如下操作：

　　步骤 1　打开一幅包含多个图层的图像，按【F7】键，打开"图层"调板，然后单击"图层"调板底部的"创建新组"按钮，即可在当前图层之上创建一个图层组，如图 5-55 所示。

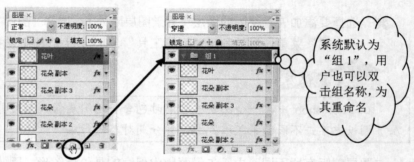

图 5-55　创建图层组

选中要编组的一个或多个图层，然后按住【Shift】键的同时，单击"创建新组"按钮口，可以将选中的图层直接编组而无需拖动。按【Alt+Shift】组合键同时，单击"创建新组"按钮口，可以在打开的"从图层新建组"对话框中设置组名称、颜色、混合模式和不透明度属性。

步骤2 在"图层"调板中选中一个或多个图层（背景图层除外），将选中的图层拖至"组1"上，如图5-56中图所示。此时拖过去的图层作为"组1"的子图层放置在该图层组下，如图5-56右图所示。

步骤3 单击"组1"左侧的三角形图标▶，可以折叠图层组，如图5-57所示。此外，还可为其设置不透明度和色彩混合模式。这样，图层组中的子图层都会随之变化。

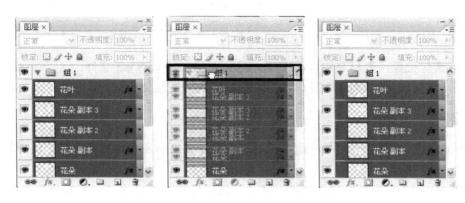

图5-56 添加图层至图层组中

图5-57 折叠图层组

要编辑图层组中的图层，可以再次单击图层组左侧的三角形图标▶展开图层组。此时，用户可以将图层移出或移入图层组。另外，也可对图层组进行移动、复制和删除等操作，其操作方法与图层操作相似。

成果检验

利用本项目所学知识，制作如图5-58所示的图像效果。

图 5-58　效果图

制作要求

（1）素材位置：素材与实例\项目五\06.jpg、07.jpg 和 08.jpg 文件。
（2）主要练习图层的基本操作、添加图层样式与图层蒙版的方法。

简要步骤

步骤 1　创建一个 RGB 颜色模式的图像文件（宽度和高度分别为 510、400 像素；分辨率为 72 像素/英寸。

步骤 2　打开"图层"调板，将"背景"图层转换为普通图层，然后为其添加"渐变叠加"效果，参数设置如图 5-59 所示。添加完成后，再将该图层转换为"背景"图层。

图 5-59　设置渐变叠加参数

步骤 3　打开素材图片"06.jpg"，然后选中其中的花朵，将其拖至新图像窗口中，设置花朵所在"图层 1"的"混合模式"为"变亮"，"填充不透明度"为 60%。

步骤 4　在"图层"调板中将"背景"图层置为当前图层，然后按【Ctrl+A】组合键，全选图像。再利用"收缩"命令将选区收缩 30 像素，然后按【Shift+Ctrl+I】组合键，将选区反选，再按【Ctrl+J】组合键，将选区内图像生成"图层 2"，并移至花朵图层的上方。

步骤 5　为"图层 2"分别添加投影、内阴影、内发光、斜面和浮雕效果（用户可参考成果检验效果图定义参数），制作出相框效果。

步骤6　按住【Ctrl】键的同时，单击"图层2"的缩览图创建该图层的选区。

步骤7　将"图层1"置为当前图层，按【Ctrl+J】组合键将选区内的图像生成"图层3"，并移至"图层2"的上方，然后为该图层设置"混合模式"为"线性减淡"，"填充不透明度"为40%。

步骤8　选中"图层2"，利用"魔棒工具" 选取相框中央的空白区域，然后选中素材图片"07.jpg"中的郁金香，并将其复制到剪贴板，再切换到新图像窗口，利用"贴入"命令将剪贴板中的图像粘贴到选区中。此时生成"图层4"，并对其添加外发光效果。

步骤10　选取素材图片"08.jpg"中的人物图像，并将人物复制到剪贴板。切换到新图像文件，按住【Ctrl】键单击"图层4"的蒙版缩览图，创建蒙版选区，然后利用"贴入"命令将人物图像粘贴到选区中，将生成的"图层5"移至"图层2"的上方。

步骤11　利用"移动工具" 将人物图像移至窗口的右侧，然后编辑该图层的蒙版，使人物的头部和手臂显示出来。

步骤12　利用"横排文字工具" 输入文字，并将文字图层的"填充"设置为0%，然后为文字图层添加外发光和描边效果（发光和描边颜色都为白色）。

项目六　打造精美电脑桌面
——绘画与修饰工具

课时分配：4 学时

学习目标

	掌握画笔工具组的特点及使用方法
	掌握渐变工具组的特点及使用方法
	掌握减淡工具组的特点及使用方法
	掌握模糊工具组的特点及使用方法

模块分配

模块一	绘制背景、白云和山
模块二	绘制树、草和花
模块三	绘制小猪和伞

作品成品预览

图片资料

素材位置：素材与实例\项目六\电脑桌面

本例中，通过制作电脑桌面来学习 Photoshop 强大的绘画功能。

模块一　绘制背景、白云和山

学习目标

掌握"渐变工具"的使用方法	
掌握"画笔工具"的使用方法	
掌握"涂抹工具"的使用方法	

一、绘画与修饰工具概览

Photoshop 提供了大量的绘画与修饰工具，如"画笔工具" 、"渐变工具" 、"加深工具" 和"模糊工具" 等，利用这些工具可绘画还能对图像进行修饰，从而制作出一些艺术效果。

✖ 画笔工具组：该组工具包括"画笔工具" 、"铅笔工具" 和"颜色替换工具" ，其中，利用"画笔"和"铅笔"工具可以绘制一些线条；利用"颜色替换工具" 可以快速替换图像中的颜色，如图 6-1 所示。

图 6-1　利用画笔工具组绘画与替换图像颜色

✖ 渐变工具组：该组工具包括"渐变工具" 和"油漆桶工具" ，利用它们可以使渐变色、颜色或图案填充图像，如图 6-2 所示。

✖ 加深工具组：该组工具包括"加深工具" 、"减淡工具" 和"海绵工具" ，利用它们可以快速改变图像的曝光度或饱和度，如图 6-3 所示。

 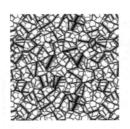 

图 6-2　用渐变色和图案填充图像　　　　图 6-3　利用加深和减淡工具制作的球体

❈ 模糊工具组：该组工具包括"模糊工具" ○、"锐化工具" △和"涂抹工具" ☝，利用它们可以使图像产生模糊、清晰或者类似手指绘画的效果。

二、利用"渐变工具"绘制背景

利用"渐变工具" ▣可以制作渐变图案。渐变图案实际上就是具有多种过渡颜色的混合色。这个混合色可以是前景色到背景色的过渡，也可以是背景色到前景色的过渡，或多种颜色间的过渡。

下面我们使用"渐变工具" ▣绘制电脑桌面的背景，具体操作步骤如下。

步骤1 按【Ctrl+N】组合键，打开"新建"对话框，参照图 6-4 左图所示参数新建一个空白文档。

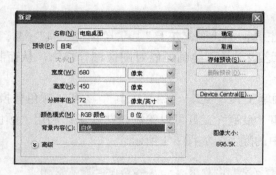

图 6-4 创建新图像文件

步骤2 将前景色设置为蓝色（# 54c3f1），背景色设置为青色（# d3edfb）。选择"渐变工具" ▣，其工具属性栏如图 6-5 所示，属性栏中各选项的意义如下。

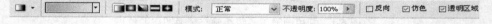

图 6-5 "渐变工具"属性栏

❈ ▣：单击右侧的下拉三角按钮，可以从打开的下拉列表中选择渐变图案，其中系统提供了 15 种预设渐变图案供用户选择。单击下拉列表右侧的圆形三角按钮 ▶，系统将弹出如图 6-6 右图所示的下拉菜单，从中可载入更多的渐变图案。

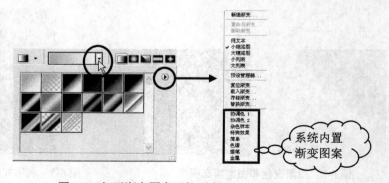

图 6-6 打开渐变图案下拉列表

✖ **渐变填充方式按钮** ■ ■ ■ ■ ■：从左至右依次为"线性渐变"按钮■、"径向渐变"按钮■、"角度渐变"按钮■、"对称渐变"按钮■和"菱形渐变"按钮■，其效果分别如图 6-7 所示。

| 线性渐变 | 径向渐变 | 角度渐变 | 对称渐变 | 菱形渐变 |

图 6-7　5 种渐变效果

✖ **模式**：用于设置填充的渐变颜色与其下面的图像如何进行混合，各选项与图层混合模式的作用相同。

✖ **不透明度**：用于设置填充渐变颜色的透明程度。

✖ **反向**：勾选该复选框可以使绘制的渐变图案反向。

✖ **仿色**：勾选该复选框可以使渐变图案的色彩过渡得更加柔和、平滑。

✖ **透明区域**：使渐变图案的透明度设置有效或无效。

步骤 3　在如图 6-6 左图所示的渐变图案下拉列表中选择"前景到背景"，然后单击工具属性栏中的"线性渐变"按钮■，其他参数为默认。将光标移至图像窗口的上方，按住鼠标左键并向下拖动，释放鼠标后即可绘制前景到背景线性渐变图案，如图 6-8 右图所示。

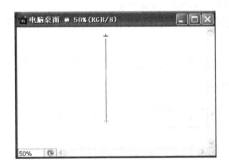

图 6-8　绘制线性渐变图案

　　绘制渐变图案时，相同的渐变图案会因鼠标单击位置、拖动方向及拖动长短的不同，其产生的效果也不同。

三、使用"画笔工具"绘制白云和山

　　利用"画笔工具"■可以绘制柔和的彩色线条，下面通过绘制白云和远山来学习该工具的用法。

　　步骤 1　将前景色设置为白色，然后在"图层"调板中新建"图层 1"。选择"画笔工具"，其工具属性栏如图 6-9 所示。

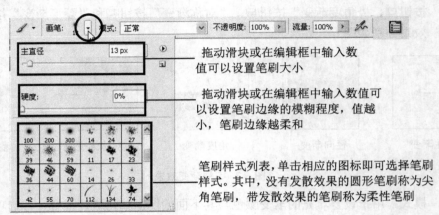

拖动滑块或在编辑框中输入数值可以设置笔刷大小

拖动滑块或在编辑框中输入数值可以设置笔刷边缘的模糊程度，值越小，笔刷边缘越柔和

笔刷样式列表，单击相应的图标即可选择笔刷样式。其中，没有发散效果的圆形笔刷称为尖角笔刷，带发散效果的笔刷称为柔性笔刷

图 6-9　画笔工具属性栏

✖ **画笔**：单击其后的下拉三角按钮 ▾，可在笔刷下拉面板中选择所需的笔刷样式、设置合适的笔刷大小。

✖ **模式**：在该下拉列表中可以选择所需的混合模式。

✖ **不透明度**：单击其后的 ▸ 按钮，通过拖动滑块或直接输入数值可设置画笔颜色的不透明度。数值越小，不透明度越低。

✖ **流量**：用于设置画笔的流动速率。该数值越小，所绘线条越细。

✖ **"喷枪"按钮** ✎：按下该按钮，可使画笔具有喷涂功能。

✖ **"切换画笔调板"按钮** 🗐：单击该按钮，可打开"画笔"调板，从中可对画笔进行更多的属性设置。

步骤 2　在"画笔工具"属性栏中设置笔刷直径为 65 像素的柔角笔刷，"不透明度"设置为 45%，其他参数保持默认，如图 6-10 所示。

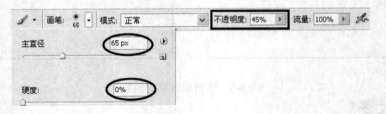

图 6-10　设置笔刷属性

步骤 3　笔刷属性设置好后，将光标移至图像窗口中，按下鼠标左键并在窗口中随意涂抹，绘制出白云图像，如图 6-11 左图所示。这里要注意的是，涂抹时可根据需要调整笔刷的大小和不透明度。

使用"画笔工具"编辑图像时，可以按【[】和【]】键来改变笔刷的大小。

步骤 4 将前景色设置为蓝灰色（#69a9c8），并新建"图层 2"，然后利用"画笔工具"
在图像窗口中随意涂抹，绘制出山的大致轮廓，如图 6-11 右图所示。

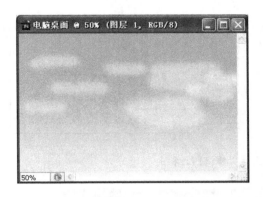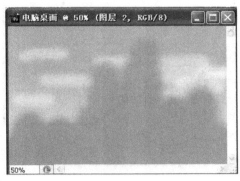

图 6-11 利用"画笔工具"绘制白云和山的大致轮廓

四、使用"涂抹工具"修饰白云和山

利用"涂抹工具" 在图像中涂抹，可以将鼠标单击处的颜色抹开，得到的效果就像在一幅刚画好的还未干的画上用手指去擦拭。下面，利用该工具修饰白云和山，具体的操作方法如下。

步骤 1 将"图层 1"置为当前图层，并隐藏"图层 2"。选择"涂抹工具" ，其工具属性栏如图 6-12 所示，其中部分选项的意义如下所示。

图 6-12 "涂抹工具"属性栏

❀ **画笔和模式**：这两个选项与"画笔工具"属性栏中的相同，这里不再赘述。

❀ **强度**：用于设置涂抹效果的强弱。

❀ **"对所有图层取样"复选框**：勾选该复选框，表示将使用所有可见图层中的颜色进行涂抹绘画。取消勾选该复选框，表示只使用当前图层中的颜色进行涂抹绘画。

❀ **"手指绘画"复选框**：勾选该复选框，表示将在鼠标单击处使用当前前景色进行涂抹绘画；取消勾选该复选框，表示将使用鼠标单击处的颜色进行涂抹绘画。

步骤 2 在"涂抹工具" 的工具属性栏中选择一种柔角笔刷，其他选项保持默认，然后利用该工具在"图层 1"中涂抹，修饰白云图像，使其更加自然逼真，其效果如图 6-13 左图所示。

步骤 3 继续用"涂抹工具" 涂抹山，使其更加自然，其效果如图 6-13 右图所示。

步骤 4 将山涂抹好后，在"图层"调板中将"图层 2"移至"图层 1"的下方，制作出白云缭绕的效果，其效果如图 6-14 右图所示。

图 6-13 用"涂抹工具"修饰白云和山

图 6-14 调整图层顺序

延伸阅读

下面我们来介绍自定义渐变颜色的方法，利用"画笔"调板设置特殊的笔刷属性，以及"模糊工具" 和"锐化工具" 的特点与使用方法。

一、自定义渐变颜色的方法

在 Photoshop 中，除了可利用系统提供的渐变图案外，用户还可根据设计需要自定义渐变颜色，具体的操作方法如下所示。

步骤 1　单击"渐变工具"属性栏中的"点按可编辑渐变"图标■■■■，打开"渐变编辑器"对话框，如图 6-15 所示，其中部分选项的意义如下所示。

✖ 颜色色标：用于显示设置渐变图案中所使用的颜色。

✖ 渐变颜色条：用于显示当前编辑的渐变颜色效果。

✖ 不透明度色标：用于控制渐变颜色的透明程度。

✖ 名称：在其右侧的编辑框中可以定义新渐变颜色的名称。

❋　新建(W)按钮：单击该按钮，可以将当前渐变颜色条中编辑的渐变图案存储为一个新的渐变图案文件，并添加到"预设"列表框的末尾。

❋　**色标属性编辑区：**在该区域可以为选中的色标设置不透明度、色标颜色、位置，以及删除色标。

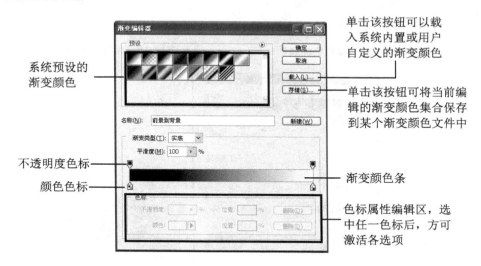

图 6-15　"渐变编辑器"对话框

步骤 2　将鼠标光标放置在渐变颜色条的下方，当光标呈手形状时，单击鼠标左键，即可在单击处添加一个新色标，如图 6-16 所示。

图 6-16　添加新色标

从图 6-16 中可看出，单击选中色标后，在色标间将显示菱形图标"◇"，通常称其为"颜色中点"，左右拖动该标志可调整颜色过渡位置。要删除色标，只需将其拖离渐变颜色条即可。

步骤 3　双击新创建的颜色色标，打开"拾色器"对话框，然后在"拾色器"对话框中将该色标的颜色设置为品红色（#e4007f）。

步骤 4　继续创建其他颜色色标，并为每个颜色色标设置颜色(用户需要自定义颜色)。单击并左右拖动色标，可调整色标位置，从而调整颜色过渡效果，如图 6-17 所示。

步骤 5　将鼠标光标放置在渐变颜色条的上方，当光标呈手形状时，单击鼠标添加一个不透明度色标，然后在色标属性编辑区设置色标的不透明度和位置，如图 6-18 所示。

步骤 6　单击"渐变编辑器"对话框中的 新建(W) 按钮，将自定义的渐变图案添加到"预设"列表的末尾，如图 6-19 左图所示。单击 确定 按钮，关闭对话框。此时用户就可以使用自定的渐变图案填充图像了。

图 6-17　创建与编辑颜色色标属性　　　　　　　　图 6-18　创建与编辑不透明度色标属性

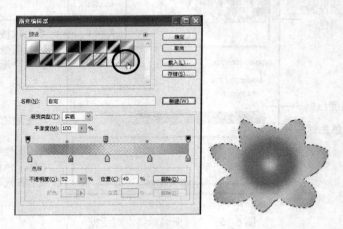

图 6-19　将自定义渐变图案保存在预设列表中

　　　将自定义的渐变图案存储在预设列表后，在重装 Photoshop 程序或将预设复位到默认状态时，自定义渐变图案将丢失。要永久保存渐变图案，可以单击"渐变编辑器"对话框中的"存储"按钮，将其存储为文件，以后使用时只需将其载入即可。

二、利用"画笔"调板设置笔刷的其他特性

　　利用"画笔"调板不但可以设置笔刷大小和选择笔刷样式，还可以设置笔刷的旋转角度、间距、圆度、发散、纹理填充、颜色动态等特性，从而制作很多漂亮的图像效果。

　　要利用"画笔"调板设置笔刷属性，可单击工具属性栏右侧的"切换画笔调板"按钮 或选择"窗口">"画笔"菜单，或按【F5】键，打开"画笔"调板，如图 6-20 所示。此时可以选择笔刷样式和设置笔刷大小。

1. 设置笔刷的基本特性

　　要设置笔刷的基本特性，只需单击"画笔"调板左侧列表中的"画笔笔尖形状"项，此时在调板的右侧可选择笔刷样式，设置笔刷直径、角度、圆度、间距、翻转等属性，如图 6-21 所示。

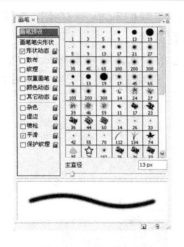

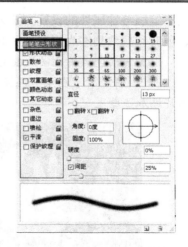

图 6-20　"画笔"调板　　　　　　　图 6-21　设置笔刷基本特性

✖　**直径**：用于控制画笔大小，在编辑框中输入数值或拖动滑块即可。

✖　**翻转 X 和翻转 Y**：用于改变画笔笔尖在 X 或 Y 轴上的方向。

✖　**角度**：用于指定椭圆画笔或样本画笔的长轴从水平方向旋转的角度。在其编辑框中输入数值或在预览框中拖动水平轴即可设置画笔笔尖旋转角度，如图 6-22 左图所示。

✖　**圆度**：用于指定画笔短轴和长轴之间的比率。在其编辑框中输入百分比值，或在预览框中拖动点，如图 6-22 右图所示。当值为 100%表示圆形画笔，值为 0% 表示线性画笔，介于两者之间的值表示椭圆画笔。

✖　**间距**：用于控制绘制线条时两个笔刷点之间的中心距离。取值范围在 1%～1000%之间，值越大，线条的断续效果越明显。通常用该项设置各种类型的虚线，如图 6-23 所示。

图 6-22　设置画笔笔尖的旋转角度与圆度　　　　图 6-23　绘制虚线

对于尖角圆形笔刷(硬度为 100%的画笔)、柔角圆形笔刷和书法画笔，按【Shift+[】键可减小画笔硬度，按【Shift+】]键可增加画笔硬度。

2. 设置笔刷特殊属性

要设置笔刷特殊属性，可以单击"画笔"调板左侧列表中的相应选项，如"形状动态"、"散布"、"纹理"、"双重画笔"和"颜色动态"等，然后在调板右侧的参数设置区设置属性即可。由于笔刷特殊属性的设置方法大同小异，这里我们不再一一介绍。下面，我们以形状动态、散布和颜色动态为例来学习其特点和设置方法。

步骤 1 设置前景色为黄色（#ede933），背景色为白色。打开素材图片"01.psd"（素材与实例\项目六），并打开"图层"调板，将"背景"图层置为当前图层，如图 6-24 所示。下面为该图片添加一些星星。

图 6-24　打开素材图片

步骤 2 选择"画笔工具" ，打开"画笔"调板，单击调板左侧列表中的"画笔笔尖形状"选项，然后在其右侧的样式列表中选择"流星"，并设置"直径"为 55，"间距"为 156，如图 6-25 所示。

步骤 3 单击"画笔"调板左侧列表中的"形状动态"，然后在右侧设置"大小抖动"为 55%，"圆度抖动"为 25%，其他选项保持默认，如图 6-26 所示。

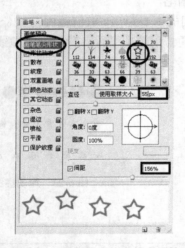
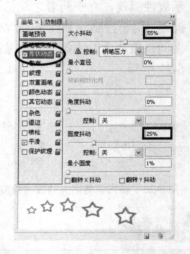

图 6-25　设置画笔笔尖基本属性　　　　图 6-26　设置画笔笔尖形状动态效果

✖ **大小抖动**：通过调整该参数，可绘制粗细不均匀的线条。

✖ **控制**：在其右侧的下拉列表中选择"渐隐"，并设置合适的减弱步数，可设置尺寸减弱效果，如图 6-27 所示。

✖ **角度抖动**：通过调整该参数，可以设置所绘线条弯曲处的抖动效果。

✖ **圆度抖动**：通过调整该参数，可改变笔刷的圆度，从而制作出带有毛刺的线条。

✿ **最小圆度**：当启用"圆度抖动"或"圆度控制"时，用于控制绘制线条时笔刷点的最小圆度。

　步骤 4　单击"画笔"调板左侧列表中的"散布"选项，然后在右侧参数设置区中勾选"两轴"复选框，设置"散布"为450%，其他参数保持默认，如图6-28所示。

图6-27　绘制不同渐隐效果的线条　　　　图6-28　设置笔刷的散布效果

✿ **散布**：在其右侧的编辑框中输入数值或拖动下方的滑块，可设置笔刷的扩散程度，数值越大，扩散程度越强。

✿ **数量**：用于设置扩散密度，该数值越大，线条的密度越大。

✿ **数量抖动**：用于设置发散抖动效果。

　步骤 5　单击"画笔"调板左侧列表中的"颜色动态"选项，然后在右侧参数设置区中设置"前景/背景抖动"为60%，其他参数保持默认，如图6-29左图所示。

　步骤 6　参数设置好后，利用"画笔工具" ✎在图像窗口中单击（或单击并拖动）绘制星星，此时可得到大小不等、形状各异、颜色不同的星星，其效果如图6-29右图所示。

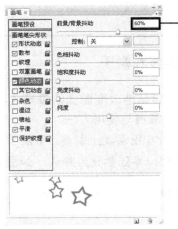

用于设置前景色和背景
色之间的颜色变化方式

图6-29　设置"颜色动态"与绘制星星

在对笔刷设置了各种特殊属性后，如果希望清除其各项设置，可以单击"画笔"调板右上角的按钮，从弹出的调板控制菜单中选择"清除画笔控制"项即可。

三、模糊工具和锐化工具

"模糊工具" 用于柔化图像的硬边缘或减少图像中的细节，以使图像变得模糊；"锐化工具" 用于增加图像边缘的对比度以增强外观上的锐化程度，以使图像变得清晰。

"模糊工具" 和"锐化工具" 的工具属性栏与"涂抹工具" 基本相同，这里不再赘述，它们的使用方法很简单，只需使用这些工具在图像中单击并拖动即可。如图 6-30 所示为利用"模糊工具" 和"锐化工具" 修饰图像后的效果。

原图　　　　　　　　　　模糊图像　　　　　　　　　　锐化图像

图 6-30　模糊与锐化图像

模块二　绘制树、草和花

学习目标

掌握"加深"与"减淡"工具的特点及用法
掌握自定义画笔的方法

一、利用"加深工具"和"减淡工具"修饰树枝和树干

利用"减淡工具" 和"加深工具" 可以很容易地改变图像的曝光度，从而使图像变亮或变暗。下面通过绘制树来学习这两个工具的特点与使用方法。

步骤 1　将前景色设置为棕色（#874d24），并在所有图层之上新建"图层 3"。选择"画笔工具" ，然后在工具属性栏中选择一种硬边笔刷，其他参数为默认，如图 6-31 所示。

图 6-31　设置画笔笔刷属性

步骤 2　属性设置好后，利用"画笔工具" 在图像窗口的右侧绘制如图 6-32 所示的

树枝和树干。

步骤 3 选择"减淡工具" ，在工具属性栏中选择一种柔角笔刷，并适当降低曝光度，然后利用"减淡工具" 涂抹出树枝和树干的高光，如图 6-33 所示。

在为树枝和树干涂抹高光或暗部时，根据操作需要，用户要随时更改笔刷大小和曝光度。

图 6-32 绘制树枝和树干

图 6-33 利用"减淡工具"修饰树枝和树干

步骤 4 选择"加深工具" ，在其工具属性栏中选择一种柔角笔刷，其他选项为默认，然后利该工具在树枝和树干上涂抹出暗部，使树枝和树干更具立体感，其效果如图 6-34 所示。

"减淡工具" 和"加深工具" 的属性栏是相同的，但两者的作用是相反的，其中"范围"用于选择减淡或加深效果的范围；"曝光度"用于控制图像减淡或加深的程度,值越大，减淡或加深效果越明显。

图 6-34 利用"加深工具"修饰树枝和树干

二、通过自定义画笔和设置画笔动态效果绘制树叶、草和花

在 Photoshop 中，用户可以将自己喜爱的图像或任意形状的选区图像定义为画笔，具体操作如下。

步骤 1 打开素材图片 "02.jpg"（素材与实例\项目六），如图 6-35 所示。下面将图片中的树叶图像定义为画笔。

步骤 2 按住【Shift】键的同时，利用 "魔棒工具" 单击黑色树叶，将树叶图像全部选中。

步骤 3 选择 "编辑" > "定义画笔预设" 菜单，打开 "画笔名称" 对话框，在 "名称" 编辑框中输入 "树叶"，如图 6-36 所示。单击 确定 按钮，即可自定义画笔样式。此时自定义的画笔会自动出现在笔刷样式列表中。

图 6-35　打开素材图片

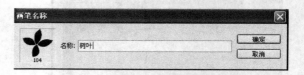

图 6-36　"画笔名称" 对话框

步骤 4 按【F5】键，打开 "画笔" 调板，单击调板左侧的 "画笔笔尖形状" 选项，然后在调板右侧的笔刷样式列表中选择自定义的 "树叶" 画笔，并设置 "直径" 为 85，"间距" 为 98%，其他参数保持默认，如图 6-37 左图所示。

步骤 5 单击调板左侧列表中的 "形状动态"，然后在右侧参数设置区中将 "大小抖动" 设置为 26%，"最小直径" 设置为 8%，"角度抖动" 设置为 52%，"圆度抖动" 设置为 15%，"最小圆度" 为 27%，其他参数保持默认，如图 6-37 中图所示。

步骤 6 再单击调板左侧列表中的 "散布"，在右侧的参数设置区中勾选 "两轴" 复选框，然后设置 "散布" 为 240%，"数量" 设置为 2，"数量抖动" 设置为 98%，其他参数保持默认，如图 6-37 右图所示。

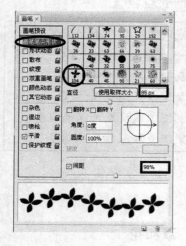

图 6-37　利用 "画笔" 调板设置树叶笔刷的属性

步骤 7 将前景色设置为绿色（#00a73c），背景色设置为淡绿色（#89c997），在 "图层"调板中新建"图层4"，然后利用"画笔工具" 在如图6-38所示位置绘制树叶图像。

步骤8 新建"图层5"，然后在"画笔"调板的笔刷样式列表中选择"沙丘草"样式，再分别勾选调板左侧列表中的"形状动态"、"散布"、"颜色动态"和"其他动态"项，并分别设置相应的参数。

步骤9 笔刷属性设置好后，利用"画笔工具" 在"图层5"中绘制草，其效果如图6-39所示。

图6-38 绘制树叶 图6-39 绘制小草

步骤10 打开素材图片"03.jpg"，如图6-40所示，然后将其中的花朵自定义为画笔，并命名为"小花"，再利用"画笔"调板中设置该画笔的形状动态、散布、颜色动态等属性。

步骤11 将前景色设置为红色（#e60012），背景色设置为黄色（#fff100），并在所有图层之上新建"图层6"。选择"画笔工具" ，然后在"图层6"中绘制小花，其效果如图6-41所示。

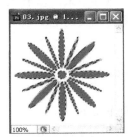

图6-40 自定义画笔 图6-41 绘制小花

在Photoshop中，笔刷中只保存图像的相关信息，不保存图像的色彩，因此，自定义的笔刷均为灰度图。

延伸阅读

下面，我们来学习加载系统内置笔刷的操作方法与"海绵工具" 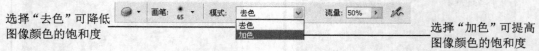 的特点及用法。

一、"海绵工具"的特点

利用"海绵工具" 可以调整图像的饱和度。选择"海绵工具" ，其工具属性栏如图 6-42 所示，在其中可选择"海绵工具" 的工作方式，也可设置流量值，该数值越大，操作效果也就越明显。图 6-43 所示为使用"海绵工具" 修饰图像后的效果。

选择"去色"可降低
图像颜色的饱和度

选择"加色"可提高
图像颜色的饱和度

图 6-42　"海绵工具"属性栏

图 6-43　利用"海绵工具"修饰图像

二、笔刷保存与加载

在 Photoshop 中，系统允许用户将自定义的笔刷存储为文件，永久保存下来，以避免重装 Photoshop 程序后丢失。如果用户重装了 Photoshop 程序，还可以将自定义的笔刷重新载入使用。

1. 保存笔刷

下面，我们将前面自定义的"树叶"笔刷保存为笔刷文件，具体操作如下。

步骤 1　在"画笔工具"的工具属性栏中单击"画笔"右侧的下拉三角按钮，然后在弹出的笔刷下拉面板中选择自定义的"树叶"笔刷，如图 6-44 左图所示。

步骤 2　在笔刷下拉面板中单击右上角的圆形三角按钮 ，然后从弹出的面板菜单中选择"存储画笔"项（如图 6-44 中图所示），在随后打开的"存储"对话框中设置画笔保存的位置、名称、格式等参数，如图 6-44 右图所示。设置完成后，单击 保存(S) 按钮保存画笔。

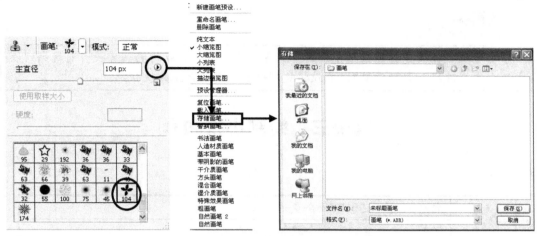

图 6-44　保存笔刷

提示

笔刷文件的扩展名为*.ABR。默认情况下，Photoshop 中用于保存笔刷文件的目录为 Program Files/Adobe/Photoshop CS3/预置/画笔。但是，我们建议用户不要将笔刷文件存储在程序默认的位置，这样做以避免重装 Windows 系统时文件丢失。

2. 加载笔刷

在 Photoshop 中，用户除了可以载入自定义的笔刷外，还可以载入更多系统内置笔刷样式，其具体的操作如下。

步骤1　要载入自定义笔刷，只需从弹出的笔刷面板控制菜单中选择"载入画笔"项，可以加载用户自定义的笔刷，如图 6-45 左图所示。

步骤2　要载入系统内置笔刷，只需从 6-45 左图所示面板控制菜单中选择所需笔刷文件，如选择"带阴影的画笔"项，此时系统将弹出如图 6-45 右图所示的提示对话框，单击 追加(A) 按钮，即可将"带阴影的画笔"文件添加在笔刷样式下拉列表的下方。

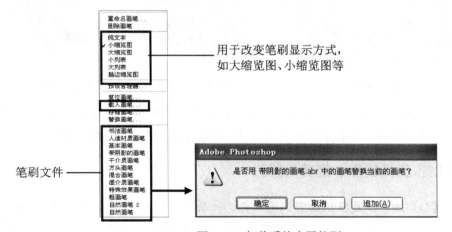

图 6-45　加载系统内置笔刷

在笔刷下拉面板控制菜单中选择"替换画笔",可用加载的笔刷替换当前笔刷列表中的内容;选择"复位画笔",可以将笔刷设置恢复为系统默认状态。

模块三　绘制小猪和伞

学习目标

熟练应用"变形"命令变形图像
了解"自由变换"命令旋转复制图像的方法

一、使用"变形"命令变形图像制作小猪形状

首先,利用"椭圆工选框工具"  绘制椭圆选区并填充,然后利用"变形"命令将椭圆调整成小猪的身体形状,具体操作如下。

步骤 1　将前景色设置为浅驼色(#ffddbf),并在所有图层之上新建"图层 7"。选择"椭圆选框工具" ◯ ,然后在如图 6-46 所示位置绘制椭圆选区,并填充前景色。

步骤 2　选择"编辑">"变换">"变形"菜单,在椭圆的四周显示变形网络,然后将变形网格调整至如图 6-47 所示形状。调整完成后,按【Enter】键,确认变形操作。

图 6-46　绘制椭圆　　　　　　　　　　图 6-47　利用"变形"命令变形椭圆

步骤 3　选择"加深工具" ◉ ,在工具属性栏中选择一种发散效果的笔刷,并设置合适的笔刷属性,然后利用该工具在小猪身体上涂抹,使其具有立体感,如图 6-48 下图所示。

二、利用选区制作工具制作小猪其他部位

步骤 1　按【D】键,恢复默认的前、背景色,并新建"图层 8"。利用"椭圆选框工具" ◯ 绘制椭圆选区,并填充白色作为小猪的鼻子,然后在鼻子的上方再绘制两个小椭圆选区,并填充黑色作为鼻孔,其效果如图 6-49 所示。

图 6-48 利用"加深工具"修饰图像 　　　　　　　　　图 6-49 绘制鼻子

步骤 2 将前景色设置为深红色（# bc5a5a），并在"图层 8"的下方新建"图层 9"。利用"椭圆选框工具" ⚪ 绘制椭圆选区，并填充深红色作为小猪的嘴巴，如图 6-50 所示。

步骤 3 保持嘴巴选区不变，并稍向下移动。按住【Alt】键，从嘴巴选区的上方再绘制一个选区，得到两者相减的选区，并填充棕色（#ba7c33），制作出小猪的下巴，如图 6-51 右图所示。

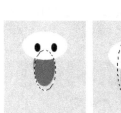

图 6-50 绘制嘴巴 　　　　　　　　　图 6-51 绘制下巴

步骤 4 新建"图层 10"，并利用选区的相减法制作出小猪的眼睛（填充为黑色），根据个人需要对眼睛图像进行自由变形，其效果如图 6-52 所示。

步骤 5 将前景色设置为玫瑰红（#eb6262），然后新建"图层 11"。利用"椭圆选框工具" ⚪ 绘制两个圆形选区，并填充为玫瑰红，作为小猪的腮红，其效果如图 6-53 所示。

步骤 6 利用"椭圆选框工具" ⚪ 分别在两侧腮红的上方绘制两个椭圆选区，然后对选区进行羽化（羽化值为 5），再用白色填充选区，得到腮红的高光，其效果如图 6-54 所示。

步骤 7 在"图层 7"的下方新建"图层 12"，然后先用"多边形套索工具" ☑ 制作猪耳朵的选区，并填充浅粉色（#ffddbf），再制作耳朵内阴影选区，并填充棕色（#ba7c33），其效果如图 6-55 所示。

图 6-52　绘制眼睛

图 6-53　绘制腮红

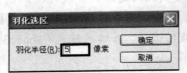

图 6-54　制作腮红的高光

步骤 8　继续用"多边形套索工具" 制作左侧的手臂选区，胳膊填充浅粉色（#ffddbf），猪蹄填充黑色，其效果如图 6-56 所示。

图 6-55　绘制猪耳朵和阴影

图 6-56　制作左侧手臂

步骤 9　在"图层 7"的上方新建"图层 13"，利用"矩形选框工具"在身体右侧绘制矩形选区，并填充深粉色（#ffbb8e），然后利用"变形"命令将矩形变形为如图 6-57 左下图所示形状。

步骤 10　调整好后，按【Enter】键确认变形，制作出右侧胳膊。利用"多边形套索工具"绘制出黑色猪蹄，其效果如图 6-57 中图所示。

步骤 11　在"图层 7"的下方新建"图层 14"，并利用"多边形套索工具"绘制出猪腿，其效果如图 6-57 右图所示。

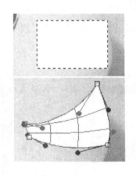

图 6-57　绘制胳膊和腿

三、利用"自由变换"命令旋转复制图像

下面，我们将利用"自由变换"与复制命令来制作雨伞。

步骤 1　将前景色设置为橙色（#fd885d），并在所有图层之上新建"图层 15"。利用"椭圆选框工具" 绘制一个椭圆选区，并填充橙色，如图 6-58 左图所示。

步骤 2　将前景色设置为棕色（#895020），并新建"图层 16"。利用"矩形选框工具" 绘制一个矩形选区，并填充棕色，如图 6-58 右图所示。

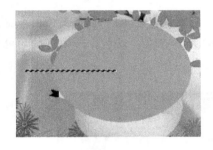

图 6-58　绘制椭圆和矩形条

步骤 3　保持选区不变。按【Ctrl+T】组合键，在矩形条的四周显示自由变形框，按住【Alt】键，将变形框的支点◇移至变形框右侧，如图 6-59 所示。

步骤 4　在变形工具属性栏中，将"旋转"设置为 15 度，其他选项保持默认，如图 6-60 所示。

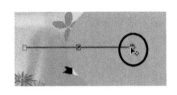

X: 502.5 px　　△ Y: 242.5 px　　W: 100.0%　　H: 100.0%　　△ 15 度

图 6-59　移动支点的位置　　　　　　　　图 6-60　设置旋转角度

步骤 5　连续按两次【Enter】键，确认旋转操作。按住【Alt+Shift+Ctrl】键的同时，连续按【T】键，使矩形条绕着支点旋转并复制一周，得到伞架效果，如图 6-61 左图所示。

步骤 6 按住【Ctrl】键的同时，单击"图层 15"的缩览图（图 6-61 中图所示），生成该图层的选区。按【Shiftt+Ctrl+I】组合键将选区反选，按【Delete】键，在"图层 16"中删除选区内的矩形条，得到如图 6-61 右图所示效果。

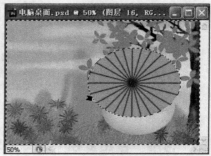

图 6-61 制作伞架

步骤 7 按【Ctrl+D】组合键，取消选区。在"图层"调板中同时选中"图层 15"和"图层 16"，按【Ctrl+E】组合键合并图层（合并后的图层以"图层 16"命名）。

步骤 8 利用"自由变换"命令变形伞图像，然后将"图层 16"移至"图层 12"的下方，得到如图 6-62 所示效果。

步骤 9 在"图层 7"的上方新建"图层 17"。利用"矩形选框工具" 绘制一个矩形选区，并填充深棕色（#813314）制作出伞把。利用"自由变换"命令旋转矩形条，并放置在如图 6-63 所示位置。这样，一幅可爱的电脑桌面就制作好了。按【Ctrl+S】组合键，将文件保存起来。

图 6-62 自由变换伞图像   图 6-63 绘制伞把

延伸阅读

下面，我们来介绍"油漆桶工具" 、"铅笔工具" 和"颜色替换工具" 的特点和使用方法。

一、使用"油漆桶工具"填色

"油漆桶工具" 可以将前景色或图案填充到与鼠标单击点颜色相近且相邻的区域，它与"填充"命令不同，因为"填充"命令用于完全填充图像或选区。

选择"油漆桶工具" 后，其工具属性栏各选项的意义如图 6-64 所示。设置好所需的填充色或图案后，直接使用"油漆桶工具" 在图像中单击即可完成填充。

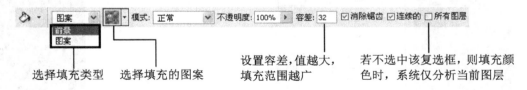

选择填充类型　　选择填充的图案　　设置容差,值越大,　　若不选中该复选框,则填充颜
　　　　　　　　　　　　　　　　　填充范围越广　　　色时,系统仅分析当前图层

图 6-64　"油漆桶工具"属性栏

二、使用"铅笔工具"绘画

"铅笔工具" 通常用来绘制一些棱角比较突出，并且无边缘发散效果的线条，用法和"画笔工具" 基本相同，其工具属性栏如图 6-65 所示。

勾选该复选框,用户在与前景色颜色相同的图像区域
内拖动鼠标时,将自动擦除前景色并填充背景色

图 6-65　"铅笔工具"属性栏

小技巧

使用"画笔工具" 和"铅笔工具" 绘图时，如果单击鼠标确定绘制起点后，按住【Shift】键再拖动光标，可画出一条直线；如果按住【Shift】键反复单击，则可自动画出首尾相连的折线。

三、使用"颜色替换工具"改变图像颜色

利用"颜色替换工具" 可以快速改变图像中任意区域的颜色，并能保留图像原有的纹理和阴影不变。下面通过一个实例来介绍"颜色替换工具" 的用法。

步骤 1　打开一幅图片（素材与实例\项目六\04.jpg），并利用前面学过的方法制作人物裙子的选区，如图 6-66 所示。

步骤 2　将前景色设置为蓝色（#009ee7），选择"颜色替换工具" ，在工具属性栏中设置笔刷直径为 80 像素，其他参数保持默认，如图 6-67 所示。

步骤 3　笔刷属性设置好后，利用"颜色替换工具" 在选区内涂抹，操作完成后，按【Ctrl+D】组合键取消选区。此时可以看到人物的裙子变成了蓝色，如图 6-68 所示。

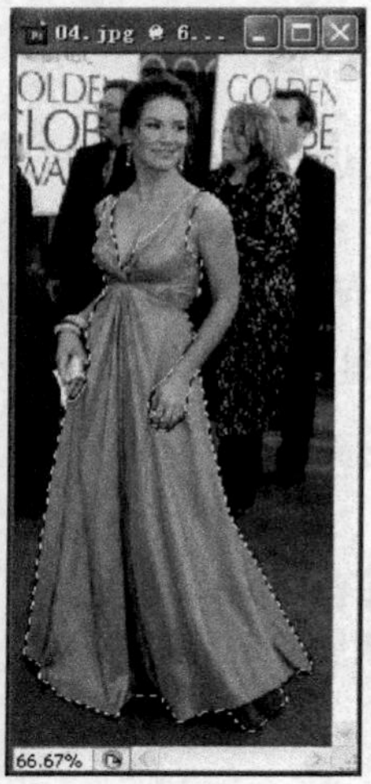

图 6-66　制作选区

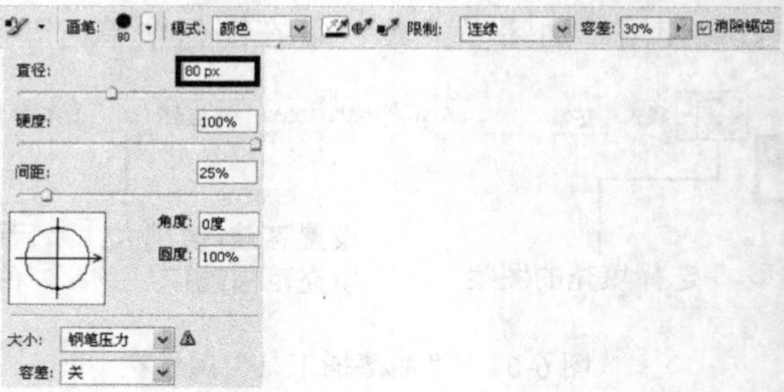

图 6-67　“颜色替换工具”属性栏

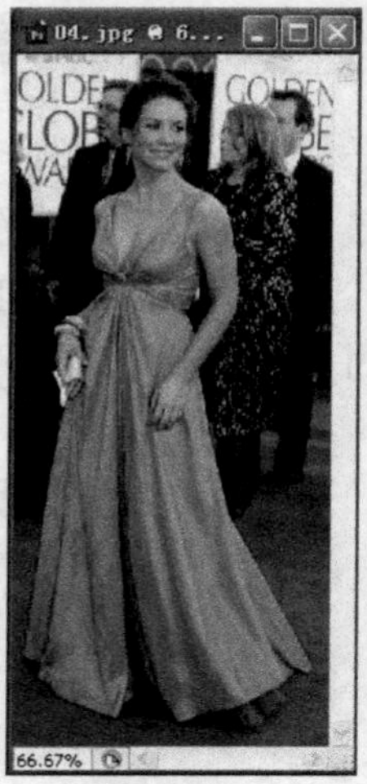

图 6-68　替换颜色后效果

“颜色替换工具”属性栏中各选项的意义如下所示：

- **“模式”**：该模式下共包含“色相”、“饱和度”、“颜色”和“亮度”4 种模式。在替换颜色时，通常选择“颜色”。
- **“取样”按钮**：选中“连续“按钮表示在拖动时可以连续对颜色取样；选择“一次”按钮表示只替换与鼠标第一次单击时颜色区域相似的颜色；选择“背景色板”按钮表示只替换与当前背景色相似的颜色区域。
- **“限制”选项**：选择“不连续”表示将替换出现在鼠标光标下任何位置的样本颜色；选择“连续”表示将替换与紧挨在鼠标光标下颜色相近的颜色；选择“查找边缘”表示将替换包含样本颜色的连接区域，同时更好地保留形状边缘的锐化程度。
- **“容差”选项**：在右侧的编辑框中输入数值，或拖动滑块可调整容差大小，其取值范围在 0～255。值越大，可替换的颜色范围就越大。

提示

“颜色替换工具”不能用于“位图”、“索引”或“多通道”颜色模式的图像。

成果检验

利用本项目中所学的知识绘制如图 6-69 所示的风景画和画屏。

制作要求：

（1）风景画：主要利用“渐变工具”绘制渐变背景，利用“画笔工具”绘制树、气泡和雪片，并结合“自由变换”命令变形图像来完成。

（2）画屏：主要利用“渐变工具”绘制背景；利用“椭圆选框工具”绘制圆形

选区并填充颜色，然后利用"变形"命令制作出桃心（如图6-70所示），用"加深"和"减淡"工具修饰桃心，复制桃心并分别进行自由变换操作；利用"画笔工具"  绘制绿根；利用"画笔工具" ✐ 绘制黄色碎花；最后制作两个环形图像，并添加图层样式。

图 6-69　成果检验效果图

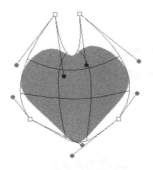

图 6-70　利用"变形"命令制作桃心效果

项目七　制作手提袋
——形状与路径

课时分配：4 学时

学习目标

掌握形状工具的特点与使用方法

掌握形状的编辑方法

掌握路径的绘制与编辑方法

模块分配

模块一	制作手提袋平面效果图
模块二	制作手提袋立体效果图

作品成品预览

图片资料

素材位置：素材与实例\项目七\手提袋

本例中，通过制作手提袋来学习 Photoshop 形状与路径功能。

模块一　制作手提袋平面效果图

学习目标

	了解形状与路径的区别
	掌握"矩形工具"的特点与使用方法
	掌握将文字转换为形状制作特殊效果文字的方法

一、形状与路径的异同

在 Photoshop 中，系统提供了 8 种形状与路径绘制工具，分别是："矩形工具" 🔲、"椭圆工具" 🔵、"圆角矩形工具" 🔲、"多边形工具" 🔵、"直线工具" ＼、"自定形状工具" 🔷、"钢笔工具" 🖋 和"自由钢笔工具" 🖋，利用它们不仅可以绘制矢量形状，还可以绘制路径和各种形状的位图。

✄ **矢量形状：**是指使用任意形状工具、"钢笔工具" 🖋 或"自由钢笔工具" 🖋 绘制的图形，其填充内容可以是纯色、渐变色或图案。绘制矢量图形时，将在"图层"调板中创建形状图层，所绘图形的形状将被放置在形状图层的蒙版中，如图 7-1 右图所示。

当形状图层的蒙版处于选中状态时，在图像窗口中可显示形状的轮廓线，即路径，并在"路径"调板中显示临时路径层。此时，我们通过编辑路径的锚点，可以很方便地改变形状的外观，如图 7-2 右图所示。

图 7-1　绘制矢量形状　　　　　　　　　　图 7-2　调整路径锚点改变形状外观

✄ **路径：**路径实际上是一种虚拟的轮廓线，被保存在"路径"调板中，本身没有颜色且不会被打印出来。我们可以将其转换为选区、创建矢量蒙版，或者对其进行填充和描边操作，以创建栅格图形，如图 7-3 所示。

Photoshop 的形状工具组、"钢笔工具" 🖋 和"自由钢笔工具" 🖋 的工具属性栏基本相同。下面以"矩形工具"的工具属性栏为例（如图 7-4 所示），具体介绍一些典型属性的意义。

图 7-3　对路径进行填充与描边操作

图 7-4　“矩形工具”的工具属性栏

- **“形状图层”按钮**：单击该按钮，表示绘制图形时将创建形状图层，此时所绘制的形状将被放置在形状图层的蒙版中。
- **“路径”按钮**：单击选中该按钮，表示绘制图形时，将在当前图层中创建工作路径。
- **“填充像素”按钮**：单击选中该按钮，将制作各种形状的位图，这与使用“画笔工具”绘画相似。
- **形状工具按钮**：用于在“钢笔工具”以及各种形状工具之间进行切换。当选择了相应的工具后，单击右侧的下拉三角按钮，可弹出“工具选项”下拉面板，在其中可设置相关工具的参数。
- **形状运算按钮**：默认状态下，“创建新的形状图层”按钮处于选中状态，待绘制好一个形状图形后，将激活右侧的 4 个按钮，此时可利用这些按钮设置形状运算方式（相加、相减、求交与反转），其原理与选区运算相似，如图 7-5 所示。

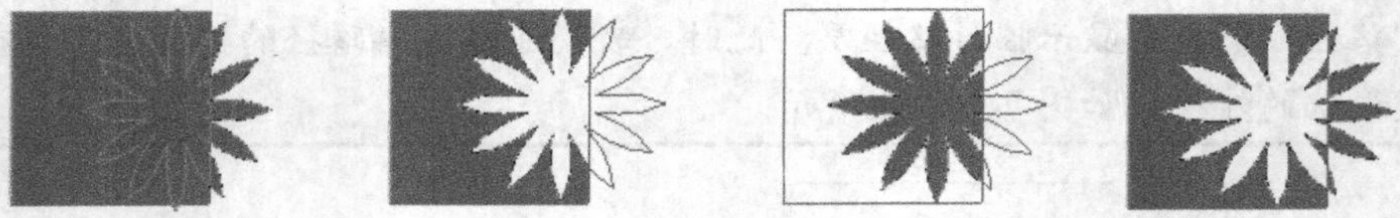

相加　　相减　　求交　　反转

图 7-5　形状运算

- 样式：单击样式右侧的图标或下拉三角按钮，可以从弹出样式下拉列表中为当前形状图层添加图层样式。
- **颜色**：选中一个形状图层，并确保“样式”左侧的链状图标处于选中状态，然后单击在右侧的色块，可以从弹出的“拾取实色”对话框中为当前形状设置填充颜色。

二、利用形状工具绘制图形

下面利用形状工具规划手提袋平面布局，具体操作如下。

步骤 1　按【Ctrl+N】组合键，打开“新建”对话框，参照如图 7-6 所示参数新建一个空白文档。

步骤 2 按【Ctrl+R】组合键显示标尺，然后单击标尺并拖动，在图像窗口中拖出 6 条垂直参考线和 4 条水平参考线（具体位置请参考效果图），如图 7-7 所示。

图 7-6 设置新文档参数　　　　图 7-7 显示标尺并设置参数线

步骤 3 将前景色设置为黄色（#fff100），背景色设置为橙色（#e2540c）。选择"矩形工具" ，在其工具属性栏中选择"形状图层"按钮 ，如图 7-8 所示。

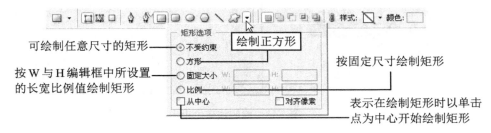

图 7-8 设置"矩形工具"的属性

步骤 4 将光标放置在图像窗口的左侧正面区域中，然后按下鼠标左键并向右下拖动，绘制一个黄色矩形，如图 7-9 左图所示。此时系统自动生成"形状 1"图层，如图 7-9 右图所示。

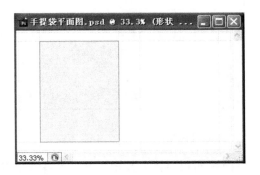

图 7-9 绘制矩形

步骤 5 单击"矩形工具" 属性栏中的"添加到形状区域"按钮 ，然后在"形状

1"图层中添加一个黄色矩形，此时的图像效果如图 7-10 右图所示。

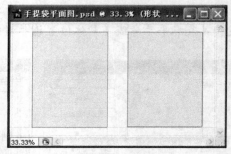

图 7-10 在"形状 1"图层中添加矩形

步骤 6 在"图层"调板中单击"形状 1"图层的蒙版缩览图，取消黄色矩形的路径显示，如图 7-11 左图所示。

步骤 7 将前景色设置为浅褐色（#ebda1d），然后参照与步骤 4~5 相同的操作方法绘制浅褐色矩形，如图 7-11 右图所示。

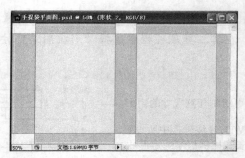

图 7-11 绘制浅褐色矩形

步骤 8 按【X】键，切换前、背景色，然后参照与步骤 4~5 相同的操作方法绘制橙色矩形（#e2540c），如图 7-12 所示。

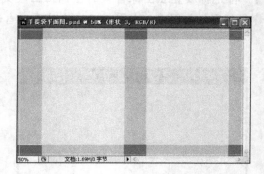

图 7-12 绘制橙色矩形

步骤 9 用"缩放工具" 将左下角的橙色矩形放大显示，然后选择工具箱中的"直接选择工具" ，再使用该工具单击矩形的轮廓线，显示其锚点（轮廓线上显示的矩形小点），如图 7-13 左图所示。

步骤 10 利用"直接选择工具" 单击矩形右下角的锚点（黑色为选中），按住【Shift】键的同时，按一次键盘中的方向键【←】，将该锚点向左移动，其效果如图 7-13 右图所示。

图 7-13 通过移动锚点改变矩形形状

步骤 11 参照与步骤 11～12 相同的操作方法改变其他矩形的形状，其效果如图 7-14 所示。

三、处理手提袋图像

步骤 1 将前景色设置为红色（# bb2a46），在"图层"调板中将"形状 3"图层置为当前图层，然后利用"矩形工具" 在如图 7-15 所示位置绘制矩形，。

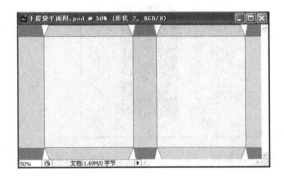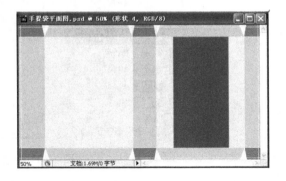

图 7-14 改变矩形形状　　　　　　　　　　图 7-15 绘制矩形

步骤 2 打开素材图片 "01.jpg"（素材与实例\项目七），使用"移动工具" 将风景图像移至"手提袋平面图"中，并放置于如图 7-16 所示位置。

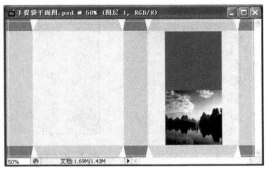

图 7-16 移动图像

步骤3 在"图层"调板中将风景图像所在"图层1"的"混合模式"设置为"明度"，"不透明度"设置为80%，此时得到如图7-17右图所示效果。

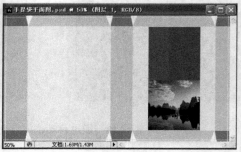

图7-17 设置图层混合模式与不透明度

步骤4 单击"图层"调板底部的"添加图层蒙版"按钮，为"图层1"添加一个空白蒙版，并使用"画笔工具"编辑图层蒙版，隐藏部分风景图像，以使风景图像与红色背景相融合，其效果如图7-18右图所示。

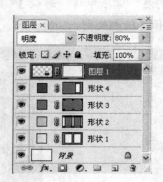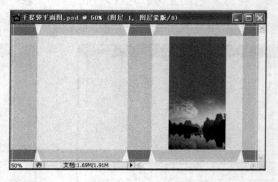

图7-18 创建与编辑图层蒙版

步骤5 将前景色设置为白色，并新建"图层2"。按住【Shift】键的同时，利用"椭圆选框工具"在如图7-19右图所示位置绘制一个正圆选区，并填充为白色。

图7-19 绘制圆形

步骤6 保持选区不变，按【Alt+Ctrl+D】组合键，打开"羽化选区"对话框，在其中设置"羽化半径"为10像素，单击 ▭确定▭ 按钮，将选区羽化。

步骤7　在"图层2"的下方新建"图层3"，按两次【Alt+Delete】组合键，用白色填充选区，并按【Ctrl+D】组合键取消选区，得到如图7-20右图所示效果。

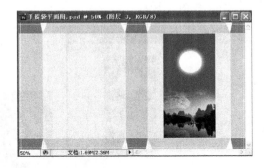

图7-20　绘制月亮

步骤8　在"图层3"下方新建"图层4"，然后利用"画笔工具"  在月亮图像的下方绘制云彩，其效果如图7-21右图所示。

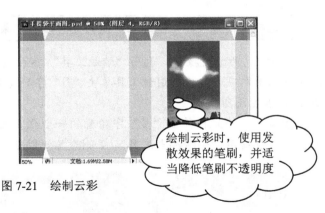

绘制云彩时，使用发散效果的笔刷，并适当降低笔刷不透明度

图7-21　绘制云彩

四、通过将文字转换为形状制作特效字

在Photoshop中，用户可以将文字转换为可自由调整的形状，然后利用形状编辑工具调整其形状，从而制作出千姿百态的特殊效果文字。

步骤1　单击"图层2"将其置为当前图层，并将前景色设置为白色。选择"横排文字工具" ☐，在其工具属性栏中设置字体为"汉仪柏青体简"，字号为70点，其他选项为系统默认，如图7-22所示。

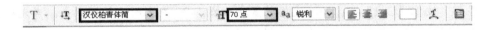

图7-22　设置文字属性

步骤2　利用"横排文字工具" ☐ 在月亮图像的下方单击，确定插入点，待出现闪烁

的光标后输入"月之祥"字样，如图 7-23 所示。输入完毕后，按【Ctrl+Enter】组合键确认输入操作。

步骤 3 选择"图层">"文字">"转换为形状"菜单，将文字图层转换为带矢量蒙版的形状图层。此时文字边缘上将出现一些"毛刺"，用户将无法再以编辑文本方式编辑其内容，如图 7-24 左图所示。

图 7-23　输入文字　　　　　　　　图 7-24　将文字转换为形状

选择"图层">"文字">"创建工作路径"菜单，可以创建文字的工作路径。

步骤 4 为方便操作，利用"缩放工具" 放大显示文字区域。选择工具箱中的"删除锚点工具" ，然后利用该工具单击"月"字的轮廓，此时轮廓上将显示字符形状锚点，如图 7-25 左图所示。

步骤 5 将光标移至"月"字轮廓的一个锚点上，待光标呈 形状时单击鼠标，可删除锚点。继续用"删除锚点工具" 删除其他锚点，得到如图 7-25 右图所示效果。

图 7-25　删除锚点

步骤 6 按住【Ctrl】键，并将光标放置在如图 7-26 左图所示的锚点上，当光标呈白色箭头形状 时，按下鼠标左键并拖动，移动该锚点的位置。

步骤 7 选择工具箱中的"转换点工具" ，将光标放置在如图 7-26 中图所示锚点上，按下鼠标左键并拖动，拖出两条控制柄，如图 7-26 右图所示。

步骤 8　按住【Ctrl】键，拖动锚点两侧的调整杆，通过改变调整杆的长度与方向，从而调整锚点所在位置线条的形状。

步骤 9　继续用"转换点工具" ⌐转换其他锚点，并用"直接选择工具" ⌐调整锚点的位置，将"月"字调整成如图 7-27 右图所示形状。

图 7-26　调整与转换锚点

图 7-27　调整锚点

步骤 10　参照与步骤 6～9 相同的操作方法调整"之"和"祥"字的形状，如图 7-28所示。

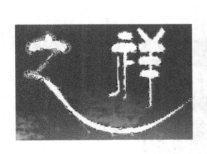

图 7-28　调整字符的形状

步骤 11　双击"月之祥"形状图层，在打开的"图层样式"对话框中设置"描边"参数，如图 7-29 左图所示，其描边效果如图 7-29 右图所示。

步骤 12　利用"横排文字工具" Ｔ在"月之祥"的下方输入"西饼屋"字样，分别参照如图 7-30 和图 7-31 所示参数为文字设置属性与添加效果，其文字效果如图 7-32 左图所示。

图 7-29　为异型文字添加描边效果

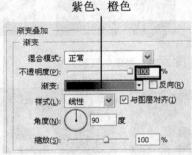

图 7-30　设置文字属性　　　　　　　　图 7-31　设置渐变叠加与描边参数

步骤 13　用"横排文字工具"□ 在如图 7-32 右图所示位置输入公司名称（字体为汉仪超粗黑简，字号为 20 点，颜色为白色），这样手提袋的一个正面就制作好了。

步骤 14　在"图层"调板中选中如图 7-33 左图所示的图层，然后按住【Shift】键的同时，单击调板底部的"创建新组"按钮□，将选中的图层放置在"组 1"中，如图 7-33 右图所示。

图 7-32　输入文字　　　　　　　　　　图 7-33　创建图层组

步骤 15　本例中，手提袋的两个正面内容相同，下面我们只需复制出另一面即可。在"图层"调板中将"组 1"拖至调板底部的"创建新图层"按钮□上，复制出"组 1 副本"。

然后按住【Shift】键，用"移动工具" ⊕ 将组中的所有图像水平向左移动，放置在如图 7-34 右图所示位置。

图 7-34　复制图层组并移动组中的图像

步骤 16　利用"直排文字工具" Ⅰ 在手提袋的两个侧面区域输入文字，文字属性设置及效果分别如图 7-35 所示。至此，手提袋的平面图就制作好了。按【Ctrl+S】组合键，将文件保存。

图 7-35　在手提袋侧面输入文字

延伸阅读

下面我们将介绍 Photoshop 其他形状工具的特点与使用方法、形状的编辑等内容。

一、其他形状绘制工具介绍

在 Photoshop 中，利用"矩形"、"圆角矩形"、"椭圆"、"多边形"和"直线"工具可以绘制规则形状的图形，利用"自定形状工具" 可以绘制系统预设形状或用户自定义形状的图形，利用"钢笔工具" 可以用于绘制任意形状的图形，并能对形状进行简单的编辑，利用"自由钢笔工具" 可以绘制任意形状的图形。

1. 钢笔工具

"钢笔工具"  是基本的形状绘制工具，选择"钢笔工具" ，其工具属性栏如图 7-36 所示，其中大部分选项的意义与"矩形工具"  的意义基本相似，这里不再赘述。

图 7-36 "钢笔工具"属性栏

✖ **"自动添加/删除"复选框**：勾选该复选框后，表示将实现自动添加或删除锚点的功能。

✖ **"橡皮带"复选框**：勾选该复选框，表示绘制形状时显示一条反映线条外观的橡皮线，方便用户观察绘制效果。

利用"钢笔工具" 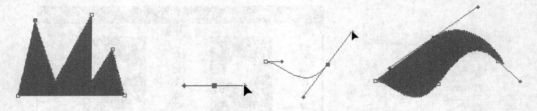 在图像窗口中连续单击，可创建轮廓为直线的图形，如图 7-37 所示。利用该工具在图像窗口中单击并拖动鼠标，拖出两条控制柄（如图 7-38 左图所示），然后在其他位置继续单击并拖动鼠标，可绘制轮廓为曲线的图形，如图 7-38 右图所示。

图 7-37 绘制直线轮廓的图形　　　　图 7-38 绘制曲线轮廓的图形

 提示

控制柄的长度和角度决定曲线的形状，我们可以通过改变其长度和角度来改变形状的外观。

使用"钢笔工具"  进行绘制时应注意如下几点：

✖ 将光标移至起点时，光标的右下角显示一个小圆圈 ，单击鼠标左键可封闭形状并结束绘制，如图 7-39 所示。

图 7-39 封闭形状

❋　将光标移至形状的某个锚点时，光标的右下角显示一个减号 ，单击鼠标可删除锚点，如图 7-40 所示。

❋　将光标移至形状中间的非锚点位置时，光标的右下角显示一个加号 ，此时单击可在该形状上增加锚点。如果单击并拖动，则可调整形状的外观，如图 7-41 所示。

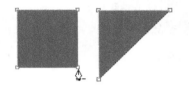

图 7-40　删除锚点

图 7-41　添加锚点并调整形状的外观

❋　默认情况下，只有在封闭了当前形状后，才可绘制其他形状。但是，如果用户希望在未封闭上一形状前绘制新形状，只需按【Esc】键；也可单击"钢笔工具" 或其他工具，此时光标的右下角将显示一个叉 。

❋　将光标移至形状终点时，光标将显示为 ，此时单击并拖动可绘制形状终点的方向控制线。

❋　在绘制路径过程中，可利用 Photoshop 的撤销功能逐步回溯删除所绘线段。

2.　自由钢笔工具

利用"自由钢笔工具" 可以像使用铅笔在纸上绘图一样来绘制形状。选择"自由钢笔工具" ，其工具属性栏如图 7-42 所示。

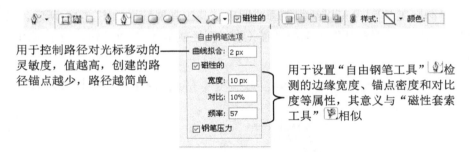

用于控制路径对光标移动的灵敏度，值越高，创建的路径锚点越少，路径越简单

用于设置"自由钢笔工具" 检测的边缘宽度、锚点密度和对比度等属性，其意义与"磁性套索工具" 相似

图 7-42　"自由钢笔工具"属性栏

❋　"磁性的"复选框：勾选该复选框，可以使"自由钢笔工具" 具有"磁性套索工具" 的属性，也就是说，绘制形状（路径）时，在绘制的形状边缘自动附着磁性锚点，使曲线更加平滑。因此，该工具常用于精确制作选区，或者进行临摹绘画。

打开一幅图像，然后利用"自由钢笔工具" 在图像的边缘单击确定起点，再按下鼠标左键并沿图像的边缘拖动鼠标，即可沿鼠标拖动的方向自动创建锚点，松开鼠标即结束绘制，如图 7-43 所示。

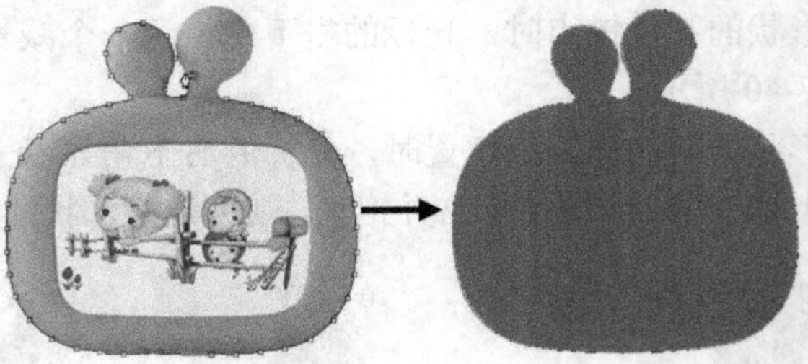

图 7-43　使用“自由钢笔工具”绘制形状

3. 圆角矩形工具

利用“圆角矩形工具”可以绘制任意弧度的圆角矩形。选择“圆角矩形工具”，其工具属性栏与“矩形工具”相似，其中增加了一个“半径”选项，用于设置圆角矩形的圆角半径的大小，值越大，圆角的弧度也越大，如图 7-44 所示。

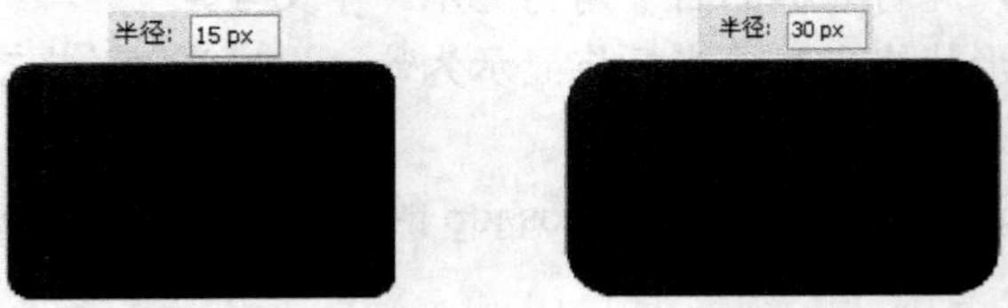

图 7-44　不同半径值绘制的圆角矩形

4. 椭圆工具

利用“椭圆工具”可以绘制椭圆或圆形，其工具属性栏如图 7-45 所示。其中，如果在“椭圆选项”设置对话框中选中“圆（绘制直径或半径）”单选钮，表示利用该工具绘制正圆。

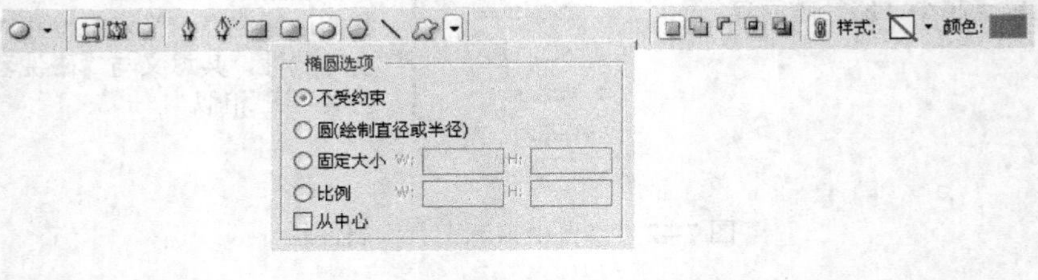

图 7-45　“椭圆工具”属性栏

5. 多边形工具

利用“多边形工具”可以绘制各种样式的多边形，其工具属性栏如图 7-46 所示。

- **“边”**：用于设置多边形的边数。
- **“半径”**：用于指定多边形中心与外部边缘间的距离。
- **“平滑拐角”**：用于控制是否对多边形的夹角进行平滑。
- **“星形”**：用于绘制多角形。利用下面的两项可控制多角形的形状。

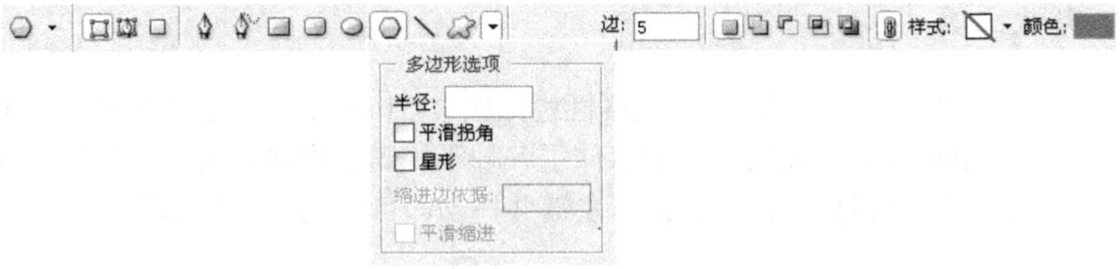

图 7-46　“多边形工具”属性栏

- **“缩进边依据”与“平滑缩进”**：选中“星形”复选框后，这两项被激活。其中“缩进边依据”用于将多边形渲染为星形，值越大，星形内夹角越尖，如图 7-47 所示；“平滑缩进”用于决定绘制多角形时是否对其内夹角进行平滑，如图 7-48 所示。

15%　　50%　　80%

图 7-47　不同缩进边依据绘制的星形

无“平滑缩进”　　勾选“平滑缩进”

图 7-48　勾选

6. 直线工具

利用“直线工具”可以绘制直线和各种带箭头图形。选择“直线工具”，其工具属性栏如图 7-49 所示。

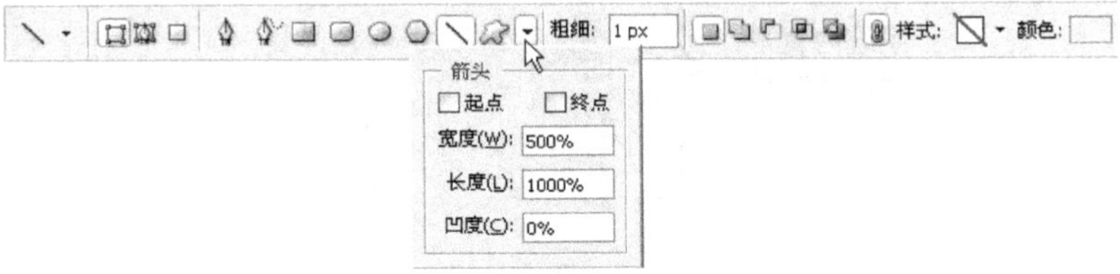

图 7-49　“直线工具”属性栏

- **“粗细”**：用于设置所绘线条的宽度。
- **“起点”与“终点”**：勾选这两个复选框，可以决定是否在线条的起点或终点添加箭头。
- **“宽度”和“长度”**：用于设置箭头的宽度与长度（为线条宽度的倍数）。
- **“凹度”**：用于设置箭头最宽处的凹陷程度，如图 7-50 所示。

图 7-50　设置箭头的凹度

7. 自定形状工具

选择"自定形状工具" 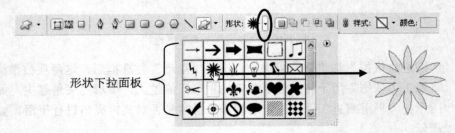，其工具属性栏如图 7-51 所示。单击"形状"右侧的下拉三角按钮 ，弹出形状下拉面板，其中存储了各种不规则的形状，用户可从中选择所需形状，再将光标移至图像窗口中，按住鼠标左键并拖动即可绘制相应的图形。

形状下拉面板

图 7-51 "自定形状工具"属性栏

另外，单击形状下拉面板右上角的圆形三角按钮 ，可以从弹出的面板控制菜单中选择相应命令，可以进行复位、载入、存储及替换形状等操作，如图 7-52 所示。

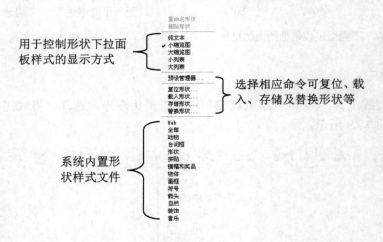

用于控制形状下拉面板样式的显示方式

选择相应命令可复位、载入、存储及替换形状等

系统内置形状样式文件

图 7-52 形状下拉面板控制菜单

二、形状的编辑

创建好一个形状图形后，我们可以使用 Photoshop 提供的各种形状编辑工具或命令来改变形状的外观，移动形状的位置，复制与删除形状，以及对形状执行自由变形等编辑操作，从而制作出所需形状。

1. 移动、复制和删除形状

要移动形状的位置，可首先选中"路径选择工具" ，然后单击形状并拖动。如果在拖动时同时按下了【Alt】键，当光标呈 形状时，按下鼠标左键并拖动可以复制形状，如图 7-53 所示。此外，要删除形状，可在选中形状后按【Delete】键。

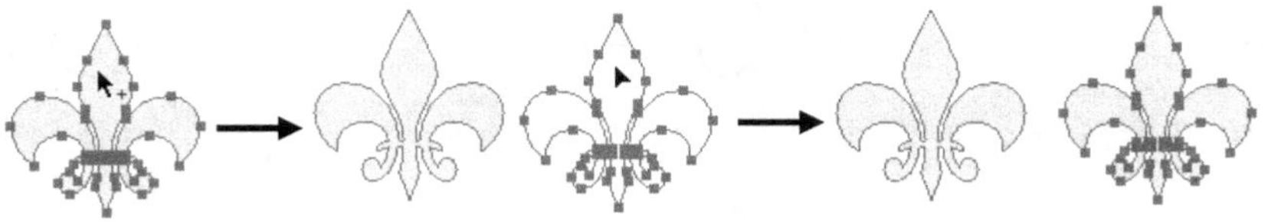

图 7-53　复制形状

2. 改变形状外观的方法

要改变形状外观，可以使用下面几个工具。

- **“直接选择工具”**：选中该工具后，单击形状轮廓线可显示形状锚点，单击锚点可显示锚点的方向控制柄。此时单击锚点并拖动，可移动锚点的位置；单击方向控制柄的端点并拖动，可调整形状的外观，如图 7-54 所示。

图 7-54　拖动锚点和控制柄改变形状外观

- **“增加锚点工具”**：选中该工具后，在形状轮廓线上单击可为形状增加锚点。
- **“删除锚点工具”**：选中该工具后，在形状轮廓线上单击锚点可删除锚点，从而改变形状的外观。不过，在使用该工具之前，应该首先单击形状并显示其锚点方可进行编辑。
- **“转换点工具”**：在 Photoshop 中，锚点的类型可分为 3 类，它们分别是直线锚点、曲线锚点与贝叶斯锚点，如图 7-55 所示。利用“转换点工具”，可在这 3 类锚点之间进行转换。图 7-56 显示了其特点和转换方式。

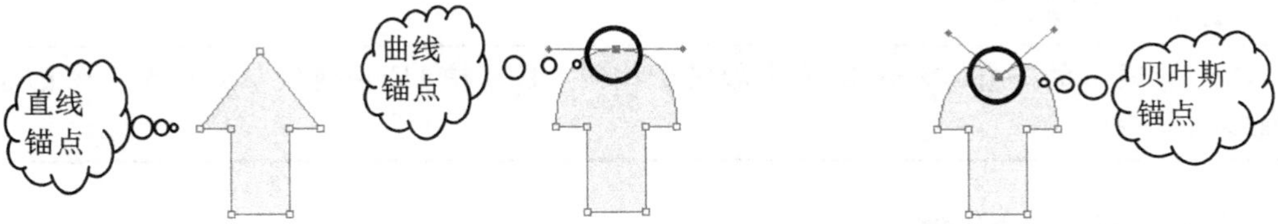

图 7-55　锚点的 3 种类型

- **直线锚点**：该锚点的特点是没有方向控制杆。利用“钢笔工具”在图像窗口中单击，即可获得直线锚点。
- **曲线锚点**：利用“钢笔工具”在图像窗口中单击并拖动可创建曲线锚点，其特点是锚点两侧存在方向控制柄。虽然两个方向控制柄的长度可以不同，但始终在一条直线上。
- **贝叶斯锚点**：该锚点两侧都有方向控制杆，不但两个方向控制柄的长度可以不同，而且可以不在一条直线上，从而制作“凹”形状。但是，用户无法使用“钢笔工具”制作贝叶斯锚点，而只能使用“转换点工具”将曲线锚点转换为贝叶斯锚点。

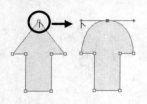 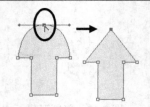 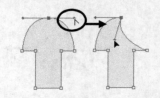

单击并拖动直线锚点　　　　　单击曲线或贝叶斯锚　　　　　单击并拖动曲线锚点的一侧控
可转换为曲线锚点　　　　　　点可转换为直线锚点　　　　　制柄可转换为贝叶斯锚点

图 7-56　利用"转换点工具"改变锚点类型

3. 形状的旋转、翻转、缩放与变形

利用"路径选择工具"选中形状后，"编辑"菜单中原来为"自由变换"和"变换"菜单项的位置处将变为"自由变换路径"和"变换路径"菜单，选择其中任何一个菜单项，均可进入自由变换状态，以对形状进行旋转、翻转、缩放等变形操作，如图 7-57 所示。

如果使用"直接选择工具"选中形状的部分锚点，则"编辑"菜单中相应位置的菜单项将变为"自由变换点"和"变换点"，选择其中之一可对当前选中的部分形状变形，如图 7-58 所示。

 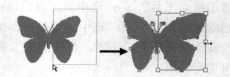

图 7-57　形状的自由变形　　　　　　图 7-58　对部分形状进行变形

> 　　形状变形的各种方法和图像变形完全相同，且可按【Enter】键确认变形，按【Esc】键取消变形。

三、更改形状图层内容

默认情况下，用户绘制的形状图形均以当前前景色填充。选中形状图层后，通过选择"图层">"更改图层内容">"渐变"或"图案"菜单，在随后打开的"渐变填充"或"图案填充"对话框中设置相关参数，即可使用渐变色或图案填充图形内容，如图 7-59 所示。

四、形状与选区的转换

在 Photoshop 中，当绘制好一个形状图形后，按【Ctrl+Enter】组合键，可以创建形状的选区。同样，当用户创建了一个比较复杂的选区后，也可以将其自定义为形状。

图 7-59　更改形状图形的填充内容

步骤 1　打开一幅图像（素材与实例\项目七\02.jpg），利用学过的方法制作选区。打开"路径"调板，单击调板底部的"从选区生成工作路径"按钮 ，即可将选区存储为路径，如图 7-60 右图所示。

图 7-60　将选区存储为路径

步骤 2　在"路径"调板中选中"工作路径"层，然后选择"编辑">"定义自定形状"菜单，打开"形状名称"对话框，在"名称"编辑框中输入形状的名称，如图 7-61 所示。单击 确定 按钮，关闭对话框。

步骤 3　选择"自定形状工具" ，在其工具属性栏中单击"形状"右侧的下拉三角按钮 ，然后在弹出的自定形状下拉面板中可看到自定义的"梅花"形状，如图 7-62 所示。

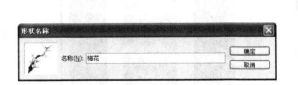

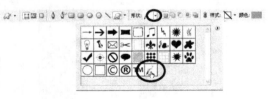

图 7-61　"形状名称"对话框　　　　　　图 7-62　"自定形状工具"属性栏

模块二　制作手提袋立体效果图

学习目标

认识"路径"调板
掌握描边与填充路径的方法

一、制作手提袋立体效果图

步骤 1 按【Ctrl+N】组合键，打开"新建"对话框，参照如图 7-63 所示参数新建一个空白文档。

步骤 2 利用"渐变工具" 在图像窗口中绘制黑色到蓝色（#2344c3）的线性渐变色，如图 7-64 所示。

图 7-63 设置新文档参数　　　　　图 7-64 绘制线性渐变色

步骤 3 切换到"手提袋平面图"窗口，用"矩形选框工具" 在如图 7-65 所示位置绘制一个矩形选区。

步骤 4 选择"编辑" > "合并拷贝"菜单，或按【Shift+Ctrl+C】组合键将选区内的图像复制到剪贴板。

步骤 5 切换到"手提袋立体图"窗口，按【Ctrl+V】组合键，将剪贴板中的图像粘贴到窗口中，如图 7-66 所示。此时系统自动生成"图层 1"。

图 7-65 选区图像　　　　　图 7-66 粘贴图像

步骤 6 利用与步骤 3~5 相同的操作方法，将手提袋侧面的图像复制到"手提袋立体图"中，并自动生成"图层 2"。

步骤 7 按【F7】键，打开"图层"调板。单击"图层 2"左侧的眼睛图标，暂时隐藏该图层中的图像。

步骤 8 将"图层 1"置为当前图层，按【Ctrl+T】组合键显示自由变形框，然后将图像调整为如图 7-67 左图所示效果，按【Enter】键确认变形操作。利用相同的操作方法，对

"图层 2"中的图像执行自由变换操作，其效果如图 7-67 右图所示。

图 7-67 自由变换图像

步骤 9 将"图层 1"置为当前图层，然后利用"减淡工具" 修饰正面的上部，制作出亮面区域，利用"加深工具" 修饰正面的下部，制作出暗面区域，如图 7-68 所示。

步骤 10 将"图层 2"置为当前图层，利用"多边形套索工具" 制作如图 7-69 左图所示选区，然后分别利用"加深工具" 和"减淡工具" 修饰选区图像，制作出折叠效果。按【Ctrl+D】组合键取消选区，得到如图 7-69 右图所示效果。

图 7-68 修饰正面 图 7-69 制作侧面的折痕

步骤 11 参照与步骤 10 相同的操作方法，制作出侧面底部的折叠效果，如图 7-70 右图所示。

图 7-70 制作侧面底部的折痕

二、绘制吊绳孔

下面，我们利用"画笔工具"制作绳孔，具体操作如下所示。

步骤 1 选择"画笔工具" ，在其工具属性栏中设置笔刷为 13 像素的硬边笔刷，其他参数保持默认，如图 7-71 所示。

图 7-71 "画笔工具"属性栏

步骤 2 将前景色设置为黑色，然后在所有图层之上新建"图层 3"。利用"画笔工具" 在如图 7-72 右图所示位置单击，绘制两个绳孔。

图 7-72 绘制绳孔

步骤 3 单击"图层"调板底部的"添加图层样式"按钮，在弹出的菜单中选择"描边"，打开"图层样式/描边"对话框，参数设置及效果分别如图 7-73 所示。

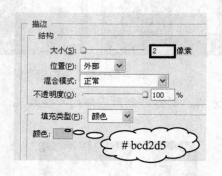

图 7-73 为绳孔添加描边样式

三、路径的绘制与填充——绘制吊绳

路径和形状的创建与编辑方法完全相同，这里不再赘述。要绘制路径，只需选择相应的工具，并单击工具属性栏中的"路径"按钮，即可绘制出路径。

步骤 1 将前景色设置为红色（#f90808），并新建"图层 4"。利用"钢笔工具" 在如图 7-74 左图所示位置绘制一条吊绳的工作路径。

绘制路径后，利用形状编辑工具可移动、复制路径，调整路径的形状，以及对路径进行旋转、翻转和变形等（其操作方法与编辑形状的方法相似，这里不再赘述）。

步骤2 选择"窗口">"路径"菜单，打开"路径"调板，然后单击调板底部的"用前景色填充路径"按钮 ●，使用前景色填充路径。按【Ctrl+H】组合键，隐藏路径的显示，得到如图 7-74 右图所示效果。

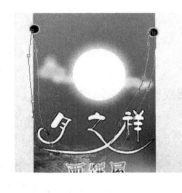

图 7-74 绘制吊绳

选中路径后，单击"路径"调板右上角的按钮，从弹出的调板控制菜单中选择"填充路径"项，打开"填充路径"对话框（如图 7-75 左图所示），在其中可选择填充方式（图案、颜色等），设置混合模式、不透明度、羽化等参数，单击 [确定] 按钮，也可填充路径。

图案

50%灰色

图 7-75 使用"填充路径"命令填充路径

步骤3 双击"图层4"，在打开的"图层样式"对话框中为吊绳添加"投影"、"颜色叠加"和"斜面和浮雕"样式，参数设置及效果分别如图7-76所示。

图 7-76 为吊绳添加图层样式

延伸阅读

下面，我们来介绍"路径"调板的构成，以及利用该调板管理与编辑路径。

一、熟悉"路径"调板

在 Photoshop 中，对路径的操作和编辑大部分都是通过"路径"调板来实现的，选择"窗口">"路径"菜单，打开"路径"调板，如图 7-77 所示，调板中各元素的意义如下。

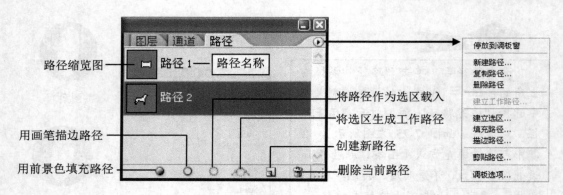

图 7-77 "路径"调板和调板控制菜单

- ✖ **路径缩览图：** 用于显示路径的预览图，用户可以从中观察到路径的大致形状。
- ✖ **当前路径：** 在调板中以蓝色条显示的路径为当前工作路径，用户所作的操作都是针对当前路径的。
- ✖ **路径名称：** 显示了路径的名称，用户可以修改或给路径命名。
- ✖ **"用前景色填充路径"按钮 ●：** 单击该按钮，可以用前景色填充当前路径。
- ✖ **"用画笔描边路径"按钮 ○：** 单击该按钮，将使用"画笔工具" ✐ 和当前前景色为当前路径描边，用户也可选择其他绘图工具进行描边。
- ✖ **"将路径作为选区载入"按钮 ○：** 单击该按钮，可以将当前路径转换为选区。
- ✖ **"将选区生成工作路径"按钮 ◇：** 单击该按钮，可以将当前选区转换为路径。
- ✖ **"创建新路径"按钮 ▫：** 单击该按钮，将创建一个新路径层。

✄　"删除当前路径"按钮：单击该按钮，将删除当前路径。

在"路径"调板中，我们可以进行新建、复制、删除和重命名路径等操作，其操作方法与操作图层相似。

二、路径的选择与编辑

在 Photoshop 中，路径可以分别存储在不同的路径层中，并且每个路径层还可以包含多个子路径。要编辑路径，需要选择路径，然后对路径进行转换选区、描边与填充等编辑操作。

1．工作路径与子路径

工作路径是用于保存路径的临时路径层。绘制路径时，如果未选中任何路径层，则所绘的路径将被存储在工作路径中，如图 7-78 左图所示。

如果当前"工作路径"层中已经存放了路径，并且未处于选中状态，则绘制的新路径将被保存在"工作路径"中，并取代已有的路径，如图 7-78 中图所示。如果"工作路径"层处于选中状态，则新绘制的路径将被增加到该路径层中，并作为该路径层的**子路径**，如图 7-78 右图所示。

图 7-78　"工作路径"层与子路径

为了防止"工作路径"层中的路径被取代，可以双击"工作路径"层，打开"存储路径"对话框，在其中为路径重命名，然后单击 确定 按钮，将"工作路径"存储为"路径 1"，如图 7-79 所示。另外，也可在绘制路径前先创建一个路径层。

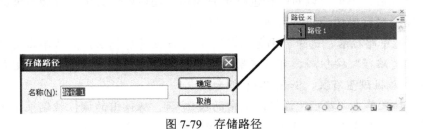

图 7-79　存储路径

2. 选择路径

如果当前图像中包含多个路径层，或者要选择某个路径的子路径，可以执行如下操作。

- 要选择某个路径层，只需在“路径”调板中单击选中该路径层即可。
- 要选择路径中的子路径，先显示该路径，然后利用“路径选择工具”单击其中的子路径即可。
- 要选择路径中的某段路径，先显示该路径，然后利用“直接选择工具”单击路径段，或利用矩形选择框选中部分路径段，如图 7-80 所示。

图 7-80 选择路径段

小技巧

按住【Shift】键的同时，利用“路径选择工具”单击路径，可以选择多个路径。

按住【Shift】键的同时，利用“直接选择工具”单击路径段或锚点，可以选择多个路径段或多个锚点。

选择“直接选择工具”时按住【Alt】键在路径内单击可以选择整个路径。

选择路径后，选择“路径选择工具”或“直接选择工具”，单击路径并拖动可复制路径。

在选中其他工具时，按住【Ctrl】键，将光标移至路径上方，可以快速切换到“直接选择工具”。

3. 描边路径

绘制好路径后，不但可以对路径进行填充操作，还可以对其进行描边，使其赋予各种色彩。要对路径执行描边操作，可执行如下操作。

步骤 1 选中路径后，选中“画笔工具”并设置笔刷属性，然后单击路径调板底部的“用画笔描边路径”按钮，可以使用当前前景色对路径进行描边，其描边效果与“画笔工具”的属性设置有关，如图 7-81 所示。

步骤 2 如果单击“路径”调板右上角的按钮，从弹出的调板控制菜单中选择“描边路径”项，打开如图 7-82 所示的“描边路径”对话框，在其中的“工具”下拉列表框中选择描边工具，然后单击 确定 按钮，即可使用所选工具的属性对路径描边。

图 7-81　对路径进行描边　　　　　　　　图 7-82　"描边路径"对话框

按下【Alt】键单击"路径"调板底部的"用前景色填充路径" ● 或"用画笔描边路径" ○ 按钮,也可打开"填充路径"或"描边路径"对话框。

只有在当前图层为普通图层(不能是形状图层),才能对路径进行填充或描边操作,填充或描边结果被放置在当前图层中。

成果检验

利用本项目所学内容制作如图 7-83 所示风景画。

图 7-83　成果检验效果图

制作要求：

（1）素材位置：素材与实例\项目七\成果检验-风景画.psd。

（2）主要练习："钢笔工具" 🖊️、"自由钢笔工具" 🖊️、"自定形状工具" 🞂️和"椭圆工具" 🔘️并结合形状运算方法绘制形状或路径。

简要步骤

步骤1 设置前景色为蓝色（# 1417a8），背景色为品红色（# df16f1）。新建一个400×550像素空白文档。

步骤2 使用"渐变工具" 🔲️在背景图层中绘制前景到背景的线性渐变色。

步骤3 利用"钢笔工具" 🖊️绘制深色的草、山岗形状；利用"自由钢笔工具" 🖊️绘制树的路径并填充路径，绘制高处的白云形状；利用"椭圆工具" 🔘️并结合形状运算绘制白云和月亮；利用"自定形状工具" 🞂️绘制星星形状。

步骤4 为草、山岗、树添加投影，为白云添加白色描边效果，为月亮添加外发光效果，并更改白云的不透明度。

项目八　制作房地产广告
——应用文字

课时分配：2 学时

学习目标

掌握文字工具的特点及使用方法
掌握设置文字属性的基本方法
掌握制作变形文字与路径文字的方法

模块分配

模块一	制作广告标题
模块二	制作广告内文

作品成品预览

图片资料
....
素材位置：素材与实例\项目八\房产广告

本例中，通过制作房产广告来学习 Photoshop 的文本处理功能。

模块一　制作广告标题

学习目标

熟练使用文字工具输入文字	
掌握制作变形文字的方法	

一、输入广告标题文字

在 Photoshop 中，利用"横排文字工具" T 和"直排文字工具" T 可以输入横排或直排文字，利用"横排文字蒙版工具" T 和"直排文字蒙版工具" T 可以创建文字形状的选区（请参考项目二中的详细介绍）。

步骤 1　将背景色设置为浅驼色（#f2efde），然后按【Ctrl+N】组合键，打开"新建"对话框，参照如图 8-1 所示的参数创建一个新图像文件。

步骤 2　按【Ctrl+R】组合键，在图像窗口中显示标尺，然后分别在图像的四周各放置一条出血参考线，在图像窗口的水平标尺 13.3cm 处放置一条分界线，如图 8-2 所示。

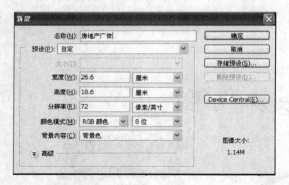

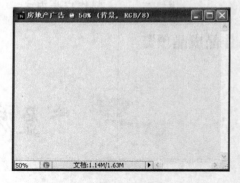

图 8-1　"新建"对话框　　　　　　　　　　　图 8-2　设置参考线

步骤 3　打开素材图片"01.jpg"和"02.jpg"，然后将它们移至新图像窗口中，分别放置于如图 8-3 右图所示位置。

步骤 4　在"图层"调板中将梅花所在"图层 1"的"混合模式"设置为"深色"，"填充不透明度"设置为 55%，如图 8-4 左图所示。

步骤 5　设置竹子所在"图层 2"的"混合模式"设置为"线性加深"，"填充不透明度"设置为 55%，如图 8-4 中图所示。此时得到如图 8-4 右图所示效果。

步骤 6　为了使竹子和梅花图像更好地与背景相融合，分别为这两个图层添加图层蒙版并进行简单的编辑，隐藏部分图像，其效果如图 8-5 右图所示。

图 8-3 打开并移动图像

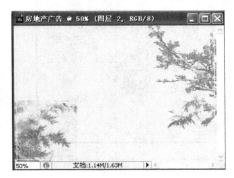

图 8-4 设置图层属性

图 8-5 添加与编辑图层蒙版制作图像融合效果

步骤 7 打开素材图片 "03.psd" 和 "04.psd"，然后将笔触和茶壶移至新图像窗口中，并分别调整它们的大小参照如图 8-6 右图所示位置放置。

步骤 8 在 "图层" 调板中将笔触所在 "图层 3" 的 "混合模式" 设置为 "明度"，"填充不透明度" 设置为 60%，其效果如图 8-7 所示。

步骤 9 在 "图层" 调板中选中 "图层 4"，然后为该图层添加 "投影" 样式，参数设置及效果分别如图 8-8 所示。

步骤 10 选择 "横排文字工具" T，在工具属性栏中设置文字属性，如图 8-9 所示，其中各选项的意义分别如下所示。

图 8-6　打开与移动图像

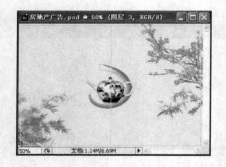 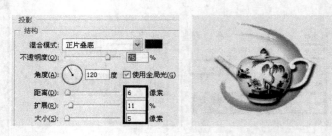

图 8-7　设置图层属性　　　　　　　　　　图 8-8　添加投影样式

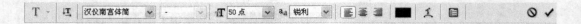

图 8-9　"横排文字工具"属性栏

✖ **更改文本方向**：输入文字后，该按钮被激活，单击它可以在文字的水平和垂直排列状态间切换。

✖ **设置字体系列** 黑体 ：在该下拉列表中可以选择字体样式。

✖ **设置字体大小** T18点 ：用于设置字体大小，可以直接输入数字，也可在下拉列表中选择预设大小。

✖ **设置消除锯齿方法** aa 平滑 ：在该下拉列表中可设置字体用什么方式消除锯齿。

✖ **对齐文字**：当选择"横排文字工具" T 或"横排文字蒙版工具" 时，对齐按钮显示为：，分别单击这几个按钮可使水平文字向左对齐、沿水平中心对齐、向右对齐。当选择"直排文字工具" 或"直排文字蒙版工具" 时，对齐按钮显示为：，分别单击这几个按钮可使垂直文字向上对齐、沿垂直中心对齐、向下对齐。

✖ **设置文本颜色**：单击该色块可以在弹出的"拾色器"对话框中设置字体的颜色。

✖ **创建文字变形**：输入文字后，该按钮被激活，单击它可在弹出的"变形文字"对话框中设置文字的变形样式。

✖ **显示/隐藏字符和段落调板**：单击该按钮，在弹出的"字符/段落"调板中可对文字进行更多的设置。

步骤 11　文字属性设置好后，将光标移至图像窗口中单击，确定一个插入点，待出现闪烁的光标后，输入广告的标题文字，如图 8-10 左图所示。

步骤 12　输入完毕，单击工具属性栏中的"提交所有当前编辑"按钮✔或按【Ctrl+Enter】组合键确认输入操作。此时，系统会自动创建一个文本图层，如图 8-10 右图所示。

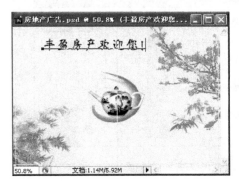

图 8-10　输入文字

 小技巧

　　在确认输入操作前，如果要移动文字的位置，将光标放在文字的下方，当光标呈▸⊹形状时按下鼠标左键并拖动，如图 8-11 左图所示；或者按住【Ctrl】键后，将光标放置在文字上，然后按下鼠标左键并拖动也可移动文字，如图 8-11 右图所示。

　　如果要撤销当前的输入，可在结束输入前按【Esc】键或单击工具属性栏中的"取消当前编辑"按钮⊘。

图 8-11　在确认输入文字前移动文字位置

二、变形文字并美化文字

利用"变形文字"命令可以在保持文字可编辑的状态下，使用系统提供的 15 种不同的变形样式将文字扭曲为不同的形状，使其呈现弧形、波浪、旗帜等特殊效果。

步骤 1　选择文字图层，然后在文字工具属性栏中单击"创建文字变形"按钮，打开"变形文字"对话框，如图 8-12 所示。

✤　**样式**：在该下拉列表中可以选择不同的样式。

✤　**"水平"或"垂直"单选钮**：这两个单选择用于决定扭曲作用在水平方向上还是垂直方向上。

✤　**弯曲**：决定文字的扭曲程度。

✤　**水平扭曲**：可以缩放水平扭曲的效果。

✤　**垂直扭曲**：可以缩放垂直扭曲的效果。

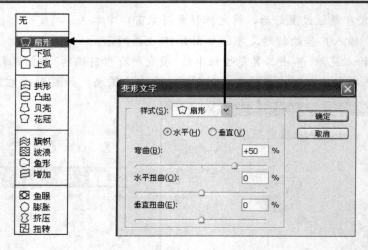

图 8-12 "变形文字"对话框

步骤 2 在"变形文字"对话框的"样式"下拉列表中选择"旗帜",设置"弯曲"为 100%,"水平扭曲"为-55%,其他参数保持默认,如图 8-13 左图所示。

步骤 3 参数设置好后,单击 确定 按钮应用"旗帜"变形,得到如图 8-13 右图所示效果。此时文本图层 T 字母的下面添加一条曲线 ,这表明对该文本图层应用了变形效果,并且还可修改文本内容。

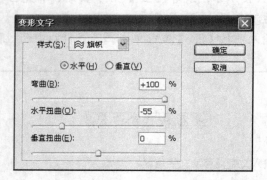 

图 8-13 应用"旗帜"变形样式

选中文字图层后,选择"编辑">"变换">"变形"菜单,也可对文字进行变形。另外,用户还可对文字执行缩放、旋转和斜切变换。

如果对文字的变形效果不满意,可单击文字工具属性栏中的"创建文字变形"按钮 ,在打开的"变形文字"对话框中选择其他样式即可;如果不需要执行变形设置,可选择"样式"下拉列表中的"无"选项即可取消变形。

延伸阅读

在图像中输入文字后，如果发现输入错误，Photoshop 允许用户修改其内容。此外，用户可根据操作需要改变文本方向，或者对文字进行栅格化处理，从而方便对文字进行更多的编辑。

一、编辑文字

要编辑文字，首先要选取文字，其操作方法如下。

- 选择文字工具（T或T），然后将光标移至文字区域单击，系统会自动将文字图层置为当前图层，并进入文字编辑状态，此时可在插入点输入文字。如果按住鼠标左键不放并拖动，可选择一个或多个文字，如图 8-14 所示。选择文字后，可对所选文字进行设置字体、颜色、格式，以及复制、删除等编辑操作。
- 双击文本图层缩览图，可选中该图层中的所有文字，此时系统将自动切换到文字工具，用户可利用文字工具属性栏或“字符/段落”调板更改其颜色、字号、间距、行距等属性，如图 8-15 所示。

图 8-14 选择一个或多个文字

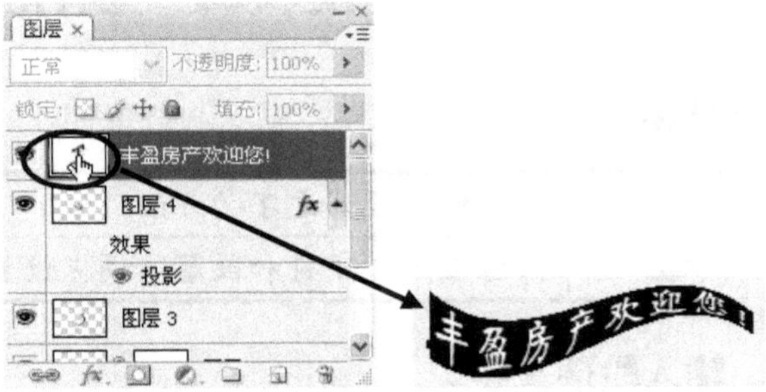

图 8-15 选择文本图层中的所有文字

小技巧

> 利用文字工具在文字区域单击，确定一个插入点，然后按【Ctrl+A】组合键，也可选中文本图层中的所有文字。

二、改变文字的方向

利用“横排文字工具”T可以沿水平方向输入文字，文字将左右排列；利用“直排文字工具”T可以沿垂直方向输入文字，文字将上下排列。根据操作需要，用户可以切换现有文字的方向。

在“图层”调板中选中文字图层，然后可执行如下任一操作：

- 选择一个文字工具，然后单击工具属性栏中的“文本方向”按钮。

- 选择“图层”>“文字”>“水平”菜单，或者选择“图层”>“文字”>“垂直”菜单。
- 选择“窗口”>“字符”菜单，打开“字符”调板，然后单击调板右上角的按钮，从弹出的调板控制菜单中选择“更改文本方向”即可。

三、栅格化文字

在 Photoshop 中，我们不能使用“画笔工具”、“铅笔工具”、“渐变工具”等绘画工具直接在文本图层上绘画，也不能直接对其应用滤镜操作。要解决这个问题，我们需要将文本图层进行栅格化处理。选择要进行栅格化的文本图层，然后执行如下任一操作：

- 选择“图层”>“栅格化”>“文字”或“图层”菜单。
- 在“图层”调板中文本图层上右击鼠标，从弹出的快捷菜单中选择“栅格化文字”。

提示

文本图层一旦被转换为普通图层，用户将无法再编辑文本内容。

模块二　制作广告内文

学习目标

	掌握输入段落文字的方法
	熟练应用“字符和段落”调板设置文字属性

一、输入段落文字

如果需要处理的文字较多，这时可以将大段的文字输入在文本框里，以方便用户设置文本属性。

步骤 1　选择“横排文字工具”，在其工具属性栏设置文字属性，如图 8-16 所示。

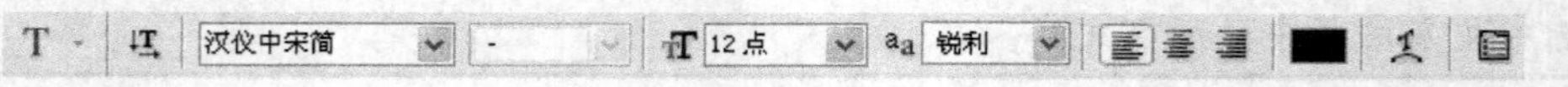

图 8-16　设置文字属性

步骤 2　将光标移至图像窗口中，此时光标呈状，按住鼠标左键不放绘制矩形框，至所需位置后释放鼠标，即可创建一个具有 8 个控制点的文本框，如图 8-17 右图所示。

步骤 3　待文本框的左上角出现闪烁的光标时，输入所需的段落文本（为方便操作，用户可以将“素材与实例\项目八\05.txt”中的文本粘贴进来使用），如图 8-18 所示。

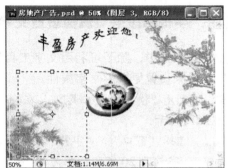

图 8-17　创建段落文本框

图 8-18　输入段落文本　　　　　　　　　　图 8-19　"段落文字大小"对话框

步骤 4　文字输入完成后，按【Ctrl+Enter】组合键可确认输入。

段落文本框的相关操作如下所示：

✖　将光标放置在文本框的控制点上，当光标呈双向箭头形状时↗️，按下鼠标左键并拖动，可以调整文本框的大小。

✖　将光标放置在文本框内部，按住【Ctrl】键的同时，按下鼠标左键并拖动可以移动文本框的位置。

✖　将光标移至文本框的外侧，当光标呈↻状时，按下鼠标左键并拖动可旋转文本框。

二、利用“字符和段落”调板设置文字属性

在 Photoshop 中，除了可利用文字工具的属性栏设置文字属性外，还可以利用“字符和段落”调板来设置更多的文字属性。

步骤 1 利用“横排文字工具” T 在输入的段落文本的第一行中双击，选中整行文字，如图 8-20 左图所示。

步骤 2 选择“窗口”>“字符”菜单，打开“字符”调板，在其中设置字体为“方正大标宋简体”、字号为 20 点，行距为 48 点，颜色为橙色（# f9a00b），如图 8-20 中图所示。其效果如图 8-20 右图所示。

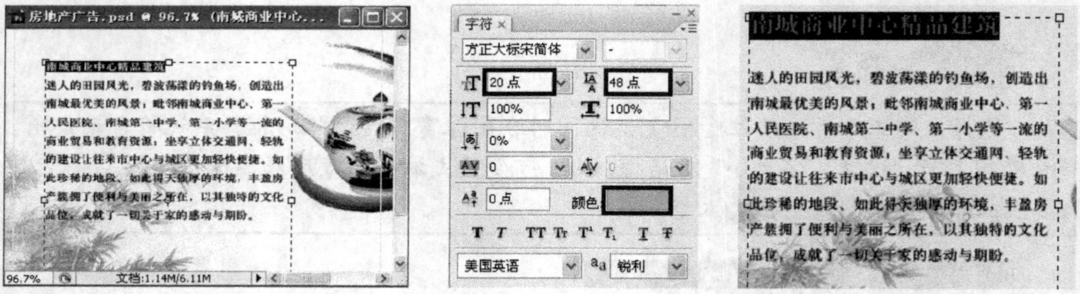

图 8-20 选择文字与“字符”调板

- **设置行距** (自动)：用于设置文字行与行之间的距离。
- **垂直缩放** 100%：用于设置字符的垂直缩放比例。
- **水平缩放** 100%：用于设置字符的水平缩放比例。
- **设置所选字符的比例间距** 0%：以比例方式设置所选字符间的字距，值越大，字距越小。
- **设置所选字符的字距调整** 0：用于设置选定文字之间的字距。值越大，字符之间的距离越大。
- **设置两个字符间的字距微调** 度量标准：该选项只能设置两个字符的间距。在两个字符间单击出现闪烁的光标后，该选项才可使用。
- **设置基线偏移** 0 点：用于设置文字基线（下边线）偏移，正值上移，负值下移。在沿路径输入文字时，常使用该项调整文字与路径间的距离。
- **T T TT Tr T¹ T₁ T T**：单击相应的按钮分别用于设置字体的仿粗体、仿斜体、全部大写字母、小型大写字母、上标、下标、下划线和删除线。

小技巧

> 如果要调整字符的间距，可用鼠标在两个字符间单击。当出现闪烁的光标后，按住【Alt】键的同时，再按方向键【←】、【→】可调整字符的间距。

步骤 3 选择“窗口”>“段落”菜单，打开如图 8-21 左图所示的“段落”调板，然后单击“居中对齐文本”按钮，将选中的第一行文字居中对齐，如图 8-21 右图所示。

- **左对齐文本**：默认的文本对齐方式，单击该按钮，可以使文本左对齐。

❈　**居中文本** ▤：单击该按钮，可以使文本居中对齐。

❈　**右对齐文本** ▤：单击该按钮，可以使文本右对齐。

❈　**最后一行左边对齐** ▤：单击该按钮，可以使文本左右对齐，最后一行左边对齐。

❈　**最后一行居中对齐** ▤：单击该按钮，可以使文本左右对齐，最后一行中间对齐。

❈　**最后一行右边对齐** ▤：单击该按钮，可以使文本左右对齐，最后一行右边对齐。

❈　**全部对齐** ▤：单击该按钮，可以使文本左右全部对齐。

❈　┤▤ 0点　▤├ 0点：用于设置段落左侧和右侧的缩进量。

❈　▮▤ 0点：用于设置段落文本的首航缩进。

❈　▤▮ 0点　▮▤ 0点：用于设置当前段落与前一段或后一段间的距离。

图 8-21　设置文本居中对齐

步骤 4　用"横排文字工具" ⊤ 拖动选中第二段文本，或者在该段中单击，在"段落"调板中的"首行缩进"编辑框中输入 25。此时可看到段落首行向右缩进了两个字符，如图 8-22 右图所示。

步骤 5　使用"横排文字工具" ⊤ 在图像窗口右侧再输入两段段落文本（"素材与实例\项目八\06.txt、08.txt"），并分别为其设置段落属性，其效果如图 8-23 所示。

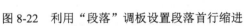

图 8-22　利用"段落"调板设置段落首行缩进　　　　图 8-23　输入其他段落文本

步骤 6　打开素材图片"08.psd"，利用"移动工具" ⊕ 将标志图像移至新图像窗口的左上角，然后调整文本的位置，如图 8-24 所示。这样，本例就制作好了。

如果用户是对某个文本图层中的所有文字应用相同的文本属性，则不需要选中文本，只需将文本所在的图层置为当前图层即可。

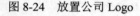

图 8-24　放置公司 Logo

　　要想将普通文本转换为段落文本,可先选择文本所在的图层(但不要进入文本编辑状态),然后选择"图层">"文字">"转换为段落文本"菜单。

　　要想将段落文本转换为普通文本,可在选中段落文本所在层后,选择"图层">"文字">"转换为点文本"菜单。

延伸阅读

　　在 Photoshop 中,通过沿路径或路径内部输入文字的方法,可以制作出优美的文字曲线或以各种形状编排文本效果。这些方法不但起到丰富版面的作用,还能保证文本的可编辑性。

一、沿路径输入文字

　　要将文字沿路径放置,可执行如下操作。

　　步骤 1　打开一幅图像,然后利用"钢笔工具"，在其工具属性栏中单击"路径"按钮，然后在图像窗口中绘制一条路径(开放或封闭均可),如图 8-25 所示。

　　步骤 2　选择"横排文字工具"，在属性栏中设置合适的文字属性,如图 8-26 所示。

图 8-25　绘制路径　　　　　　　　　　　　　图 8-26　设置文字属性

　　步骤 3　将光标移至路径上,待光标呈形状后单击,确定一个插入点,待出现闪烁的光标后,即可沿路径输入文本,如图 8-27 所示。

　　步骤 4　在工具箱中选择"直接选择工具"，将光标移至文本上方,待光标呈后单击并沿路径拖动,可沿路径移动文本,如图 8-28 左图所示。

　　步骤 5　按下鼠标左键,并将光标拖至路径的下方,可以翻转文字并转换起始点的位置,如图 8-28 右图所示。

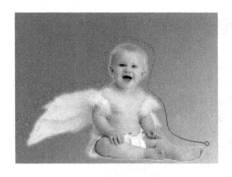 

图 8-27　沿路径输入文字

图 8-28　移动与翻转文字

二、在路径（形状）内部输入文字

要将文字放置在路径（形状）内部，可以执行如下操作。

步骤 1　首先利用"自定形状工具"绘制一个封闭的路径或形状，如图 8-29 所示。

步骤 2　选择一种文字工具，将光标移至路径（形状）内，当光标呈 I 时单击，待出现闪烁的光标时，即可在路径（形状）内部输入文字，如图 8-30 所示。

图 8-29　绘制封闭形状　　　　　　　　　　图 8-30　在形状内输入文字

选中文字后，按【Shift+Ctrl+>】或按【Shift+Ctrl+<】组合键可放大或缩小字号。

成果检验

利用本项目所学内容制作如图8-31所示效果。

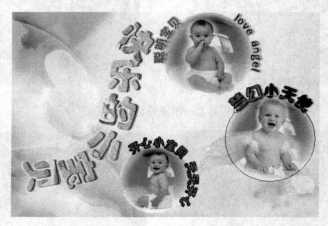

图8-31 成果检验效果图

制作要求：

（1）素材位置：素材与实例\项目八\10~15。

（2）主要练习：沿路径输入文字的方法，设置文字属性，创建矢量蒙版等内容。

简要步骤

步骤 1 首先打开"10.jpg"图像，将其作为背景图像，然后打开"11.jpg"，将其移至"10.jpg"窗口中。

步骤 2 利用"钢笔工具"绘制一条开放的工作路径，并沿路径输入文字。按住【Ctrl】键的同时，单击文字图层的缩览图，创建文字选区，然后隐藏文字图层的显示。

步骤 3 将"图层2"置为当前图层，然后单击"图层"调板底部的"添加图层蒙版"按钮，为"图层2"添加图层蒙版，制作出图像文字效果。

步骤 4 打开"12.jpg"、"13.jpg"和"14.jpg"人物图像，依次将人物图像移至"10.jpg"图像窗口中。再打开"15.psd"文件，并将球体图像拖至"10.jpg"窗口中。

步骤 5 利用"椭圆工具"绘制圆形路径，然后利用圆形路径为球体创建矢量蒙版，并添加外发光效果。将制作好的球体再复制两份，分别放置于3个人物的下面，然后分别为人物添加图层蒙版，隐藏部分图像。

步骤 6 单击每个球体图层的矢量蒙版缩览图，显示圆形路径，然后在沿圆形路径输入文字，分别为文字添加图层样式，并设置不同的文字属性。

项目九　数码照片处理
——图像修复与色彩调整

课时分配：6 学时

学习目标

	掌握仿制图章工具组的特点及使用方法
	掌握修复画笔工具组的特点及使用方法
	掌握历史记录画笔工具组的特点及使用方法
	掌握 Photoshop 的色调与色彩调整命令

模块分配

模块一	数码照片修复与美容
模块二	调整数码照片的色调与影调

作品成品预览

图片资料
....
素材位置：素材与实例\项目九

本项目中，我们将学习 Photoshop 的图像色调与色彩调整功能，以及修复与修补图像的方法等内容。

模块一　数码照片修复与美容

学习目标

掌握仿制图章工具组的特点与使用方法
掌握"修复画笔工具"与"修补工具"的特点与使用方法
掌握"历史记录画笔工具"的特点及使用方法

一、利用"仿制图章工具"修复图像

利用"仿制图章工具" 可以将图像的部分区域复制到同一图像的其他区域或具有相同颜色模式的任何打开的图像中。通常用它去除照片中的污渍、杂点或进行图像合成。下面利用该工具制作一个大头照效果。

步骤 1　打开素材图片 "01.psd"（素材与实例\项目九），如图 9-1 所示。

图 9-1　打开素材图片

步骤 2　按住【Ctrl】键，单击"形状 1"图层的缩览图创建该图层的选区，然后在"组1"的下方新建"图层 1"，如图 9-2 所示。

步骤 3　打开素材图片 "02.jpg"，然后选择"仿制图章工具" ，在其工具属性栏中设置主直径为 200 像素的柔角笔刷，"不透明度"设置为 80%，其他参数默认，如图 9-3 所示。

提示

"仿制图章工具" 的工具属性栏与"画笔工具" 的基本相似，也可以设置不透明度、模式等参数。

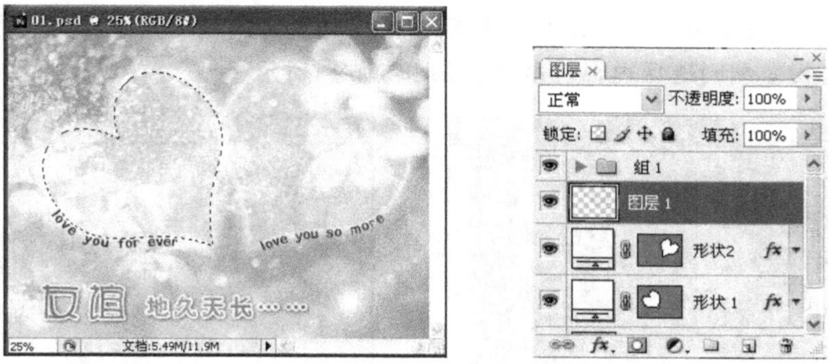

图 9-2　创建图层选区与新建图层

图 9-3　“仿制图章工具”属性

- **“对齐”复选框：**默认状态下，该复选框被勾选，表示在复制图像时，无论中间执行了什么操作，均可随时接着前面所复制的同一幅图像继续复制。若取消该复选框，表示将从初始取样点复制，而每次单击都被认为是另一次复制。
- **“样本”下拉列表：**用于指定取样范围，选择“当前图层”表示只从当前图层中的图像进行取样；选择“当前和下方图层”表示将从当前图层和位于其下方的所有可见图层中的图像进行取样；选择“所有图层”表示将从所有可见图层中的图像进行取样。若选择了“所有图层”，并单击右侧的“关闭以在仿制时包含调整图层”按钮表示将在所有可见图层（调整图层除外）中的图像进行取样。

步骤 4　笔刷属性设置好后，将光标移至“02.jpg”图像窗口中，按住【Alt】键，在如图 9-4 左图所示的位置单击鼠标，定义一个参考点。

步骤 5　切换到“01.psd”图像窗口，将光标放置在前面定义的选区内，按下鼠标左键并拖动，此时可看到“02.jpg”图像中的部分人物图像被绘制到选区内，如图 9-4 右图所示。

图 9-4　定义参考点与复制图像

步骤 6　打开“03.jpg”图像，利用“仿制图章工具”在其中创建一个参考点，如图 9-5 左图所示。

步骤 7　切换到“01.psd”图像，按住【Ctrl】键的同时，在“图层”调板中单击“形状 2"图层的缩览图创建该图层选区，然后在选区内按住鼠标左键并拖动，将"03.jpg"图像中的部分人物复制到选区内，其效果如图 9-5 右图所示。

图 9-5　将"03.jpg"中的人物复制到"01.psd"

在复制图像时，图像中出现的十字指针"＋"用于指示当前复制的区域。

二、利用"图案图章工具"修复图像

利用"图案图章工具"，用户可以用系统自带的图案或者自己创建图案绘画。下面利用该工具为人物图像更换背景。

步骤 1　打开素材图片"04.jpg"，如图 9-6 所示，然后利用"定义图案"命令将整幅图像定义为图案。

步骤 2　选择"图案图章工具"，在其工具属性栏中设置主直径为 125 像素的柔角笔刷，"模式"为"变亮"，然后单击图案右侧的下拉三角按钮▼，在弹出的图案下拉面板中选择自定义的图案，如图 9-7 所示。

> 勾选"印象派效果"复选框后，绘制的图像类似于印象派艺术画效果

图 9-6　打开素材图片　　　　图 9-7　"图案图章工具"属性栏

步骤 3　打开素材图片"05.psd"，选择"窗口">"通道"菜单，打开"通道"调板，按住【Ctrl】键的同时，单击"Alpha 1"通道的缩览图，载入其选区，如图 9-8 中图和右图所示。

图 9-8 打开素材图片与载入选区

步骤 4 将光标移至 "05.psd" 图像窗口中的选区内, 按下鼠标左键并拖动绘制图案, 此时可看到前面定义的风景图片被复制到选区内。按【Ctrl+H】组合键隐藏选区, 得到如图 9-9 左图所示效果。

> 在 "图案图章工具" ⚊属性栏中选择不同的颜色模式, 并勾选 "印象派效果" 复选框, 得到的图像效果也不同, 如图 9-9 右图所示。

三、利用 "修补工具" 修复图像

利用 "修补工具" ⚪可以将其他区域的图像或图案来修复选中的区域, 修复的同时会将样本像素的纹理、光照和阴影与源像素进行匹配。下面通过去除照片中的日期来学习该工具的用法。

步骤 1 打开素材图片 "06.jpg"(素材与实例\项目九), 利用 "缩放工具" 🔍将照片的右下角放大显示, 可以看到拍照片日期, 如图 9-10 所示。

图 9-9 将自定义图案复制到选区内   图 9-10 打开素材图片

步骤 2 选择 "修补工具" ⚪, 其工具属性栏如图 9-11 所示, 其中各选项的意义分别如下所示。

❀ **选区运算按钮** ▫▫▫▫：利用 "修补工具" ⚪创建选区时进行加、减与相交操作。

❀ **"源" 单选钮**：选中该单选钮后, 如果将源图像选区拖至目标区, 则源区域图像将被目标区域的图像覆盖。

✖ **"目标"单选钮**：若选中该单选钮，表示将选定区域作为目标区，用其覆盖其他区域。

✖ **"使用图案"按钮** 使用图案 ：在图像中创建选区后，该按钮被激活，此时可从右侧的下拉图案列表中选择一个预设或自定义的图案，再单击此按钮，即可用选定的图案覆盖选定区域。

图 9-11　"修补工具"属性栏

步骤 3　利用"修补工具" ◇ 选中部分日期图像（也可用别的选区工具定义选区），作为源图像区域，如图 9-12 左图所示。

步骤 4　将光标移至选区内，按下鼠标左键并拖动，将选区移至其他区域，如图 9-12 中图所示。释放鼠标后，选中的日期被目标区域图像覆盖，如图 9-12 右图所示。

图 9-12　"修补工具"的使用方法

步骤 5　继续用"修补工具" ◇ 修复其他日期图像，去除照片中的日期，结果如图 9-13 所示。

图 9-13　修复好的图像

四、利用"修复画笔工具"修复图像

利用"修复画笔工具" ✐ 可清除图像中的瑕疵，它与"仿制图章工具" ♣ 相似，可以从图像中取样复制到其他区域，或直接用图案进行绘画。但不同的是，"修复画笔工具" 在复制或填充图案的同时，会将取样点的图像自然融入到复制的图像位置，并保持其纹理、亮度和层次，使被修复的图像和周围的图像完美结合。

下面，通过去除女孩面部的斑点及更换背景来介绍"修复画笔工具" 的用法。

步骤 1 打开素材图片 "07.psd"（素材与实例\项目九），如图 9-14 所示。从图中可知，女孩的面部有一些斑点，很影响美观，需要将其清除。

步骤 2 选择"修复画笔工具" ，其工具属性栏如图 9-15 所示，其中部分选区的意义分别如下所示。

图 9-14　打开素材图片　　　　　　　　　图 9-15　"修复画笔工具"属性栏

❊ **模式：** 指定混合模式。其中选择"替换"表示在使用柔角笔刷时，保留画笔描边的边缘处的杂色、胶片颗粒和纹理。

❊ **"取样"单选钮：** 选中该单选钮表示使用"修复画笔工具" 修复图像时，将以图像区域中的某处图像作为复制对象。选中该单选钮后，该工具的用法将与"仿制图章工具" 相同。

❊ **"图案"单选钮：** 选中该单选钮，其右侧的图案下拉列表将被激活，单击右侧的下拉三角按钮 ，可以从弹出的图案下拉列表中选择所需图案来修复图像。选中该按钮后，该工具的用法将与"图案图章工具" 相同。

步骤 3 在"修复画笔工具" 属性栏中设置合适的笔刷大小，其他选项保持默认。将光标移至人物面部无污点处（最好是接近污点处的区域），按住【Alt】键单击鼠标，确定参考点，然后松开【Alt】键，在污点上单击，即可去除污点，如图 9-16 所示。

图 9-16　使用"修复画笔工具"去除污点

这里值得注意的是，用户在修复不同区域的图像时，根据被修复的区域位置需要重新设置参考点，这样修复的图像才能更自然、真实。

步骤 4 继续利用"修复画笔工具" ✐修复面部的其他污点，其效果如图 9-17 所示。

步骤 5 下面利用"修复画笔工具" ✐更换背景。选择"窗口">"通道"菜单，打开"通道"调板，按住【Ctrl】键的同时，单击"Alpha 1"通道的缩览图创建选区，如图 9-18 所示。

图 9-17　清除污点后效果　　　　　　　　　　　图 9-18　创建选区

步骤 6 打开素材图片"08.jpg"，利用"定义图案"命令将整幅图像定义为图案。在"修复画笔工具" ✐的属性栏中单击"图案"单选钮，然后从弹出的图案下拉列表中选择自定义的图案，并勾选"对齐"复选框，如图 9-19 所示。

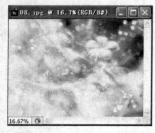

图 9-19　素材图片与设置笔刷属性

步骤 7 笔刷属性设置好后，将光标移至图像选区内，按下鼠标左键并拖动，在选区内使用图案填充选区，按【Ctrl+H】组合键隐藏选区，其效果如图 9-20 右图所示。

图 9-20　修复图像前后对比效果

五、使用"历史记录画笔工具"为数码照片美容

利用"历史记录画笔工具"　可以将图像恢复到指定的图像状态。下面通过为人物去除雀斑的例子介绍该工具的用法。

步骤 1　打开素材图片"09.jpg"（素材与实例\项目九），如图 9-21 左图所示。

步骤 2　选择"滤镜"＞"模糊"＞"高斯模糊"菜单，打开"高斯模糊"对话框，在其中设置"半径"为 6，如图 9-21 右图所示。

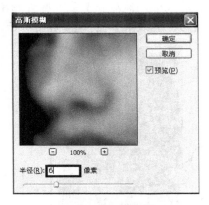

图 9-21　打开素材图片并设置"高斯模糊"滤镜参数

步骤 3　参数设置好后，单击 确定 按钮，得到如图 9-22 所示效果。从图中可知，人物脸部的雀斑已经看不见了，但整个图像已经面目全非。

步骤 4　选择"窗口"＞"历史记录"菜单，打开"历史记录"调板，确保"历史记录画笔的源"　在打开图像快照的左侧（如图 9-23 所示），也就是在以后的恢复操作中，将除皮肤以外的区域恢复到初始状态。

图 9-22　执行"高斯模糊"滤镜后　　　　图 9-23　"历史记录"调板

步骤 5　选择"历史记录画笔工具"　，在其工具属性栏设置笔刷属性，如图 9-24 所示。

图 9-24　"历史记录画笔工具"属性栏

提示

"历史记录画笔工具" [图]属性栏中的选项与"画笔工具"的相似，这里不再赘述。

步骤 6 笔刷属性设置好后，在除人物皮肤以外的区域涂抹，将这些区域恢复到打开时的状态，如图 9-25 左图所示。

步骤 7 下面，我们来处理面部的细节，这时需要适当降低笔刷的"不透明度"，并适当调整笔刷至合适大小，然后在眉毛、脸部轮廓的细微处涂抹，让去斑后的面部轮廓自然分明。修复完成后，其效果如图 9-25 右图所示。

在涂抹时，用户需要根据恢复区域来调整笔刷大小

图 9-25 利用"历史记录画笔工具"恢复图像

提示

用户在涂抹过程中应注意经常释放鼠标左键，再执行下一次涂抹。

延伸阅读

下面我们来介绍"污点修复画笔工具"[图]、"红眼工具"[图]、"历史记录艺术画笔工具"[图]和橡皮擦工具组的特点及使用方法。

一、"污点修复画笔工具"

"污点修复画笔工具"[图]的工作原理与"修复画笔工具"[图]（"修补工具"[图]）相同，只是使用方法不同，利用"污点修复画笔工具"[图]只需在图像中有污点（瑕疵）处单击，即可将取样点的图像自然融入到复制的图像位置，并保持其纹理、亮度和层次，使被修复的图像和周围的图像完美结合。

步骤 1 打开一幅带有瑕疵的图片，选择"污点修复画笔工具"[图]，其工具属性栏如图 9-26 所示，其中部分选项的意义如下。

图 9-26 "污点修复画笔工具"属性栏

❀　**"近似匹配"单选钮：**勾选该单选钮表示将使用周围图像来近似匹配要修复的区域。

❀　**"创建纹理"单选钮：**勾选该单选钮表示将使用选区中的所有像素创建一个用于修复该区域的纹理。

步骤 2　将光标移至图像中有污点处，通过按键盘上的【[】或【]】键，并根据污点的大小来调整笔刷直径，最好将其设置得比要修复的区域稍大一点，然后单击鼠标，即可将污点遮盖，如图 9-27 所示。

步骤 3　继续利用"污点修复画笔工具" 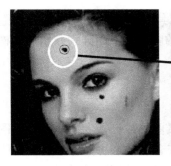 将图像中的其他污点去除，其最终效果如图 9-28 所示。

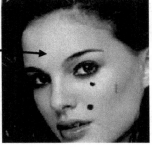

图 9-27　利用"污点修复画笔工具"修复图像　　　图 9-28　修复图像后效果

二、"红眼工具"

利用"红眼工具" 可以轻松地去除因使用闪光灯拍摄的人物照片上的红眼。选择"红眼工具" ，其属性栏如图 9-29 所示。"红眼工具" 的使用方法很简单，只需用"红眼工具" 在红眼睛处单击即可消除红眼。

用于增大或减小受"红　　　　　　　　　瞳孔大小：50% 　变暗量：50%
眼工具"影响的范围　　　　　　　　　　　　　　　　　　　　用于设置校正的暗度

图 9-29　"红眼工具"属性栏

三、利用"历史记录艺术画笔工具"修复图像

"历史记录艺术画笔工具" 使用指定的历史记录状态或快照中的源数据进行绘画，并在绘画的同时进行艺术化处理，其使用方法与"历史记录画笔工具" 一样。

选择"历史记录艺术画笔工具" ，其工具属性栏如图 9-30 所示，其属性栏中部分选项的意义如下。

画笔：21　模式：正常　不透明度：100%　样式：绷紧短　区域：50 px　容差：0%

图 9-30　"历史记录艺术画笔工具"属性栏

❀　**模式：**单击右侧的下拉按钮 ，在弹出的下拉菜单中有"正常"、"变暗"、"变亮"、"色相"、"饱和度"、"颜色"和"亮度"7 种模式供用户选择。

✖ **样式**：单击右侧的下拉按钮 ✓ ，在弹出的下拉列表框中有 10 种移动、涂抹图像像素的方式。

✖ **区域**：用于设置"历史记录艺术画笔工具" 🖉 描绘的范围。

✖ **容差**：用于设置当前图像与恢复点图像颜色间的差异程度，值越大，图像恢复的精确度越低；值越小，图像恢复的精确度就越高。

"历史记录艺术画笔工具" 🖉 的使用方法很简单，选择该工具后，将鼠标光标移至图像中要恢复的位置，按住鼠标左键并拖动即可恢复图像，同时能够产生艺术笔触效果。

四、橡皮擦工具组的特点和用法

在 Photoshop 中，系统提供了 3 种擦除工具："橡皮擦工具" 🖉 、"背景橡皮擦工具" 🖉 和"魔术橡皮擦工具" 🖉 ，它们的主要功能是擦除图像中的颜色。下面分别介绍 3 种橡皮擦工具的特点和用法。

1. "橡皮擦工具"

"橡皮擦工具" 🖉 可以擦除图像中的颜色，如果在背景图层或已锁定透明像素的图层（▣）中擦除，则被擦除的区域将显示当前背景色；如果在普通图层上擦除，则被擦除的区域将变成透明。 此外，使用该工具擦除图像还可将图像恢复到以前存储的状态。

选择"橡皮擦工具" 🖉 ，其工具属性栏如图 9-31 所示，其中部分选项意义如下：

图 9-31 "橡皮擦工具"属性栏

✖ **模式**：可以设置不同的擦除模式。当选择"块"时，擦除区域为方块，且此时只能设置"抹到历史记录"选项。

✖ **"抹到历史记录"复选框**：若选中该复选框，"橡皮擦工具" 🖉 将类似"历史记录画笔工具" 🖉 的功能，用户可以有选择地将图像恢复到指定步骤。

"橡皮擦工具" 🖉 的使用方法很简单，选择该工具后，直接在图像窗口拖动鼠标就可以擦除图像，如图 9-32 所示。

图 9-32 利用"橡皮擦工具"擦除图像

2. "背景橡皮擦工具"

利用"背景橡皮擦工具" 可以将图像擦除成透明，并可以在擦除背景的同时保留前景中的图像不受影响。下面通过一个小实例来介绍该工具的用法。

步骤 1 打开一幅图片（素材与实例\项目九\10.jpg），选择"背景橡皮擦工具" ，其工具属性栏如图 9-33 所示。

图 9-33 "背景橡皮擦工具"属性栏

❈ **取样**：系统提供了 3 种取样选项供用户选择，默认为"连续" ，表示擦除时连续取样；选择"一次" ，表示只擦除与鼠标第一次单击时颜色相近的区域；选择"背景色板" ，表示只擦除包含当前背景色的区域。

❈ **限制**：用于选择画笔限制类型，其中选择"不连续"，表示仅擦除笔刷下任何位置的颜色；选择"连续"，表示将擦除包含样本颜色并且相互连接的区域；选择"查找边缘"，表示擦除包含样本颜色的连接区域的同时，还可以更好地保留图像边缘的锐化程度。

❈ **容差**：用于设置擦除颜色的范围。值越小，被擦除的图像颜色与取样颜色越接近。

❈ **保护前景色**：选中该复选框可以防止具有前景色的图像区域被擦除。

步骤 2 在"背景橡皮擦工具" 属性栏中设置合适大小的笔刷，设置取样为"一次" ，其他选项保持默认，然后将光标移至人物背景图像上，按下鼠标左键并拖动，即可擦除图像，如图 9-34 中图所示。此时系统自动将"背景"图层转换为普通图层，如图 9-34 右图所示。

图 9-34 利用"背景橡皮擦工具"擦除图像

步骤 3 继续利用"背景橡皮擦工具" 擦除背景，直至完全清除背景，其效果如图 9-35 左图所示。此时用户可根据个人喜好为人物更换一个漂亮的背景，如图 9-35 右图所示。

小技巧

利用"背景橡皮擦工具" 擦除图像时，光标呈十字线画笔形状 ⊕。也就是说，擦除图像时，将根据光标中的十字所在位置来定义要擦除的颜色。

图 9-35　擦除图像与添加新背景

3.　"魔术橡皮擦工具"

"魔术橡皮擦工具" 可以将图像中颜色相近的区域擦除。它与"魔棒工具" 有些类似，也具有自动分析的功能。下面通过一个小实例介绍其用法。

步骤 1　打开素材图片"11.jpg"（素材与实例\项目九），如图 9-36 所示。下面我们要利用"魔术橡皮擦工具" 将人物的背景图像擦除。

图 9-36　打开素材图片

步骤 2　选择"魔术橡皮擦工具" ，在其工具属性栏中设置"容差"为 25，其他选项保持默认，如图 9-37 所示。

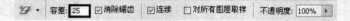

图 9-37　"魔术橡皮擦工具"属性栏

✖　**"容差"**：用于控制擦除的颜色范围，值越大，擦除的范围越广。

✖　**"连续"复选框**：默认状态下，该复选框处于选中状态，表示只删除与单击处像素临近且相似的颜色。若取消勾选该复选框，表示删除图像中所有与单击处像素相似，但不一定相邻的颜色。

步骤 3 将光标移至人物图像的背景上单击鼠标，即可将擦除与单击点颜色相近且相邻的区域，如图 9-38 左图所示。从图中可知，被擦除的区域变为透明，并且"背景"图层被转换为普通图层。

步骤 4 继续使用"魔术橡皮擦工具"  擦除其他背景图像，擦除时可以配合使用"橡皮擦工具" 做细致的擦除，其效果如图 9-38 右图所示。

图 9-38　擦除人物图像的背景

 知识库

利用"背景橡皮擦工具"和"魔术橡皮擦工具"在背景图层上擦除图像时，背景图层将被转换为普通图层。

模块二　调整数码照片的色调与影调

学习目标

掌握"曲线"、"色阶"、"色彩平衡"、"黑白"命令的特点与用法
掌握"色相/饱和度"、"替换颜色"、"阴影/高光"命令的特点与用法

一、利用"曲线"命令调整照片的色调与影调

"曲线"命令可以综合调整图像的色彩、亮度和对比度，使图像的色彩更加协调。该命令是用来改善图像质量方法中的首选，它不但可调整图像整体或单独通道的亮度、对比度和色彩，还可调节图像任意局部的亮度。下面通过一个小实例来介绍其使用方法。

步骤 1 打开素材图片"12.jpg"，如图 9-39 所示。从图中可知，照片因拍摄等原因致使没有层次，并且显得很旧，下面我们对其色调进行调整。

步骤 2 选择"图像">"调整">"曲线"菜单，打开如图 9-40 所示的"曲线"对话框。

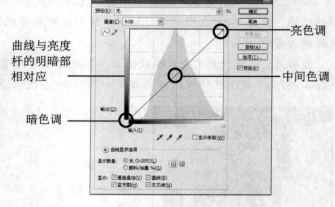

亮色调

曲线与亮度
杆的明暗部
相对应

中间色调

暗色调

图 9-39　打开素材图片　　　　　　　　图 9-40　"曲线"对话框

✾　"曲线"对话框中表格的横坐标代表了原图像的色调，纵坐标代表了图像调整后的色调，其变化范围均在 0～255 之间。在曲线上单击可创建一个或多个节点，拖动节点可调整节点的位置和曲线的形状，从而达到调整图像明暗程度的目的。

✾　"通道"：单击其右侧的下拉三角按钮▾，从弹出的下拉列表中选择单色通道，可对单一的颜色进行调整。

✾　"编辑点以修改曲线"按钮：该按钮默认为打开状态，可以通过拖动曲线上的节点来调整图像。

✾　"通过绘制来修改曲线"按钮：单击该按钮，将光标放置曲线表格中，当光标变成画笔形状时，可以随意绘制所需的色调曲线。

✾　吸管工具：用于在图像中单击选择颜色，从左至右分别是："在图像中取样以设置黑场"按钮，用它在图像中单击，图像中所有像素的亮度值都会减去单击处像素的亮度值，使图像变暗；"在图像中取样以设置灰场"按钮，用它在图像中单击，Photoshop 将用吸管单击处像素的亮度来调整图像所有像素的亮度；"在图像中取样以设置白场"按钮，用它在图像中单击，图像中所有像素的亮度值都会加上单击处像素的亮度值，使图像变亮。

✾　显示数量：用于设置"输入"和"输出"值的显示方式，系统提供了两种方式：一是"光（0-255）"，即绝对值；一种是"颜料/油墨%"，即百分比。在切换"输入"和"输出"值显示方式的同时，系统还将改变亮度杆的变化方向。

✾　▦▥按钮：用于控制曲线部分的网格密度。

✾　显示：用于设置表格中曲线的显示效果；勾选"通道叠加"复选框，表示将同时显示不同颜色通道的曲线；勾选"基线"复选框，表示将显示一条浅灰色的基准线；勾选"直方图"复选框，表示将在网格中显示灰色的直方图；勾选"交叉线"复选框，表示在改变曲线形状时，将显示拖动节点的水平和垂直方向的参考线。

步骤 3　将光标移至曲线中部单击，创建一个节点，并将其稍向下拖动，到适当的位置后松开鼠标，可以看到图像变暗了，如图 9-41 右图所示。

图 9-41　调整图像中间色调的亮度

通过在"曲线"对话框中更改曲线的形状，可以调整图像的色调和颜色。将曲线向上或向下移动将会使图像变亮或变暗，具体情况取决于对话框中的"显示数量"是设置为显示色阶还是显示百分比。

步骤 4　用鼠标按住曲线的上部，向上拖动曲线，到适当的位置后释放鼠标，可以看到提高了照片的亮度。此时曲线呈 S 形，这种 S 形曲线可以同时扩大图像的亮部和暗部的像素范围，对于增强照片的反差很有效，如图 9-42 所示。

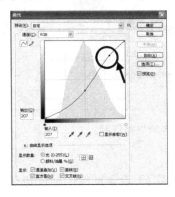

图 9-42　调整图像高光区域的亮度

步骤 5　调整好后，单击 确定 按钮，得到如图 9-43 右图所示效果。

图 9-43　利用"曲线"命令调整图像前后对比效果

在曲线上多次单击可产生多个节点，从而可将曲线调整成比较复杂的形状；要在表格中选中某个节点，可直接单击该节点；要移动节点位置，可在选中节点后用光标或 4 个方向键进行拖动；要删除节点，可在选中节点后将节点拖至坐标区域外，或按下【Ctrl】键后单击要删除的节点。

二、利用"色阶"命令调整照片的色调与影调

利用"色阶"命令可以通过调整图像的暗调、中间调和高光的强度级别，来校正图像的色调范围和色彩平衡。下面通过一个小实例来学习该命令的用法。

步骤 1 打开一幅图像（素材与实例\项目九\13.jpg），然后选择"图像" > "调整" > "色阶"菜单，或按【Ctrl+L】组合键，打开如图 9-44 右图所示的"色阶"对话框，其中部分选项的意义如下所示。

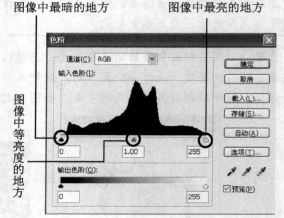

图 9-44　打开图片与"色阶"对话框

❀ **通道：** 用于选择要调整色调的颜色通道。

❀ **输入色阶：** 该项目包括 3 个编辑框，分别用于设置图像的暗部色调、中间色调和亮部色调。

❀ **输出色阶：** 用于限定图像的亮度范围，其值为 0～255。其中两个文本框分别用于提高图像的暗部色调和降低图像的亮度。

❀ **直方图：** 对话框的中间部分称为直方图，其横轴代表亮度（从左到右为全黑过渡到全白），纵轴代表处于某个亮度范围中的像素数量。显然，当大部分像素集中于黑色区域时，图像的整体色调较暗；当大部分像素集中于白色区域时，图像的整体色调偏亮。

❀ **"选项"按钮：** 单击该按钮可打开"自动颜色校正选项"对话框，利用该对话框可设置暗调、中间值的切换颜色，以及设置自动颜色校正的算法。

❀ **"预览"复选框：** 勾选该复选框，在原图像窗口中可预览图像调整后的效果。

✗ **吸管工具**：用于在原图像中单击选择颜色，其功能与前面介绍的"曲线"对话框中的 3 个吸管工具相同。

> 从图 9-44 右图可知，图像的大部分像素集中在中间色调区域，表明这幅图片偏灰，致使图片没有层次感。

步骤 2　在"色阶"对话框中将直方图下方的黑色滑块稍向右拖动，至如图 9-45 左图所示位置，以确定这里为图像中最暗的点。这样，可看到图像变暗了。

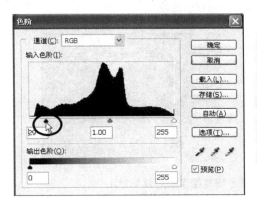

图 9-45　确定图像中最暗点的位置

步骤 3　将直方图下方的白色滑块稍向左拖动，至如图 9-46 左图所示位置，确定这里为图像中最亮的点。此时，可看到图像中部分区域变亮了。

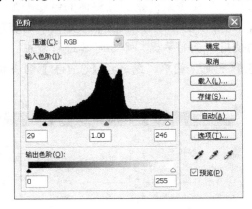

图 9-46　确定图像中最亮点的位置

步骤 4　单击"通道"右侧的下拉按钮 ，从弹出的下拉列表中分别选择"红"、"绿"和"蓝"通道，然后分别调整各通道的色调，参数设置分别如图 9-47 所示。

步骤 5　调整完毕后，单击 确定 按钮关闭对话框，得到如图 9-48 右图所示效果。

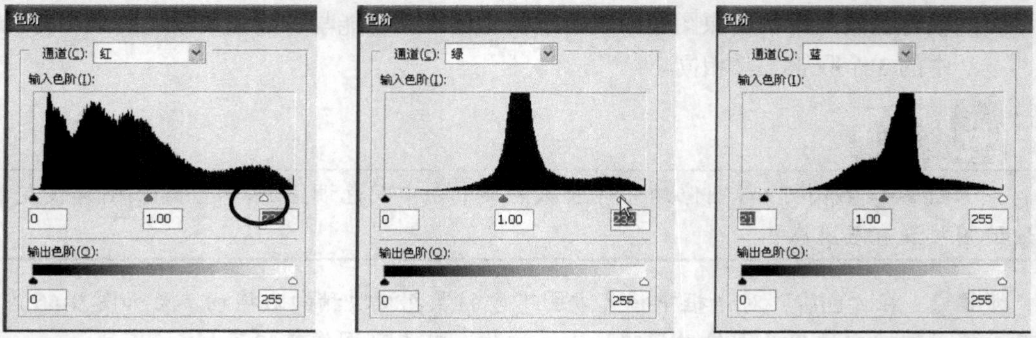

图 9-47　调整单个通过的色调

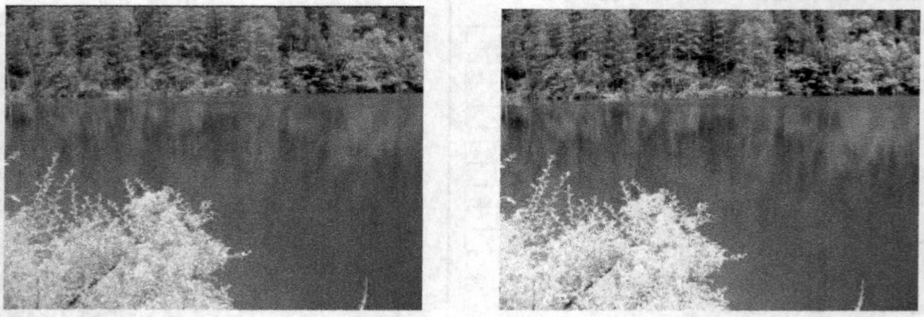

图 9-48　利用“色阶”命令调整图像前后效果对比

三、利用“色彩平衡”命令校正偏色照片

偏色可以理解为照片的色彩不平衡，校正偏色就是恢复照片中正常的色彩平衡关系。对于普通的偏色照片，我们可以利用“色彩平衡”命令来调整图像整体的色彩平衡。

步骤 1　打开素材图片“14.jpg”文件，如图 9-49 所示。从图中可知，草的颜色和季节有些不相符，感觉没有生命力。下面我们使用“色彩平衡”命令对其进行校正。

步骤 2　选择“图像”>“调整”>“色彩平衡”菜单，或者按【Ctrl+B】组合键，打开“色彩平衡”对话框，如图 9-50 所示。

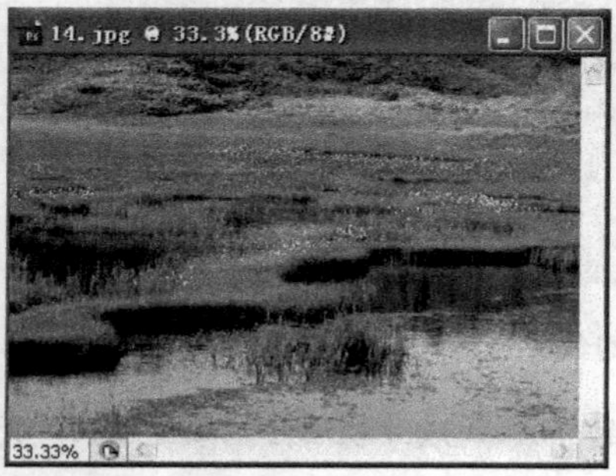

图 9-49　打开素材图片

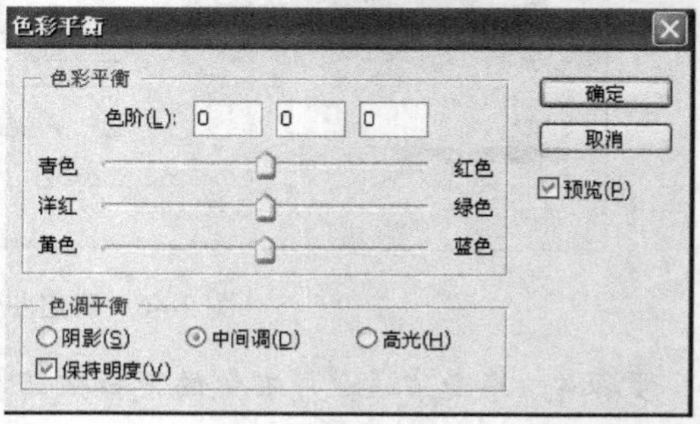

图 9-50　“色彩平衡”对话框

- **“色彩平衡”设置区**：在“色阶”右侧的编辑框中输入数值可调整 RGB 三原色到相应 CMYK 色彩模式间对应的色彩变化，也可直接拖动其下方的 3 个滑块来调整图像的色彩。当 3 个数值均为 0 时，图像色彩无变化。

✖ "色调平衡"设置区：用于选择需要着重进行调整的色调范围，包括"阴影"、"中间调"、"高光"3个单选钮。

在"色彩平衡"对话框中将滑块拖向某个颜色，表示将在图像中增加该颜色；相反，将滑块拖离某个颜色，也就是在图像中要减少该颜色。

步骤3 在"色彩平衡"对话框中选中"中间调"单选钮，然后将第二个滑块向绿色拖动（其值显示在上边中间的编辑框中），如图9-51左图所示。

步骤4 单击"色彩平衡"对话框中的"高光"单选钮，然后将第二个滑块再拖向绿色，如图9-51右图所示。调整完毕，单击[确定]按钮，得到如图9-52右图所示效果。

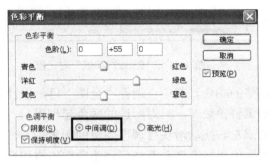
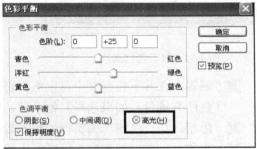

图9-51 调整图像的色彩平衡

"色彩平衡"命令仅用于普通的色彩调整，如果要对图像做精细的调整，请使用"色阶"、"曲线"、"色相/饱和度"等命令。

图9-52 利用"色彩平衡"命令调整图像前后对比效果

四、利用"色相/饱和度"命令调整照片的颜色

利用"色相/饱和度"命令可改变图像的颜色，为黑白照片上色，调整单个颜色成分的"色相"、"饱和度"和"明度"。下面通过一个小实例来介绍该命令的用法。

步骤 1 打开素材图片"15.jpg",如图 9-53 所示。下面我们要利用"色相/饱和度"命令调整图片的色彩。

步骤 2 选择"图像">"调整">"色相/饱和度"菜单,或者按【Ctrl+U】组合键,打开"色相/饱和度"对话框,如图 9-54 所示。

图 9-53 打开素材图片　　　　　　　　图 9-54 "色相/饱和度"对话框

✖ **编辑:** 在其下拉列表中可以选择要调整的颜色。其中,选择"全图"可一次性调整所有颜色。如果选择其他单色,则调整参数时,只对所选的颜色起作用。

✖ **色相:** 在"色相"编辑框中输入数值或左右拖动滑块可调整图像的颜色。

✖ **饱和度:** 在"饱和度"编辑框中输入数值或左右拖动滑块可调整图像的饱和度。

✖ **明度:** 在"明度"编辑框中输入数值或左右拖动滑块可调整图像的亮度。

✖ **"着色"复选框:** 若选中该复选框,可使灰色或彩色图像变为单一颜色的图像,此时在"编辑"下拉列表中默认为"全图"。

步骤 3 在"色相/饱和度"对话框中拖动"饱和度"滑块至 21,如图 9-55 左图所示。

步骤 4 在"编辑"下拉列表中选择"黄色"选项,再分别将"色相"设置为-29,"饱和度"设置为 23,如图 9-55 右图所示。

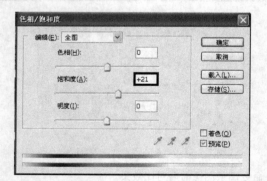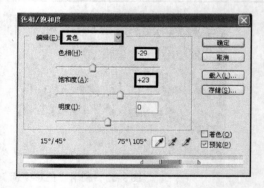

图 9-55 使用"色相/饱和度"命令为图像上色

步骤 5 参数设置好后,单击 确定 按钮,可看到图片的颜色比原来鲜艳了,如图 9-56 右图所示效果。

图 9-56　利用"色相/饱和度"命令调整图像前后对比效果

五、利用"替换颜色"命令替换照片中的颜色

利用"替换颜色"命令可以替换图像中某个特定范围内的颜色。下面通过一个小实例介绍该命令的用法。

步骤 1　打开素材图片"16.jpg"，然后制作人物上衣的选区（先利用"套索工具" 选取大致轮廓，再利用"色彩范围"命令精确选取），如图 9-57 左图所示。

步骤 2　选择"图像" > "调整" > "替换颜色"菜单，打开"替换颜色"对话框，然后在人物衣服上单击确定被替换的颜色，然后在对话框中将"颜色容差"设置为 200，将"色相"设置为-91，"饱和度"设置为-17，单击 确定 按钮，即可改变人物上衣的颜色，如图 9-57 右图所示。

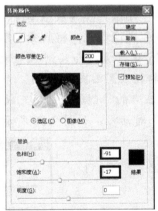

图 9-57　利用"替换颜色"命令改变图像颜色

❋ 　 ：这 3 个吸管工具用于设置、增加或减少颜色，从而确定增加或减少要替换颜色的区域。

❋ **颜色容差**：用于调整替换颜色的图像范围，数值越大，被替换颜色的图像区域越大。

❋ **"替换"设置区**：用于调整图像的色相、饱和度和明度的值，使其产生一种替换色，设置的颜色将显示在"结果"颜色块中，调整的同时可以看到原图像也在相应变化。

六、利用"阴影/高光"命令调整照片的阴影与高光

利用"阴影/高光"命令可校正由强逆光而形成剪影的照片，或校正由于太接近相机闪光灯而有些发白的焦点。在用其他方式采光的图像中，这种调整也可用于使暗调区域变亮。

打开一幅图像，选择"图像">"调整">"阴影/高光"菜单，打开"阴影/高光"对话框，在其中设置阴影与高光的数量，即可校正图像，如图 9-58 所示。

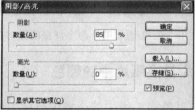

图 9-58 利用"阴影/高光"命令调整图像

"阴影/高光"命令不是简单地使图像变亮或变暗，它基于暗调或高光中的周围像素（局部相邻像素）增亮或变暗，该命令允许分别控制暗调和高光。默认值设置为修复具有逆光问题的图像。

七、利用"黑白"命令制作黑白艺术照

利用"黑白"命令可以将彩色图像转换为灰色图像，并可对单个颜色成份作细致的调整。另外，用户可为调整后的灰色图像着色，将其变为单一颜色的彩色图像。

步骤1 打开素材图片"17.jpg"（素材与实例\项目九），如图 9-59 所示。下面我们要利用"黑白"命令将"17.jpg"转换成黑白图片。

步骤2 单击"图层"调板底部的"创建新的填充或调整图层"按钮 ⊘，从弹出的菜单中选择"黑白"，打开"黑白"对话框，如图 9-60 所示，其中各选项的意义如下所示。

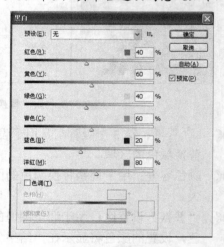

图 9-59 打开图片   图 9-60 "黑白"对话框

❋ **预设：**单击右侧的下拉三角按钮▾，从弹出的下拉列表中可选择系统预设或自定义的灰度混合效果，其中选择"自定"表示用户可以通过调整各颜色滑块来确定灰度混合效果。

❋ **颜色滑块：**用于调整图像中单个颜色成分在灰色图像中的色调，向左拖动滑块可使选择的颜色成分变暗，向右拖动滑块可使该颜色成分变亮。

❋ **"色调"复选框：**勾选该复选框后，"色相"和"饱和度"两个选项被激活，拖动这两个滑块可将灰色图像转换为单一颜色的图像。

步骤 3　在"黑白"对话框中分别拖动"红色"、"黄色"和"洋红"的滑块，调整图像中这些颜色的成分，如图 9-61 左图所示。调整好参数后，单击 确定 按钮，得到如图 9-61 中图所示的黑白色效果。此时系统会在"背景"图层的上面生成一个"黑白"调整图层，如图 9-61 右图所示。

图 9-61　将图像调整成黑白色

步骤 4　如果有兴趣的话，还可以勾选"黑白"对话框下方的"色调"复选框，然后调整"色相"、"饱和度"的值，将图像调整为单一颜色的彩色图片效果，如图 9-62 所示。

提示

利用 Photoshop 提供的色调与色彩调整命令调整图像时，用户也可以单独对图像中的某个区域进行调整。

图 9-62　将图像调整为单一颜色的彩色图片

延伸阅读

下面我们来学习 Photoshop 其他的色调与色彩调整命令的特点及用法。

一、自动调整命令

1. 自动色阶

利用“自动色阶”命令可以自动将每个通道中最亮和最暗的像素定义为白色和黑色，并按比例重新分配中间像素值来自动调整图像的色调。该命令的用法非常简单，只需选择“图像”>“调整”>“自动色阶”命令，或按【Shift+Ctrl+L】组合键即可。

2. 自动对比度

利用“自动对比度”命令可以自动调整图像整体的对比度。要使用该命令，只需选择“图像”>“调整”>“自动对比度”命令，或按【Alt+Shift+Ctrl+L】组合键即可。

3. 自动颜色

利用“自动颜色”可以通过搜索图像中的明暗程度来表现图像的暗调、中间调和高光，以自动调整图像的对比度和颜色。要使用该命令，只需选择“图像”>“调整”>“自动颜色”命令，或按【Shift+Ctrl+B】组合键即可

二、利用“亮度/对比度”调整照片的亮度和对比度

利用“亮度/对比度”命令可以调整图像的亮度和对比度。打开要调整的图片，选择“图像”>“调整”>“亮度/对比度”菜单，打开“亮度/对比度”对话框，如图 9-63 中图所示，在其中分别调整“亮度”和“对比度”值，单击 确定 按钮即可。

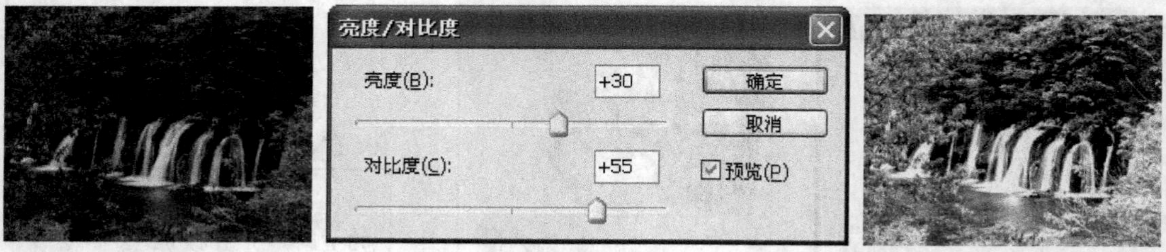

图 9-63　利用“亮度/对比度”命令调整图像

- **亮度**：在其右侧的编辑框中输入数值为负值时，表示降低图像的亮度；输入的数值为正值时，表示增加图像的亮度；输入值为 0 时，图像无变化。
- **对比度**：在其右侧的编辑框中输入数值为负值时，表示降低图像的对比度；输入的数值为正值时，表示增加图像的对比度；输入值为 0 时，图像无变化。

三、利用"匹配颜色"命令进行照片间颜色匹配

利用"匹配颜色"命令可以将当前图像或当前图层中图像的颜色与其他图层中的图像或其他图像文件中的图像相匹配，从而改变当前图像的主色调。该命令通常用于图像合成中对两幅颜色差别较大的图像颜色进行匹配。

打开两幅图像，选择"图像">"调整">"匹配颜色"菜单，打开"匹配颜色"对话框，其中部分选项的意义如下所示。图 9-64 所示为利用该命令匹配颜色的效果。

✖ **"图像选项"设置区**：用于调整目标图像的亮度、饱和度，以及应用于目标图像的调整量。选中"中和"复选框表示匹配颜色时自动移去目标图层中的色痕。

✖ **"图像统计"设置区**：用于设置匹配颜色的图像来源和所在的图层。在"源"下拉列表中列出了当前 Photoshop 打开的其他图像文件，用户可以选择用于匹配颜色的图像文件，所选图像的缩略图将显示在右侧预览框中。如果用于匹配的图像含有多个图层，可在"图层"下拉列表框中指定用于匹配颜色图像所在图层。

图 9-64 利用"匹配颜色"命令调整图像

四、利用"可选颜色"命令调整选定颜色

利用"可选颜色"命令可选择某种颜色范围进行有针对性的修改，在不影响其他原色的情况下修改图像中某种颜色的数量。下面通过一个小实例来介绍该命令的使用方法。

步骤 1 打开一幅图片，选择"图像">"调整">"可选颜色"菜单，打开"可选颜色"对话框（如图 9-65 中图所示），其中各选项的意义如下。

✖ **颜色**：在该下拉列表中可以选择要调整的颜色。

✖ **青色、洋红、黄色、黑色**：先在"颜色"下拉列表中选择某种颜色，然后通过拖动滑块或在右侧的编辑框中输入数值来调整所选颜色的成份，其取值范围在－100%～100%之间。

✖ **方法**：若选中"相对"，表示按照总量的百分比更改现有的青色、洋红、黄色和黑色量；若选中"绝对"，表示按绝对值调整颜色。

步骤 2 在"颜色"下拉列表中选择"蓝色"，然后分别拖动"青色"、"洋红"和"黄

色"滑块，调整蓝色的颜色成分，单击 确定 按钮，即可将人物的蓝色运动衣更改为紫色，如图 9-65 右图所示。

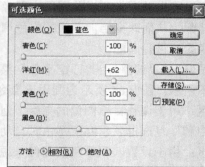

图 9-65 利用"可选颜色"命令调整图像颜色

五、利用"通道混合器"命令调整照片颜色

利用"通道混合器"命令可以使用当前颜色通道的混合来修改颜色通道，从而达到改变图像颜色的目的。

步骤 1 打开一幅图像，选择"图像">"调整">"通道混合器"菜单，打开"通道混合器"对话框（如图 9-66 中图所示），其中各选项的意义如下所示。

✖ **输出通道**：在其下拉列表中可以选择要调整的颜色通道。

✖ **源通道**：左右拖动滑块或在编辑框中输入数值，可以调整源通道在输出通道中所占的百分比。

✖ **总计**：用于显示 3 个源通道调整后的总和，值为 100% 时为最佳调整结果。若总和超过 100%，系统将显示警告图标⚠，提示该结果将不能被打印。

✖ **常数**：拖动滑块或在编辑框中输入数值可调整通道的不透明度。其中，负值使通道颜色偏向黑色，正值使通道颜色偏向白色。

✖ **"单色"复选框**：若选中该复选框，表示对所有输出通道应用相同的设置，此时将会把图像转换为灰色图像。

步骤 2 在"输出通道"下拉列表中选择通道的颜色，如选择"红"，然后拖动"红色"、"绿色"和"蓝色"滑块，单击 确定 按钮，即可改变图像的颜色，如图 9-66 右图所示。

图 9-66 利用"通道混合器"命令调整图像颜色

222

六、利用"变化"命令为黑白照片快速上色

利用"变化"命令可以让用户直观地调整图像或选择范围内图像的色彩平衡、对比度、亮度和饱和度等。下面通过一个小实例来介绍该命令的用法。

步骤 1 打开素材图片"22.jpg",该图片是一张灰度图,下面我们要为其上色。要为其进行上色,首先选择"图像">"模式">"RGB模式"菜单,将其转换为"RGB模式",然后制作如图 9-67 右图所示选区。

图 9-67 打开图片与制作选区

步骤 2 选择"图像">"调整">"变化"菜单,打开"变化"对话框,如图 9-68 所示,其部分选项的意义如下所示。

✖ 对话框左上角的两个缩览图用于对比调整前、后的图像效果,"原稿"表示原始图像效果;"当前挑选"表示调整后的图像效果。如果对调整效果不满意,可以单击"原稿"缩览图恢复。

✖ **暗调:** 单击该单选钮表示将调整图像的暗调区域。

✖ **中间色调:** 单击该单选钮表示将调整图像中间调区域。

✖ **高光:** 单击该单选钮表示将调整图像高光区域。

✖ **饱和度:** 单击该单选钮表示将调整图像的饱和度。

✖ **显示修剪:** 勾选该复选框可以显示图像的溢色区域,从而可避免调整后出现溢色的现象。

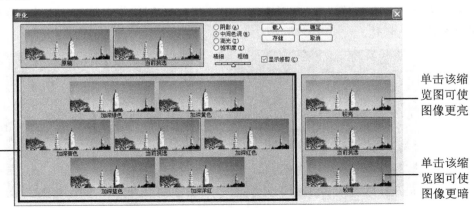

图 9-68 "变化"对话框

步骤 3 在"变化"对话框中分别单击两次"加深青色"缩览图、两次"加深蓝色"缩览图、1 次"较暗",然后单击 [确定] 按钮关闭对话框。按【Ctrl+D】组合键取消选区,得到如图 9-69 右图所示效果。

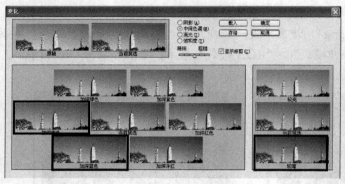

图 9-69 为天空图像上色

步骤 4 将如图 9-70 左图所示区域制作成选区,并羽化 20 像素,然后打开"变化"对话框,在其中分别单击 6 次"加深黄色"和 6 次"加深红色"调整完成后,单击 [确定] 按钮关闭对话框并取消选区,得到如图 9-70 右图所示效果。

图 9-70 为树图像上色

步骤 5 将如图 9-71 左图所示区域制作成选区,并羽化 20 像素,然后在"变化"对话框中分别单击 2 次"加深黄色"、2 次"加深绿色"、1 次"加深青色"和 1 次"加深蓝色",调整完成后,单击 [确定] 按钮并取消选区,得到如图 9-71 右图所示效果。这样就完成了黑白照片上色操作。

图 9-71 为水图像上色

七、利用"照片滤镜"命令快速改变照片的颜色

利用"照片滤镜"命令可以模仿在相机镜头前面加一个彩色滤镜，从而使用户可以通过选择不同颜色的滤镜调整图像的颜色。打开一幅图像，选择"图像">"调整">"照片滤镜"菜单，打开"照片滤镜"对话框，如图 9-72 所示为利用该命令调整图像前后的对比效果。

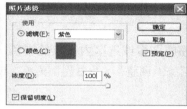

图 9-72　利用"照片滤镜"调整图像颜色

�֎ **"滤镜"单选钮**：选中该单选钮，可以从右侧的下拉列表中选择系统预设的滤镜颜色调整图像。

✖ **"颜色"单选钮**：选中该单选钮，单击右侧的色块，可以从打开的"拾色器"对话框中自定义滤镜颜色。

✖ **浓度**：用于控制图像中的颜色数量。

八、利用"曝光度"命令调整照片的曝光度

利用"曝光度"命令可以调整 HDR（一种接近现实世界视觉效果的高动态范围图像）图像的色调，但它也可用于 8 位和 16 位图像。"曝光度"是通过在线性颜色空间（灰度系数 1.0）而不是图像的当前颜色空间执行计算而得出的。

打开一幅图像，选择"图像">"调整">"曝光度"菜单，打开"曝光度"对话框，其中各选项的意义如下所示。如图 9-73 所示为利用该命令调整图像前后效果对比。

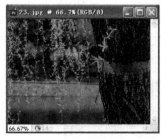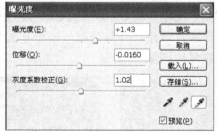

图 9-73　利用"曝光度"命令调整图像

✖ **曝光度**：用于调整色调范围的高光端，对极限阴影的影响很轻微。

✖ **偏移**：左右拖动滑块或在编辑框中输入数值可使阴影和中间调变暗或变亮，而对高光的影响很轻微。

✄ **灰度系数校正**：使用简单的乘方函数调整图像灰度系数。

✄ **"吸管工具"**：分别单击"在图像中取样以设置黑场"按钮 ✐、"在图像中取样以设置灰场"按钮 ✐ 和"在图像中取样以设置白场"按钮 ✐，然后在图像中最暗、最亮或中间亮度的位置单击鼠标，可使图像整体变暗或变亮。

九、照片的去色与反相

1. 去色

利用"去色"命令可以去除整幅图像或选区内图像的彩色，从而将其转换为灰色图像。其用法很简单，只需选择"图像" > "调整" > "去色"菜单，或者按【Shift+Ctrl+U】组合键即可，如图 9-74 所示。

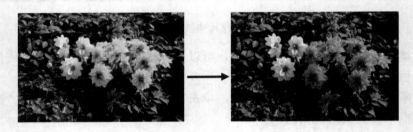

图 9-74 利用"去色"命令去掉图像色彩

提示

"去色"命令和将图像转换成"灰度"模式都能制作黑白图像，但"去色"命令不更改图像的颜色模式。

2. 反相

利用"反相"命令可将图像的色彩进行反相，以原图像的补色显示。要使用该命令，只需选择"图像" > "调整" > "反相"菜单，或按【Ctrl+I】组合键即可，如图 9-75 所示。

"反相"命令常用于制作胶片效果，并且是唯一一个不丢失颜色信息的命令，也就是说，用户再次执行该命令可恢复原图像。

图 9-75 利用"反相"命令调整图像

十、利用"色调均化"命令加亮照片

利用"色调均化"可以均匀地调整整幅图像的亮度色调。在使用此命令时，系统会将图像中最亮的像素转换为白色，将最暗的像素转换为黑色，其余的像素也相应地进行调整。

打开一幅图片，选择"图像">"调整">"色调均化"菜单，此时系统会自动分析图像的像素分布范围，并均匀地调整图像的亮度，如图 9-76 所示。

图 9-76　利用"色调均化"命令调整图像

十一、利用"阈值"命令制作黑白版画

利用"阈值"命令可以将一幅灰度或彩色图像转换为高对比度的黑白图像。此命令允许用户将某个色阶指定为阈值，所有比该阈值亮的像素会被转换为白色，所有比该阈值暗的像素会被转换为黑色。

打开一幅图片，选择"图像">"调整">"阈值"命令，打开"阈值"对话框（如图 9-77 中图所示），在其中设置"阈值色阶"值，单击 确定 按钮，即可制作出黑白版画效果，如图 9-77 右图所示。

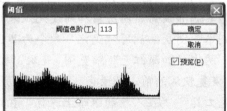

图 9-77　利用"阈值"命令制作黑白版画

十二、利用"色调分离"命令制作彩色版画

利用"色调分离"命令可调整图像中的色调亮度，减少并分离图像的色调。打开一幅图片，选择"图像">"调整">"色调分离"菜单，打开"色调分离"对话框（如图 9-78 中图所示），在其中设置"色阶"值，单击 确定 按钮，即可制作出如图 9-78 右图所示的彩色版画效果。

图 9-78 利用"色调分离"命令制作彩色版画

✖ "色阶"：用于决定图像变化的剧烈程度，该值越小，图像变化越剧烈；该值越大，图像变化越轻微。

成果检验

利用本项目中所学的知识自己动手制作下面的几个小实例。

制作要求：

（1）利用 Photoshop 的图像色调与色彩调整命令为如图 9-79 左图所示的黑白照片上色，其效果如图 9-79 右图所示。

步骤 1 首先将图像的颜色模式设置为"RGB 模式"，然后复制"背景图层"。

步骤 2 全选图像，然后利用"收缩选区"命令将选区收缩 30，再将选区反选，制作一个管状的矩形选区。

步骤 3 按【Ctrl+J】组合键，将选区内的图像复制到新图层，然后利用"色相/饱和度"命令为图像着色，再为其添加投影、内阴影和内发光效果，制作出相框。

步骤 4 选中"背景副本"图层，利用"变化"命令为其上色（在对话框中分别单击两次"加深黄色"缩览图、两次"加深红色"缩览图、1 次"较暗"、1 次"较亮"）。

步骤 5 按【D】键，恢复默认的前、背景色（黑、白色）。为"背景副本"图层添加空白蒙版，然后利用"画笔工具" ✐在人物的眼睛上涂抹，在该处显示出"背景"图层中的眼睛图像。

步骤 6 依次将人物的嘴唇、抱枕制作成选区，分别利用"色相/饱和度"命令为它们着色。

步骤 7 将前景色设置为红色（＃f63e87），并新建图层，然后利用"画笔工具" ✐（在其工具属性栏中选择一种柔角笔刷，设置"模式"为"柔光"，"不透明度"尽量设置得低一些）在人物脸颊的两侧添加腮红。

（2）打开素材图片"25.jpg"（素材与实例\项目九），利用所学知识创建"渐变映射"调整图层，其效果如图 9-80 下图所示（参数设置可参考"25.psd"文件）。

图 9-79　上色前后效果对比　　　　　　　　图 9-80　利用"渐变映射"调整图像

（3）打开素材图片"26.jpg"（素材与实例\项目九），利用所学知识调整图片的色彩，使其更加鲜艳而富有层次感，其效果如图 9-81 下图所示（可参考"26.psd"文件设置参数）。

（4）打开素材图片"27.jpg"（素材与实例\项目九），利用所学知识改变图片的季节，其效果如图 9-82 右图所示（可参考"27.psd"文件设置参数）。

图 9-81　调整图像色彩　　　　　　　　　图 9-82　改变图像的季节

为方便用户参考调整命令的参数设置，为此，在前面的多数练习的效果图中都使用了调整图层。在操作过程中，用户可以不添加调整图层。

项目十　制作茶叶包装盒
——神奇的滤镜

课时分配：2 学时

学习目标

| 掌握滤镜的特点、使用规则与技巧 |
| 掌握系统内置滤镜的特点 |
| 掌握系统几种典型滤镜的特点与用法 |

模块分配

模块一	制作包装盒平面效果图
模块二	制作包装盒立体效果图

作品成品预览

图片资料

素材位置：素材与实例\项目十\茶叶包装盒

本例中，通过制作茶叶包装盒的平面和立体效果图来学习 Photoshop 强大的滤镜功能。

模块一　制作包装盒平面效果图

学习目标

掌握滤镜的特点、使用规则和技巧
掌握影印、碎片与锐化滤镜的特点与用法

一、滤镜的特点、使用规则与使用技巧

滤镜是 Photoshop 中的一个很神奇的功能，利用它可制作出千变万化的图像效果。滤镜的使用方法很简单，但要运用得恰当合理，就需要用户了解并掌握它的使用规则和技巧。

1. 滤镜的特点

在 Photoshop 中，所有滤镜的使用都有如下几个共同点，用户需要熟练掌握它们，才能准确有效地使用滤镜。

✖ 滤镜的处理效果是以像素为单位的，因此，滤镜的处理效果与图像的分辨率有关。用相同的参数处理不同分辨率的图像，其效果也会不同。

✖ 在任一滤镜对话框中，按下【Alt】键，对话框中的"取消"按钮变成"复位"按钮，单击它可将滤镜参数设置恢复到刚打开对话框时的状态。

✖ 在位图和索引颜色的色彩模式下不能使用滤镜，在除 RGB 以外的其他色彩模式下，只能使用部分滤镜。例如，在 CMYK 和 Lab 颜色模式下，部分滤镜不能使用，如"画笔描边"、"纹理"和"艺术效果"等滤镜。

✖ 使用"编辑"菜单中的"还原"和"重做"命令可对比执行滤镜前后的效果。

2. 滤镜的使用规则与技巧

要想熟练地应用滤镜制作出所需的图像效果，用户需要掌握如下几个使用技巧：

✖ Photoshop 会针对选区进行滤镜效果处理。如果没有定义选区，则对整个图像作处理；如果当前选中的是某一图层或通道，则只对当前图层或通道起作用。

✖ 只对局部图像进行滤镜效果处理时，可以对选区设定羽化值，使处理的区域能自然地与源图像融合，减少突兀的感觉。

✖ 可以对单独的某一层图像使用滤镜，然后通过色彩混合合成图像。

✖ 可以对单一色彩通道或者是 Alpha 通道执行滤镜，然后合成图像，或将 Alpha 通道中的滤镜效果应用到主画面中（有关通道的内容详见项目十一）。

✖ 可以将多个滤镜组合使用，从而制作出漂亮的文字、图形或底纹。此外，用户还可将多个滤镜记录成一个"动作"（有关动作的内容详见项目十二）。

二、利用"影印"、"碎片"、"锐化"等滤镜制作包装盒平面效果图

在制作茶叶包装盒的平面效果图时，主要应用了"影印"、"碎片"、"锐化"和"动感模糊"滤镜。

✖ **"影印"滤镜：** 该滤镜用来模拟影印效果，处理后的图像高亮区显示前景色，阴暗区显示背景色。

✖ **"碎片"滤镜：** 该滤镜把图像的像素复制 4 次，将它们平均和移位，并降低不透明度，产生一种不聚焦的效果。该滤镜不设对话框。

✖ **"锐化"滤镜：** 主要功能是提高相邻像素点之间的对比度，使图像清晰。

✖ **"动感模糊"滤镜：** 该滤镜在某一方向对像素进行线性位移，产生沿某一方向运动的模糊效果。

1. 规划包装盒平面

步骤 1 按【Ctrl+N】组合键，打开"新建"对话框，参照如图 10-1 所示参数新建一个空白文档。

步骤 2 按【Ctrl+R】组合键，显示标尺，然后在图像窗口中拖出 4 条参考线，并参照如图 10-2 所示放置参数线，规划出包装盒平面布局。

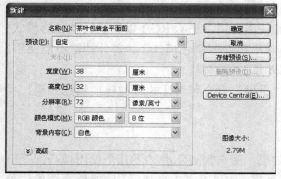

图 10-1　设置新文档参数　　　　　　　　　　图 10-2　设置参数线

步骤 3 将前景色设置为绿色（#007c36），背景色设置为淡绿色（#e9f59f）。利用"矩形选框工具"在如图 10-3 左图中所标示的区域绘制选区并填充前景色。

步骤 4 在"图层"调板中新建"图层 1"，继续用"矩形选框工具"绘制选区，并用淡绿色（#e9f59f）填充，其效果如图 10-3 右图所示。

步骤 5 保持选区不变，选择"编辑">"描边"菜单，打开"描边"对话框，参数设置及效果分别如图 10-4 所示。操作完成后，按【Ctrl+D】组合键取消选区。

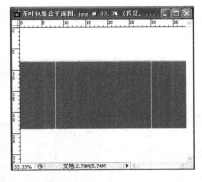
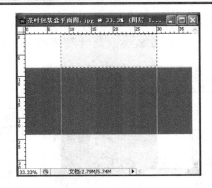

图 10-3　绘制矩形

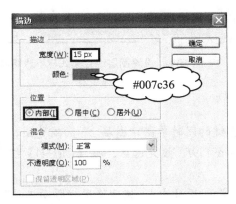
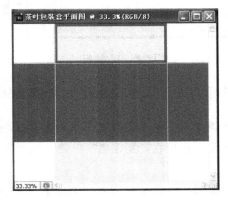

#007c36

图 10-4　描边选区

2. 利用"影印"滤镜修饰图像

步骤 1　打开素材图片"01.jpg"（素材与实例\项目十），使用"移动工具" 将其拖至"茶叶包装平面图"窗口中，如图 10-5 所示。此时系统自动生成"图层 2"，

步骤 2　按【D】键，将前、前景色恢复为黑、白色。选择"滤镜">"素描">"影印"菜单，打开"影印"对话框，在其中设置"细节"为 8，"暗度"为 9，如图 10-6 所示。设置完成后，单击 确定 按钮，得到如图 10-7 所示效果。

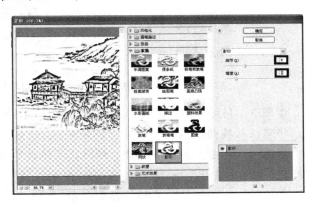

图 10-5　放置图像　　　　　　　　　　　图 10-6　"影印"对话框

233

步骤 3 在"图层"调板中将"图层 2"的"混合模式"设置为"正片叠底","填充不透明度"设置为 80%，此时图像效果如图 10-8 所示。

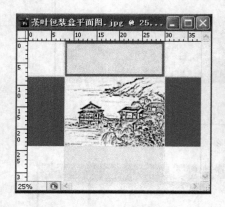
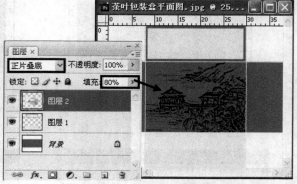

图 10-7 应用"影印"滤镜 　　　　　　　　　　图 10-8 设置图层混合模式与不透明度

3. 利用"碎片"与"锐化"滤镜编辑蒙版

步骤 1 新建"图层 3"，然后按住【Ctrl】键的同时单击"图层 2"的缩览图，创建该层的选区，然后在"图层 3"中使用淡绿色（# e9f59f）填充选区。按【Ctrl+D】组合键，取消选区。

步骤 2 打开素材图片"02.jpg"（素材与实例\项目十），然后使用"移动工具"将其拖至"茶叶包装盒平面图"窗口中并调整其位置。在"图层"调板中设置该层的混合模式为"正片叠底"，不透明度为 50%，其效果如图 10-9 右图所示。

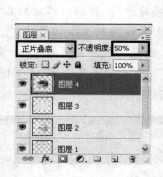
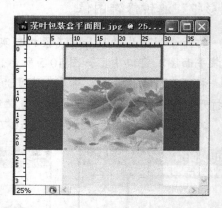

图 10-9 设置图层混合模式与不透明度

步骤 3 利用"钢笔工具"绘制如图 10-10 所示的路径，然后按【Ctrl+Enter】组合键，将路径转换为选区。

步骤 4 单击工具箱中的"以标准模式编辑"按钮，进入蒙版编辑状态，然后选择"滤镜">"像素化">"碎片"菜单，对蒙版执行一次"碎片"滤镜。按【Ctrl+F】组合键，再执行一次"碎片"滤镜，得到如图 10-11 所示效果。

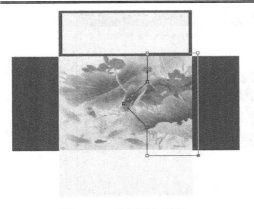

图 10-10　绘制工作路径

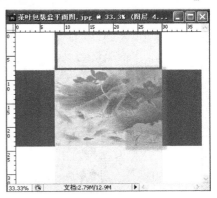

图 10-11　对蒙版应用"碎片"滤镜

小技巧

执行了一个滤镜命令后，按【Ctrl+F】组合键，可快速重复上次执行的滤镜命令。

步骤 5　选择"滤镜" > "锐化" > "锐化"菜单，对蒙版执行一次"锐化"滤镜。按两次【Ctr+F】组合键，再对蒙版执行两次"锐化"滤镜。单击工具箱中的"以快速蒙版模式编辑"按钮◙，将蒙版转换为选区。

步骤 6　选中"图层 3"，然后按【Delete】键，删除选区内图像，得到如图 10-12 右图所示效果。

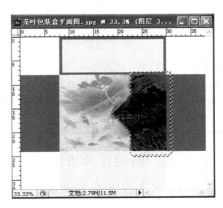

图 10-12　删除选区内图像

步骤 7　按【Shift+Ctrl+I】组合键，将选区反选。选中"图层 4"，然后单击"图层"调板底部的"添加图层蒙版"按钮◙为该层添加一个蒙版，得到如图 10-13 右图所示效果。

步骤 8　新建"图层 5"，然后利用"矩形选框工具"▱在如图 10-14 所示位置绘制一个矩形选区。单击工具箱中的"以标准模式编辑"按钮◙，进入蒙版编辑状态，再对蒙版应用一次"碎片"滤镜和两次"锐化"滤镜。

步骤 9　单击工具箱中的"以快速蒙版模式编辑"按钮◙，将蒙版转换为选区，并用红色（##de0c0c）填充选区，然后按【Ctrl+D】组合键取消选区，得到如图 10-15 所示的矩形。

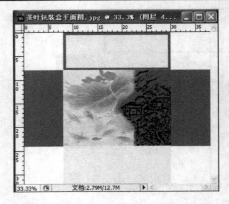

图 10-13　添加图层蒙版

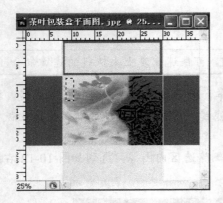

图 10-14　绘制选区

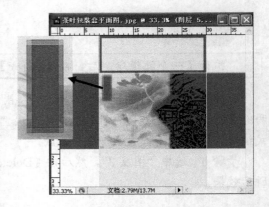

图 10-15　填充选区

在 Photoshop 中，通过对快速蒙版应用滤镜的方法，可以获得特殊形状的选区，从而辅助制作出一些特殊的图像效果。

4. 利用"动感模糊"滤镜修饰图像

步骤 1　选择"直排文字工具" IT，单击工具属性栏中的"显示/隐藏字符和段落调板"按钮▤，打开"字符/段落"调板，然后在"字符"调板中设置字体、字号和字距，如图 10-16 所示。

步骤 2　文字属性设置好后，然后在红色矩形中输入"碧螺春"字样，按【Ctrl+Enter】组合键确认输入，然后为文字添加描边效果，参数设置及效果分别如图 10-17 所示。

步骤 3　分别用"横排文字工具" T 和"直排文字工具" IT 在图像中的相应位置输入文字，并设置合适的文字属性，其效果如图 10-18 所示。

步骤 4　打开素材图片"03.psd"和"04.psd"，使用"移动工具" ▸₊ 分别将它们拖至"茶叶包装盒平面图"窗口中，参照如图 10-19 所示放置图片。此时系统自动生成"图层 6"和"图层 7"。

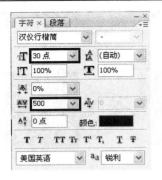

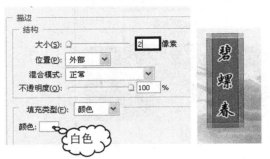

图 10-16　设置文字属性　　　　　　　　图 10-17　为文字添加描边效果

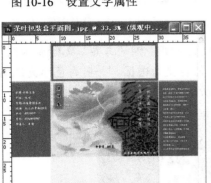

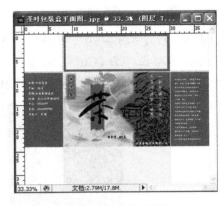

图 10-18　输入其他文字　　　　　　　　图 10-19　拖放图片

步骤 5　选中"图层 6"，然后为该图层添加描边效果，参数设置及效果分别如图 10-20 所示。

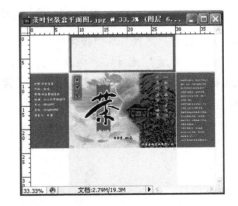

图 10-20　为图层添加描边效果

步骤 6　在"图层"调板中同时选中"图层 6"和"图层 7"，然后将它们拖至调板底部的"创建新图层"按钮⅂上，复制出副本图层。按【Ctrl+T】组合键，显示自由变换框，然后将复制的图像成比例缩小，并参照如图 10-21 所示效果放置图像。

步骤 7　打开素材图片"05.psd"和"06.jpg"（素材与实例\项目十），使用"移动工具"⊕将其拖至"茶叶包装盒平面图"窗口中，并放置于如图 10-22 所示位置。

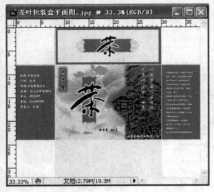

图 10-21　复制图像　　　　　　　　　　　　　图 10-22　移动图像

步骤 8　新建 "图层 10"，并将前景色设置为白色。利用 "钢笔工具" 绘制如图 10-23 左图所示工作路径。按【Ctrl+Enter】组合键，将路径转换为选区，并用白色填充选区，按【Ctrl+D】组合键取消选区，得到如图 10-23 右图所示效果。

图 10-23　绘制工作路径与填充选区

步骤 9　选择 "滤镜" > "模糊" > "动感模糊" 菜单，打开 "动感模糊" 对话框，在对话框中设置 "角度" 为 45，"距离" 为 35，如图 10-24 左图所示。

步骤 10　参数设置好后，单击 确定 按钮，得到如图 10-24 右图所示雾气效果。至此，茶叶包装盒的平面图就制作好了。

控制动感模糊的方向

设置像素移动的距离

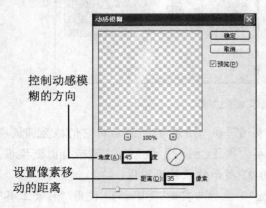

图 10-24　对图像应用 "动感模糊" 滤镜

延伸阅读

下面我们来介绍 Photoshop 各种内置滤镜的特点和用法，以及外挂滤镜介绍。

一、Photoshop 内置滤镜概览

1. 像素化滤镜

"像素化"滤镜主要用来将图像分块或将图像平面化，这类滤镜常常会使原图像面目全非。这类滤镜共有 7 个，其功能和作用介绍如下。

✖ **"彩块化"滤镜**：该滤镜可以制作类似宝石刻画的色块。执行时 Photoshop 会在保持原有轮廓的前提下，找出主要色块的轮廓，然后将近似颜色合并为色块。

✖ **"彩色半调"滤镜**：该滤镜可模仿产生铜版画效果，即在图像的每一个通道扩大网点在屏幕上的显示效果。在该滤镜对话框中可设定"最大半径"与"网角"（决定图像每一原色通道的网点角度）。图 10-25 所示为对图像应用"彩色半调"滤镜效果。

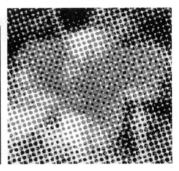

图 10-25 对图像应用"彩色半调"滤镜

✖ **"晶格化"滤镜**：该滤镜使相近有色像素集中到一个像素的多角形网格中，以使图像清晰化。该滤镜对话框中只有一个可决定分块大小的"单元格大小"选项。

✖ **"点状化"滤镜**：该滤镜的作用与"晶格化"滤镜大致相同，不同之处在于"点状化"滤镜还在晶块间产生空隙，空隙内用背景色填充，它也通过"单元格大小"选项来控制晶块的大小。

✖ **"铜板雕刻"滤镜**：该滤镜在图像中随机产生各种不规则直线、曲线和虫孔斑点，模拟不光滑或年代已久的金属板效果。

✖ **"马赛克"滤镜**：该滤镜把具有相似色彩的像素合成更大的方块，并按原图规则排列，模拟马赛克的效果。如图 10-26 所示为利用"马赛克"滤镜制作的局部马赛克效果。

图 10-26　利用"马赛克"滤镜制作局部马赛克效果

2. 扭曲滤镜

　　"扭曲"滤镜的主要功能是按照各种方式在几何意义上扭曲一幅图像，如非正常拉伸、扭曲等，产生模拟水波、镜面反射和火光等自然效果。这类滤镜共有 13 种。

　　❋　**"切变"滤镜**：该滤镜允许用户按照自己设定的弯曲路径来扭曲一幅图像。在其设置对话框中，单击曲线并拖动可改变曲线形状，利用"未定义区域"选项组可以选择一种对扭曲后所产生的图像空白区域的填补方式。如图 10-27 所示为利用"切变"滤镜制作的电影胶片效果。

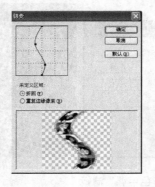

图 10-27　利用"切变"滤镜制作的电影胶片效果

　　❋　**"扩散亮光"滤镜**：该滤镜可使图像产生一种光芒漫射的亮光效果。在该滤镜对话框中有 3 个选项。"粒度"用于控制扩散亮光中的颗粒密度；"发光量"用于控制扩散亮光强度；"清除数量"用于限制图像中受滤镜影响的范围，值越大，受影响的区域越小。如图 10-28 所示为利用该滤镜制作的雾气效果。

图 10-28　对图像应用"扩散亮光"滤镜

✖ **"挤压"滤镜**："挤压"滤镜可以将整个图像或选区内的图像向内或向外挤压，产生一种挤压的效果。该滤镜只有一个"数量"选项，变化范围为-100～100，正值时向内凹进，负值时往外凸出。

✖ **"旋转扭曲"滤镜**：该滤镜可产生旋转的风轮效果，旋转中心为图像中心。该滤镜对话框中只有一个"角度"选项，变化范围为-999～999，负值表示逆时针扭曲，正值表示顺时针扭曲。如图10-29所示为利用"旋转扭曲"滤镜制作特殊效果。

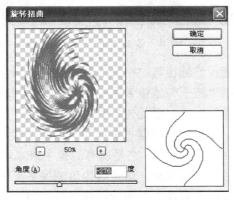

图10-29　利用"旋转扭曲"滤镜制作图形

✖ **"极坐标"滤镜**：该滤镜可以将图像坐标从直角坐标系转化成极坐标系，或者将极坐标系转化为直角坐标系。

✖ **"水波"滤镜**：该滤镜按各种设定产生锯齿状扭曲，并将它们按同心环状由中心向外排列，产生的效果就像荡起阵阵涟漪的湖面图像一样。在该滤镜对话框中可以设定产生波纹的"数量"，即波纹的大小，范围为-100～100，负值时产生下凹波纹，正值产生上凸波纹。"起伏"选项用于设定波纹数目，范围为1～20，值越大产生的波纹越多。

✖ **"波浪"滤镜**：该滤镜可根据用户设定的不同波长产生不同的波动效果。执行该滤镜将打开"波浪"滤镜对话框，从中可设置生成器数、波长、波幅、比例和类型等选项。

✖ **"波纹"滤镜**：该滤镜可产生水纹涟漪的效果。在该滤镜对话框中，"数量"选项可控制水纹的大小；在"大小"列表框中可选择3种产生波纹的方式，即"小"、"中"、"大"。

✖ **"海洋波纹"滤镜**：该滤镜模拟海洋表面的波纹效果，波纹细小，边缘有较多抖动。在其对话框中可以设定"波纹大小"和"波纹幅度"。

✖ **"玻璃"滤镜**：该滤镜用来制造一系列细小纹理，产生一种透过玻璃观察图片的效果。该滤镜对话框中的"扭曲度"和"平滑度"选项用来平衡扭曲和图像质量间的矛盾，还可设置纹理类型和比例。

✖ **"镜头校正"滤镜**：该滤镜可修复常见的镜头变形失真的缺陷，如桶状变形和枕形失真、晕影以及色彩失常等。在其对话框中可以设置"移动扭曲"、"色差"

和"晕影"及"变换"等参数。图 10-30 所示为利用该滤镜去除照片中的扭曲变形。

图 10-30　利用"镜头校正"滤镜纠正照片中的变形

✿　**"球面化"滤镜**：该滤镜与"挤压"滤镜的效果极为相似，其对话框中的设置也差不多，只是比"挤压"滤镜多了一个"模式"列表框，其中可以选择 3 种挤压方式，即"正常"、"水平优先"和"垂直优先"。

✿　**"置换"滤镜**：该滤镜会根据"置换图"中的像素不同色调值来对图像变形，从而产生不定方向的移位效果，它是所有滤镜中最难理解的一个滤镜。该滤镜变形、扭曲的效果无法准确地预测，这是因为该滤镜需要两个图像文件才能完成。这两个文件一个是进行"置换"变形的图像文件，另一个则是决定如何进行"置换"变形的文件（这个充当模板的图像被称为"置换图"，它只能是.psd 格式文件）。执行"置换"滤镜时，它会按照该"置换图"的像素颜色值对源图像文件进行变形。

3. 模糊滤镜

"模糊"滤镜是一组很常用的滤镜，其主要作用是削弱相邻像素间的对比度，达到柔化图像的效果。"模糊"滤镜包含 11 种滤镜，分别介绍如下。

✿　**"径向模糊"滤镜**：该滤镜能够产生旋转模糊或放射模糊效果，执行该命令时，系统将打开"径向模糊"对话框，利用该对话框可设置中心模糊、模糊方法（旋转或缩放）和品质等。图 10-31 所示为为执行"径向模糊"后的效果。

图 10-31　对图像应用"径向模糊"滤镜

✿　**"高斯模糊"滤镜**：该滤镜可有选择地模糊图像，并且可以设置模糊半径，半径数值越小，模糊效果就越弱。

- ✖ **"平均"滤镜**：该滤镜将使用整个图像或某选定区域内的图像的平均颜色值来对其进行填充，从而使图像变为单一的颜色。
- ✖ **"模糊"滤镜**：该滤镜可以用来光滑边缘过于清晰或对比度过于强烈的区域，产生模糊效果来柔化边缘。
- ✖ **"特殊模糊"滤镜**：该滤镜能够产生一种清晰边界的模糊方式。在该滤镜的设置对话框中可以设定"半径"、"阈值"、"品质"和"模式"。其中，在"模式"选项的列表框中可以选择"正常"、"边缘优先"和"叠加边缘"3种模式来模糊图像，从而产生3种不同的特效
- ✖ **"进一步模糊"滤镜**：该滤镜同"模糊"滤镜一样可以使图像产生模糊的效果，但所产生的模糊程度不同。相对而言，"进一步模糊"滤镜所产生的模糊是"模糊"滤镜的3～4倍。
- ✖ **"镜头模糊"滤镜**：该滤镜可模拟各种镜头景深产生的模糊效果。图10-32所示为利用该滤镜制作的景深效果。

图10-32 对图像应用"镜头模糊"滤镜

- ✖ **"形状模糊"滤镜**：该滤镜是用指定的图形作为模糊中心进行模糊。
- ✖ **"方框模糊"滤镜**：该滤镜是基于相邻像素的平均颜色值来模糊图像。
- ✖ **"表面模糊"滤镜**：该滤镜是在模糊图像时保留图像边缘，可用于创建特殊效果，以及消除杂色或颗粒。

4. 杂色滤镜

杂色滤镜共有5种："中间值"、"去斑"、"添加杂色"、"蒙尘与划痕"和"减少杂色"。其中"添加杂色"用于增加图像中的杂色，其他均用于去除图像中的杂色，如扫描输入图像常有的斑点和折痕。

- ✖ **"中间值"滤镜**：该滤镜用斑点和周围像素的中间颜色作为两者之间的像素颜色来消除干扰。该滤镜对话框只有一个"半径"选项，变化范围为1～100像素，值越大，融合效果越明显。
- ✖ **"去斑"滤镜**：该滤镜主要用于消除图像（如扫描输入的图像）中的斑点，其原理是，该滤镜会对图像或者是选区内的图像稍加模糊，来遮掩斑点或折痕。执行

“去斑”滤镜能够在不影响源图像整体轮廓的情况下，对细小、轻微的斑点进行柔化，从而达到去除杂色的效果。若要去除较粗的斑点，则不适宜使用该滤镜。

- **“添加杂色”滤镜：**该滤镜可随机地将杂色混合到图像中，并可使混合时产生的色彩有漫散效果。如图 10-33 所示为利用该滤镜前后的对比效果。

图 10-33　对图像应用“添加杂色”滤镜

- **“蒙尘与划痕”滤镜：**该滤镜会搜索图片中的缺陷并将其融入周围像素中，对于去除扫描图像中的杂点和折痕效果非常显著。在该滤镜对话框中，“半径”选项可定义以多大半径的缺陷来融合图像，变化范围为 1～100，值越大，模糊程度越强。“阈值”选项决定正常像素与杂点之间的差异，变化范围为 0～255，值越大，所能容许的杂纹就越多，去除杂点的效果就越弱。通常设定“阈值”为 0～128 像素，效果较为显著。
- **“减少杂色”滤镜：**该滤镜主要是用来去除照片中或 JPG 图像中的杂色。在该滤镜对话框中，可以设置“强度”、“保留细节”、“减少杂色”和“锐化细节”等参数来控制减少杂色的数量。

5. 渲染滤镜

“渲染”滤镜能够在图像中产生光照效果和不同的光源效果（如夜景）。该滤镜组包含 5 种滤镜，分别是“云彩”、“分层云彩”、“光照效果”、“纤维”和“镜头光晕”。

- **“云彩”和“分层云彩”滤镜：**这两个滤镜的主要作用是生成云彩，但两者产生云彩的方法不同。执行“云彩”滤镜会将原图全部覆盖，而“分层云彩”滤镜则是将图像进行“云彩”滤镜处理后，再反白图像。如图 10-34 所示为利用这两个滤镜后的图像效果。

图 10-34　利用“云彩”和“分层云彩”滤镜制作特殊效果

✿ **"光照效果"滤镜**：该滤镜是一个设置复杂、功能极强的滤镜，它的主要作用是产生光照效果。如图 10-35 所示为利用该滤镜制作的光照效果。

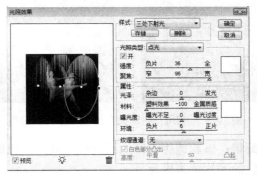

图 10-35　利用"灯光效果"滤镜为图像添加三处下射光

✿ **"镜头光晕"滤镜**：该滤镜可在图像中生成摄像机镜头眩光效果，用户还可手工调节眩光位置。在该滤镜设置对话框中可以设定"亮度"（变化范围为 10%～300%，值越高反向光越强）、"光晕中心"和"镜头类型"。其中，选择 105mm 的聚焦镜所产生的光芒较强。如图 10-36 所示为利用该滤镜制作制作的电影镜头光效果。

图 10-36　利用"镜头光晕"滤镜制作的电影镜头光效果

✿ **"纤维"滤镜**：该滤镜可在图像中产生光纤效果，光纤效果颜色由前景色和背景色决定。该滤镜的对话框中的"差异"用于确定生成纤维的粗细效果；"强度"用于确定生成纤维的疏密度，该值越大，纤维效果越精细；单击"随机化"按钮，可随机生成不同的纤维效果。

6. 纹理滤镜

"纹理"子菜单下共有 6 个滤镜，它们的主要功能是在图像中加入各种纹理。常用于制作图像的凹凸纹理和材质效果。

✿ **"拼缀图"滤镜**：该滤镜将图像分成一个个规则排列的方块，每个方块内的像素颜色平均值作为该方块的颜色，产生一种建筑上贴瓷砖的效果。如图 10-37 所示为利用该滤镜制作的拼缀图效果。

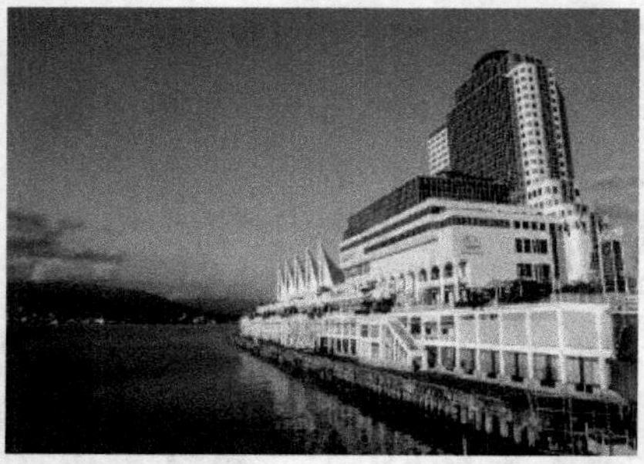
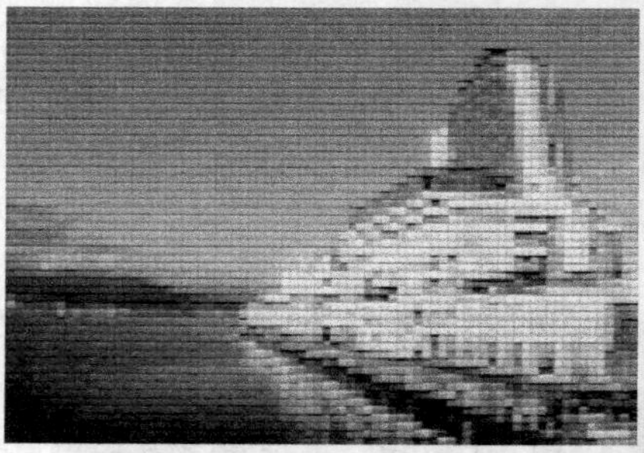

图 10-37　利用“拼缀图”滤镜制作的拼缀图

- **“染色玻璃”滤镜**：该滤镜用于产生不规则分离的彩色玻璃格子，格子内的颜色由该处像素颜色的平均值来确定。
- **“纹理化”滤镜**：该滤镜的主要功能是在图像中加入各种纹理，在该对话框可设定“纹理”、“缩放”、“凸现”和“光照”4 个选项。当在“纹理”列表框中选择“载入纹理”选项时，Photoshop 会打开一装载对话框，要求选择一个*.psd 文件作为产生纹理的模板。如图 10-38 所示为利用该滤镜制作的砖纹理效果。

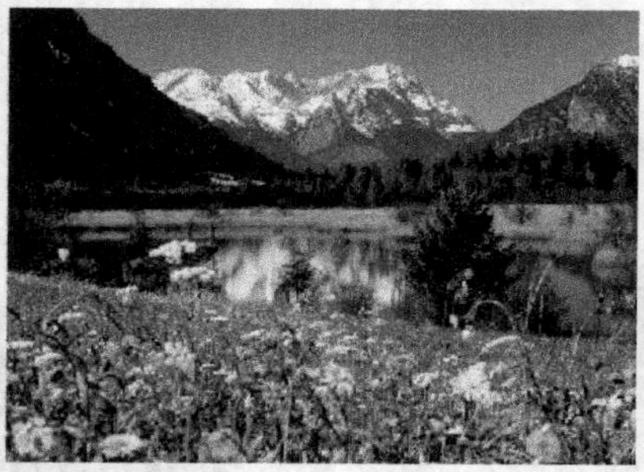
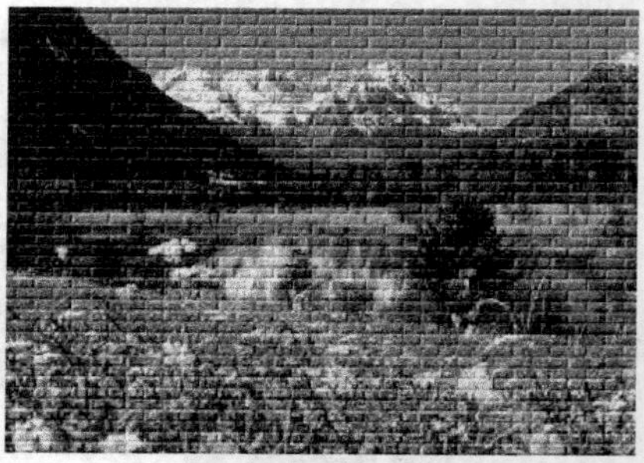

图 10-38　利用“纹理化”滤镜制作砖纹理效果

- **“颗粒”滤镜**：该滤镜在图像中随机加入不规则的颗粒，按规定的方式形成各种颗粒纹理。在其对话框中可设置“强度”、“对比度”和“颗粒类型”。
- **“马赛克拼贴”滤镜**：该滤镜可产生马赛克拼贴的效果。在其对话框可设定“拼贴大小”、“缝隙宽度”（即拼贴间隙的宽度，一般以相邻像素的暗色表示）和“加亮缝隙”（即调整拼贴缝隙间颜色的亮度）。如图 10-39 所示为利用该滤镜前后的对比效果。

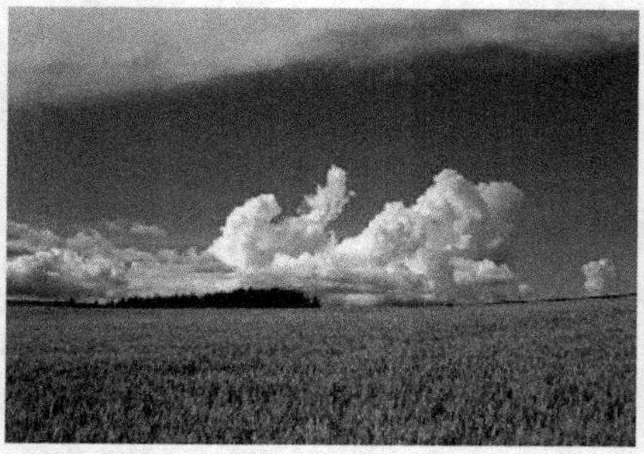
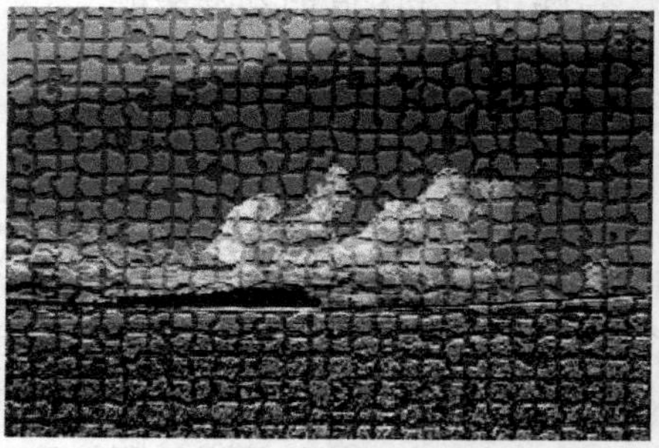

图 10-39　利用“马赛克拼贴”滤镜制作的图像效果

- **“龟裂缝”滤镜：**该滤镜以随机方式在图像中生成龟裂纹理，并能产生浮雕效果。

7. 锐化滤镜

“锐化”滤镜主要通过增强相邻像素间的对比度来减弱或消除图像的模糊，达到清晰图像的效果。

- **“USM 锐化”滤镜：**该滤镜在处理过程中使用模糊蒙版，以产生边缘轮廓锐化的效果。该滤镜是所有“锐化”滤镜中锐化效果最强的滤镜，它兼有“进一步锐化”、“锐化”和“锐化边缘”3 种滤镜的所有功能。
- **“智能锐化”滤镜：**它采用新的运算方法，可以更好地进行边缘探测，减少锐化后所产生的晕影，从而进一步改善图像边缘细节。
- **“进一步锐化”滤镜：**该滤镜与“锐化”滤镜作用相同，但“进一步锐化”滤镜比“锐化”滤镜的锐化效果更为强烈。
- **“锐化边缘”滤镜：**该滤镜仅仅锐化图像的轮廓，使不同颜色之间分界明显。也就是说，在颜色变化较大的色块边缘锐化，从而得到较清晰的效果，又不会影响图像的细节。

8. 风格化滤镜

“风格化”滤镜的主要作用是移动选区内图像的像素，提高像素的对比度，产生印象派及其他风格化作品效果，这类滤镜共有 9 种。

- **“凸出”滤镜：**该滤镜给图像加上叠瓦图像，即将图像分成一系列大小相同但有机重叠放置的立方体或锥体。如图 10-40 所示为利用该滤镜效果。
- **“扩散”滤镜：**该滤镜使像素按规定的方式有机移动，形成一种看似透过磨砂玻璃观察一样的分离模糊效果。

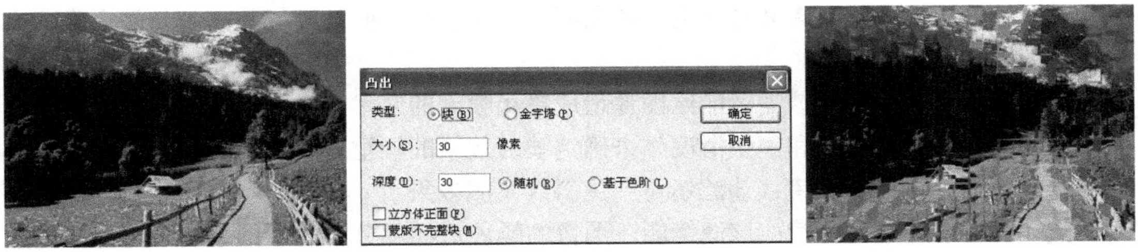

图 10-40　利用“凸出”滤镜制作凸出效果

- **“拼贴”滤镜：**该滤镜根据对话框中指定的值将图像分成多块磁砖状，产生拼贴效果。该滤镜与“凸出”滤镜相似，但生成砖块的方法不同。使用“拼贴”滤镜时，在各砖块之间会产生一定的空隙，用户可自定义空隙中的颜色。如图 10-41 所示为利用该滤镜制作的拼贴效果。
- **“曝光过度”滤镜：**该滤镜产生图像正片和负片混合的效果，类似摄影中增加光线强度产生的过度曝光效果。该滤镜不设对话框。

 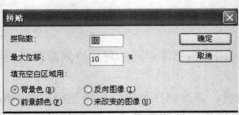 

10-41　利用"拼贴"滤镜制作拼贴效果

✖ **"查找边缘"滤镜**：该滤镜主要用来搜索颜色像素对比度变化剧烈的边界，将高反差区变亮，低反差区变暗，其他区域则介于二者之间，硬边变为线条，而柔边变粗，形成一个厚实的轮廓。

✖ **"浮雕效果"滤镜**：该滤镜主要用来产生浮雕效果，它通过勾画图像或所选取区域的轮廓和降低周围色值来生成浮雕效果。

✖ **"照亮边缘"滤镜**：该滤镜搜索主要颜色变化区域，加强其过渡像素，产生轮廓发光的效果。

✖ **"等高线"滤镜**：该滤镜与"查找边缘"滤镜类似，它沿亮区和暗区边界绘出一条较细的线。在其对话框中可以设定"色阶"和"边缘"产生方法（高于指定色阶或低于指定色阶）。

✖ **"风"滤镜**：该滤镜通过在图像中增加一些细小的水平线生成起风的效果。在其对话框中可以设定 3 种起风的方式，即"风"、"大风"和"飓风"，以及设定"方向"（从左向右吹还是从右向左吹）。

9. 画笔描边滤镜

"画笔描边"滤镜共有 8 种，它们的主要作用是利用不同的油墨和画笔勾画图像，产生涂抹的艺术效果。

✖ **"喷溅"滤镜**：该滤镜能给图像造成笔墨喷溅的艺术效果。在其对话框中可以控制"喷色半径"和"平滑度"来确定喷射效果的轻重。

✖ **"喷色描边"滤镜**：该滤镜可产生斜纹飞溅效果。

✖ **"墨水轮廓"滤镜**：该滤镜能在图像的颜色边界部分产生用油墨勾画出轮廓的效果。在其对话框中可设定"描边长度"、"深色强度"和"光照强度"。

✖ **"强化的边缘"滤镜**：该滤镜将强化图像的不同颜色的边界处理。在该滤镜对话框中可设定"边缘宽度"、"边缘亮度"和"平滑度"。如图 10-42 所示为利用该滤镜的前后对比效果。

✖ **"成角的线条"滤镜**：该滤镜可使图像产生倾斜笔锋的效果。在其对话框中可设定"方向平衡"、"描边长度"和"锐化程度"。

✖ **"深色线条"滤镜**：该滤镜可在图像中产生很强烈的黑色阴暗面。在其对话框中可设定"平衡"、"黑色强度"和"白色强度"。

图 10-42 利用“强化的边缘”滤镜效果

- **“烟灰墨”滤镜：**该滤镜可以产生类似用黑色墨水在纸上进行绘制的柔化模糊边缘效果。该滤镜对话框中的“对比度”用于控制图像烟灰墨效果的程度，值越大，产生的效果越明显。
- **“阴影线”滤镜：**该滤镜可以产生交叉网纹和笔锋。在其对话框中可设定“描边长度”、“锐化程度”和“强度”。

10. 素描滤镜

“素描”滤镜主要用来模拟素描或手绘外观。这类滤镜可以在图像中加入底纹而产生三维效果。“素描”滤镜中大多数的滤镜都要配合前景色和背景色来使用，因此，前景色与背景色的设定将对该类滤镜效果起决定作用。这类滤镜共有 14 种，分别介绍如下。

- **“便条纸”滤镜：**该滤镜可以产生类似浮雕的凹陷压印图案。该滤镜用前景色和背景色来着色。如图 10-43 示为利用该滤镜制作的压印图案效果。

图 10-43 利用“便条纸”滤镜制作的压印图案效果

- **“半调图案”滤镜：**该滤镜使用前景色和背景色在当前图片中产生网板图案。在其对话框中可设定“大小”、“对比度”和“图案类型”，图案类型有“圆形”、“网点”和“直线”3 种。

- **“图章”滤镜**：该滤镜可以使图像产生类似于生活中的印章效果。该滤镜对话框中的“明/暗平衡”用于设置前景色与背景色的混合比例；“平滑度”用于调节图章效果的锯齿程度，值越大，图像越光滑。
- **“基底凸现“滤镜**：该滤镜主要用来制造粗糙的浮雕效果，图像以前景色和背景色填充。
- **“塑料效果”滤镜**：该滤镜可以产生塑料绘画效果。
- **“撕边”滤镜**：该滤镜可在前景、背景和图像的交界处制作溅射分裂效果。
- **“水彩画纸”滤镜**：该滤镜是“素描”类滤镜中唯一能大致保持原图色彩的滤镜，该滤镜能产生画面浸湿、纸张扩散的效果。在其对话框中可设定“纤维长度”、“亮度”和“对比度”3 个选项。如图 10-44 所示为利用“水彩画纸”滤镜制作的水彩画效果。

图 10-44　利用“水彩画纸”滤镜制作的水彩画效果

- **“炭笔”滤镜**：该滤镜可以产生碳笔画的效果。在执行此滤镜时，同样需设定前景色与背景色。
- **“炭精笔”滤镜**：该滤镜用来在图像上模拟浓黑和纯白的炭精笔纹理。
- **“粉笔和炭笔”滤镜**：该滤镜模拟用粉笔和木炭作为绘画工具绘制图像，经它处理的图像显示前景色、背景色和灰色。
- **“绘图笔”滤镜**：该滤镜可产生一种素描画的效果，它使用的颜色也是前景色。
- **“网状”滤镜**：该滤镜可以制作网纹效果，使用时需要设定前景色和背景色。
- **“铬黄”滤镜**：该滤镜可以产生一种液态金属效果。该滤镜的执行无需设定前景色和背景色。如图 10-45 所示为利用该滤镜制作的效果。

图 10-45　对图像应用“铬黄”滤镜效果

11. 艺术化效果滤镜

这组滤镜的主要作用是对图像进行艺术效果处理。该组滤镜只能用于 RGB 和多通道模式的图像。

- **“塑料包装”滤镜：**经“塑料包装”滤镜处理后的图像周围好像蒙着一层塑料一样。在该对话框中可以设定 3 个选项，即“高光强度”、“细节”和“平滑度”。
- **“壁画”滤镜：**该滤镜能使图像产生壁画效果。在该滤镜对话框中可设定“画笔大小”、“画笔细节”和“纹理”。
- **“干画笔”滤镜：**该滤镜可使图像产生一种不饱和干枯的油画效果。如图 10-46 所示为对图像应用该滤镜效果。

图 10-46　对图像应用“干画笔”滤镜

- **“底纹效果”滤镜：**该滤镜可以根据纹理的类型和色值产生一种纹理喷绘的效果。与“粗糙蜡笔”滤镜对话框的设置相同，但其效果不同。
- **“彩色铅笔”滤镜：**该滤镜模拟美术中彩色铅笔绘图的效果。
- **“木刻”滤镜：**该滤镜用于模拟木刻效果。在该滤镜对话框中可以调整“色阶数”、“边缘简化度”和“边缘逼真度”等。
- **“水彩”滤镜：**该滤镜可以产生水彩画的绘制效果。
- **“海报边缘”滤镜：**该滤镜自动追踪图像中颜色变化剧烈的区域，并在边界上填入黑色的阴影。
- **“海绵”滤镜：**该滤镜可以给图像造成画面浸湿的效果。
- **“粗糙蜡笔”滤镜：**该滤镜可以在图像中填入一种纹理，从而产生纹理浮雕效果。
- **“绘画涂抹”滤镜：**该滤镜可以产生涂抹的模糊效果。
- **“涂抹棒”滤镜：**该滤镜可以模拟手指涂抹的效果。
- **“胶片颗粒”滤镜：**该滤镜在产生一种软片颗粒纹理效果的同时，增亮图像并加大其反差。
- **“调色刀”滤镜：**该滤镜可以使相近颜色融合，产生写意的笔法效果。在该滤镜对话框中可以设定“描边大小”、“描边细节”和“软化度”。
- **“霓虹灯光”滤镜：**该滤镜可以产生霓虹灯光照效果，营造出朦胧的气氛。在该滤镜对话框中可以设定“发光大小”、“发光亮度”和“发光颜色”。单击“发光颜色”的颜色框，将打开“拾色器”对话框，从中可设定灯光颜色。如图 10-47 所示为利用该命令制作的霓虹灯光效果。

图 10-47　对图像应用"霓虹灯光"滤镜

12. 其他滤镜

此外，系统还提供了"其他"滤镜组与"数字水印"滤镜组，其特点如下。

✖ **"其他"滤镜组**：这类滤镜有 5 个，主要作用是修饰某些细节部分，还可创建自己的特殊效果滤镜。

✖ **"Digimarc"数字水印滤镜组**：该类滤镜有 2 个，它们的主要作用是给 Photoshop 图像加入或阅读著作权信息。

二、使用外挂滤镜

在 Photoshop 中，除了自身所拥有的众多滤镜外，还允许用户安装第三方厂商所提供的外挂滤镜，利用这些外挂滤镜，用户可以制作出很多特殊效果。

外挂滤镜种类繁多，但安装方法基本相同。对安装程序而言，有两种操作方法：

✖ **没有安装程序的滤镜**：用户需要将相应的滤镜文件（扩展名为.8BF）复制到"Program Files/Adobe/Photoshop CS3/增效工具/滤镜"文件夹中即可。

✖ **包含安装程序的滤镜**：在安装时必须将其安装路径设置为"Program Files/Adobe/Photoshop CS3/增效工具/滤镜"。

安装了外挂滤镜后，启动 Photoshop CS3，这些滤镜将出现在"滤镜"菜单的最下面，用户可以像使用内置滤镜那样使用它们。如图 10-48 所示为 KPT7.0 版本中的"KPT Lightning"和"KPT Gradient Lab"滤镜。

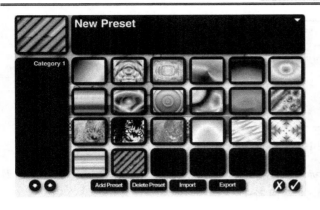

图 10-48　KPT7.0 版本中的滤镜

模块二　制作包装盒立体效果图

学习目标

熟练应用自由变换命令变形图像
熟练应用"自由变换"命令制作倒影效果

一、制作包装盒立体效果图

步骤 1　按【Ctrl+N】组合键，打开"新建"对话框，然后参照如图 10-49 左图所示参数新建一个空白文档。

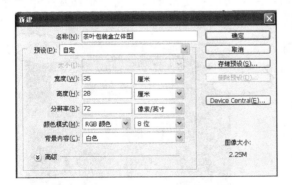

图 10-49　创建新文档

步骤 2　按【D】键，将前景色和背景色恢复为默认的黑、白色。选择"渐变工具" ，在工具属性栏中单击"线性渐变"按钮 ，然后单击"点按可编辑渐变"图标 ，在随后弹出的"渐变编辑器"对话框中设置渐变色，渐变色标颜色从左至右依次为：黑色、#898989、白色、#3e3a39、#b5b5b6，如图 10-50 所示。

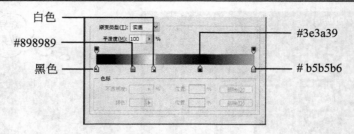

白色
#898989
黑色

#3e3a39
b5b5b6

图 10-50　编辑渐变色

步骤 3　渐变色编辑好后，将光标移至图像窗口中，然后按下鼠标左键并由上向下拖动鼠标，绘制渐变色，其效果如图 10-51 右图所示。

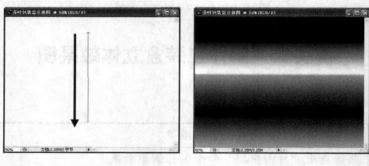

图 10-51　绘制渐变色

步骤 4　打开"茶叶包装盒平面图"文件，利用"合并拷贝"和"粘贴"命令，分别将如图 10-52 右图所示的三个面合并拷贝到"茶叶包装盒立体图"中，系统自动生成"图层 1"、"图层 2"和"图层 3"。

步骤 5　利用"自由变换"命令分别对三个面进行变形操作，将它们组成一个立方体，如图 10-53 所示。

图 10-52　合并拷贝图像

二、为包装盒制作倒影

步骤 1　选择"加深工具" ，在其工具属性栏中选择一个发散效果的笔刷并设置合适的大小，设置"曝光度"为 30%，然后利用该工具分别在"图层 1"和"图层 2"中涂抹降低图像的亮度，其效果如图 10-54 所示。

图 10-53 制作包装盒立体效果

图 10-54 利用"加深工具"修饰图像

步骤 2 选择"减淡工具"，在其工具属性栏中选择一个发散效果的笔刷并设置合适的大小，然后利用该工具在"图层 3"和"图层 2"的左上角涂抹，提高图像的亮度，得到如图 10-55 所示效果。

步骤 3 在"图层"调板中同时选中"图层 1"和"图层 2"，将它们拖至调板底部的"创建新图层"按钮上，复制出它们的副本图层。按【Ctrl+T】组合键，显示自由变换框，然后将图像执行垂直翻转操作，如图 10-56 所示。

图 10-55 利用"减淡工具"修饰图像

图 10-56 垂直翻转图像

步骤 4 执行完垂直翻转操作后，按【Enter】键确认翻转操作。在"图层"调板中将两个副本图层移至"图层 1"的下方。

步骤 5 使用"自由变换"命令分别对"图层 1 副本"和"图层 2 副本"图层执行变形操作，其效果如图 10-57 所示。

步骤 6 单击"图层"调板底部的"添加图层蒙版"按钮，分别为"图层 1 副本"和"图层 2 副本"图层添加一个空白蒙版，然后使用"渐变工具"在蒙版图像中从上向下拖

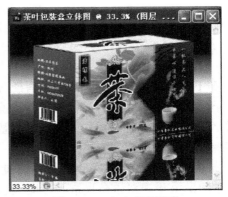

图 10-57 自由变形图像

动鼠标，绘制前景到背景渐变色，制作出渐隐效果，如图 10-58 右图所示。

图 10-58　利用"渐变工具"编辑蒙版

步骤 7　在"图层"调板中分别将"图层 1 副本"和"图层 2 副本"图层的"不透明度"设置为 40%，得到如图 10-59 右图所示效果。这样，本例就制作完成了。

图 10-59　调整图层不透明度

延伸阅读

下面，我们来学习智能滤镜，"液化"、"消失点"和"图案生成器"滤镜的特点和用法。

一、智能滤镜

在 Photoshop CS3 中，应用于智能对象的任何滤镜（除"液化"、"抽出"、"消失点"和"图案生成器"滤镜外）都是智能滤镜。智能滤镜对于图像本身属于非破坏性操作，也就是用户可以像编辑图层样式那样编辑智能滤镜，可以随时修改滤镜参数和删除滤镜效果，而原图像不受影响。

步骤 1　打开一幅图像，选择"滤镜" > "转换为智能滤镜"菜单，稍等片刻系统将弹出如图 10-58 中图所示的提示对话框，提示用户当前图层要转换为智能对象，单击 确定按钮，即可将"背景"图层转换为智能对象，如图 10-60 右图所示。

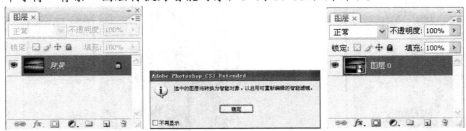

图 10-60 转换智能对象

步骤 2 对当前智能对象应用任意滤镜后，智能滤镜将显示在该智能对象的下方，如图 10-61 所示。

单击眼睛图标可以隐藏/显示所有智能滤镜效果

单击眼睛图标可以隐藏/显示单个滤镜效果

单击该按钮可以折叠/展开智能滤镜列表

双击滤镜名称或单击右侧的图标，可以打开相应的参数对话框进行参数修改

图 10-61 对智能对象应用滤镜后的"图层"调板

在"图层"调板中双击智能滤镜效果右侧的图标，可以打开如图 10-62 所示的"混合选项"对话框，在其中可以设置滤镜效果间的混合效果。

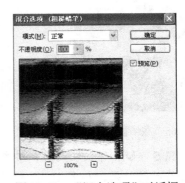

图 10-62 "混合选项"对话框

二、利用"液化"滤镜为人物图像"塑身"

利用"液化"滤镜可以制作弯曲、游涡、扩展、收缩、移位以及反射等效果，利用它可以快速改变人物的脸形和体形。下面，通过一个小实例来介绍"液化"滤镜的具体用法。

步骤 1 打开素材图片"07.jpg"（素材与实例\项目十），如图 10-63 所示。下面，利用"液化"滤镜使人物变得更苗条一些。

步骤 2 选择"滤镜">"液化"菜单，打开如图 10-64 所示的"液化"对话框，单击对话框左侧工具箱中的"冻结蒙版工具"，在对话框右侧的"工具选项"区域设置笔刷大小，利用该工具在预览图像窗口中绘制冻结区域（即不被修改的区域），如图 10-65 所示。

工具箱

工具属性
设置区

图 10-63　打开素材图片　　　　　　　　　图 10-64　"液化"对话框

步骤 3　在"液化"对话框左侧工具箱中选择"向前变形工具" ，在对话框右侧的"工具选项"区域设置笔刷大小，然后将光标移至预览图像窗口中，放置在人物腰部左侧，按下鼠标左键并向右拖动，此时，可看到人物的腰部变得纤细了，如图 10-66 左图所示。

步骤 4　继续使用"向前变形工具" 将人物腰部右侧向左拖动，使人物腰部变得纤细自然，如图 10-66 右图所示。

图 10-65　冻结被保护的区域　　　　　　　图 10-66　变形人物腰部

步骤 5　如果对效果满意，单击 [确定] 按钮，关闭对话框。按【Ctrl+Z】组合键，对比变形前后的效果，如图 10-67 所示。

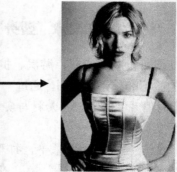

图 10-67　使用"液化"滤镜为人物塑身前后对比效果

"液化"对话框中工具及选项的意义分别如下所示：

✖ **"向前变形工具"** ：选中该工具后，可通过拖动光标拖动像素。

✖ **"重建工具"** ：用于将变形后的图像恢复为原始状态。

✖ **"顺时针旋转扭曲工具"** ：选中该工具后在图像区单击或拖动可使画笔下的图像按顺时针旋转。

✖ **"褶皱工具"** 与 **"膨胀工具"** ：利用这两个工具可收缩或扩展像素。

✖ **"左推工具"** ：选中该工具后，在图像编辑窗口单击并拖动，系统将在垂直于光标移动方向的方向上移动像素。

✖ **"镜像工具"** ：该工具用于镜像复制图像。选中该工具后，直接单击并拖动光标可镜像复制与描边方向垂直的区域，按住【Alt】键单击并拖动可镜像复制与描边方向相反的区域。通常情况下，在冻结了要反射的区域后，按住【Alt】键单击并拖动可产生更好的效果。

✖ **"湍流工具"** ：该工具用于平滑地混杂像素，它主要用于创建火焰、云彩、波浪等效果。

✖ **"冻结蒙版工具"** ：用于保护图像中的某些区域，以免被进一步编辑。默认情况下，被冻结区域以半透明红色覆盖。

✖ **"解冻蒙版工具"** ：用于解冻冻结区域。

✖ **"工具选项"** 设置区：在此区域可设置各工具的参数，如"画笔大小"、"画笔密度"、"画笔压力"等。

✖ **"重建选项"** 设置区：在该区域中可选择重置方式，点击"恢复全部"按钮可将前面的变形全部恢复。如果进行过冻结，冻结区域中的部分也被恢复，只留下覆盖颜色。

✖ **"蒙版选项"** 设置区：用于取消、反相被冻结区域（也称为被蒙版区域），或者冻结整幅图像。

✖ **"视图选项"** 设置区：在该区域中可对视图显示进行控制。

"液化"滤镜不能用于索引颜色、位图或多通道模式的图像。

三、利用"消失点"滤镜去除照片中的多余物

利用"消失点"滤镜可以在包含透视效果的平面图像中的指定区域执行诸如绘画、仿制、拷贝、粘贴，以及变换等编辑操作，并且所有编辑操作都将保持图像原来的透视效果，使结果更加逼真。下面通过去除照片中的多余物为例来介绍该滤镜的用法。

步骤 1　打开素材图片"08.jpg"（素材与实例\项目十），如图 10-68 所示。下面，我们要利用"消失点"滤镜将图像中的文字去除。

步骤 2　在"图层"调板中新建"图层 1"，用于将"消失点"处理的结果放在该层中，这样做的目的是为了保留原始图像数据。

图 10-68　打开素材图片与新建图层

步骤 3　选择 "滤镜" > "消失点" 菜单，打开 "消失点" 对话框，选中对话框左侧工具箱中的 "创建平面工具" ，然后将光标移至预览窗口中，沿着小石路的轮廓连续单击鼠标，创建 4 个角点，释放鼠标后，绘制一个平面网格，如图 10-69 右图所示。

小技巧

> 创建平面网格的角点时，可以按【BackSpace】键来删除角点。

图 10-69　绘制平面网格

提示

> 在创建平面网格时，用户可以使用图像中的矩形对象或平面区域作为参考线定义网格。另外，如果定义的网格为红色或黄色时，这表明网格的透视角度不正确，需要调整网格角点的位置，直至网格变为蓝色。

步骤 4　将光标放置在平面网格任一边的中间点上，单击并拖动调整网格的大小。选择工具箱中的 "选框工具" ，然后在平面网格内单击并拖动鼠标，绘制一个选区，如图 10-70 右图所示。从图中可知，绘制的选区形状与网格的透视效果相同。

图 10-70　调整网格与绘制选区

步骤 5　将光标置于选区内，按住【Alt】键的同时拖动选区图像至目标位置，释放按钮和鼠标，即可看到目标图像被选区图像遮盖，如图 10-71 左图所示。

步骤 6　使用与步骤 5 相同的操作方法，将图像中的文字完全遮盖，其效果如图 10-72 右图所示。如果对调整效果满意，单击 确定 按钮，关闭对话框，得到如图 10-72 右图所示效果。

图 10-71　利用选区图像遮盖目标图像

图 10-72　最终效果

“消失点”对话框中其他工具的特点分别如下所示：

- **“编辑平面工具”**：用于选择、编辑、移动平面并调整平面大小。
- **“图章工具”**：利用该工具可以将参考点周围的图像复制到其他位置。
- **“画笔工具”**：利用该工具可以用指定的颜色在平面内进制绘画。
- **“变换工具”**：在平面内创建选区后，利用该工具可在平面内对选区图像执行缩放、移动和旋转操作。
- **“测量工具”**：利用该工具可以测量两点间的距离。

四、利用“图案生成器”滤镜制作图案平铺图像

利用“图案生成器”滤镜可以将图像中的部分或整幅图像作为样本图案，并适当修改，即可生成一种全新的无缝平铺图案。下面，通过一个小实例来介绍该滤镜的用法。

步骤 1 打开一幅图像，选择“滤镜”>“图案生成器”菜单，打开“图案生成器”对话框，选择对话框左侧工具箱中的“矩形选框工具”，然后在预览窗口中绘制一个矩形选区，选取部分图像作为样本，如图 10-73 所示。

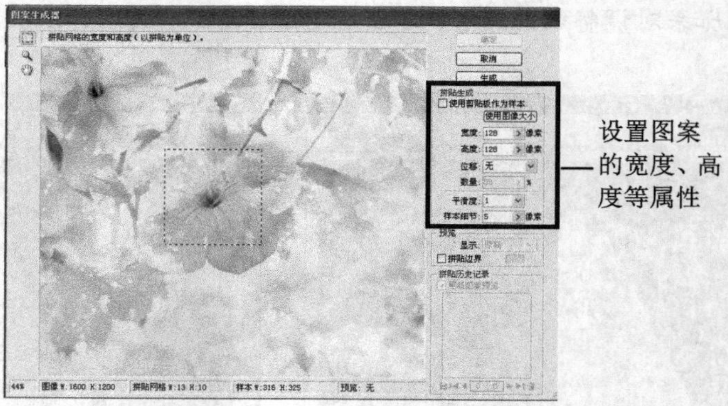

图 10-73 选取样本图案

步骤 2 单击“图案生成器”对话框中的 生成 按钮，在预览窗口中将显示拼贴图案效果，如图 10-74 所示。如果对生成的图案满意，可单击 确定 按钮关闭对话框即可。

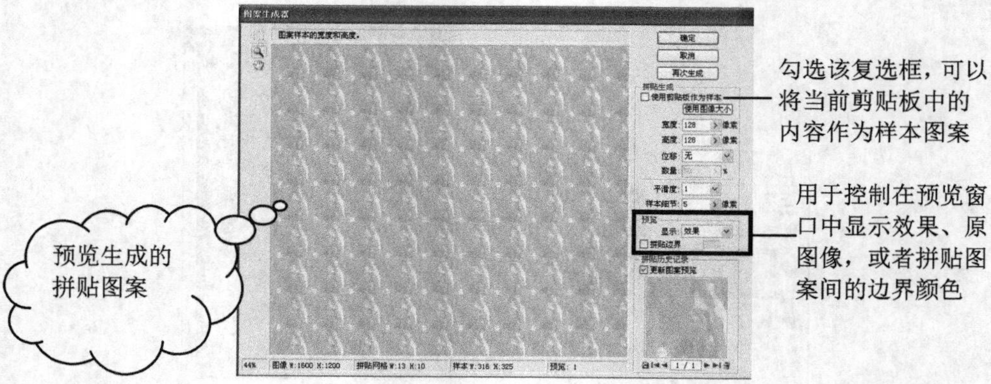

图 10-74 预览生成的图案效果

五、了解包装盒设计的基础知识

包装最主要的功能是保护商品，其次是美化商品和传达信息。值得注意的是，对于现代消费观点来讲，后两种功能已经越来越显示出重要性。产品包装既是产品的卖点，又是市场的亮点，新颖独特的包装往往最容易打动消费者的心，还能使消费者过目不忘。可以这么说，从有产品的那天起，就有了包装。包装已成为现代商品不可缺少的一部分，也成为各商家竞争的锐利武器。

（1）包装设计的程序

现代包装设计一般分为包装设计的准备工作和设计阶段。其中，准备工作又包括：①与客户一起研究包装产品的有关情况；②进行市场调查和预测；③对包装材料、工艺及包装的形象、色彩做出初步的研究与探讨；④拟定初步的构思蓝图，并测定设计效果。

（2）包装的分类

包装一般分为内包装、中包装和外包装。与产品本身直接接触的包装叫内包装；中包装是指内包装的外层包装，它既起保护商品的作用，也起便于计数、推销的作用；外包装是供商品运输和批发、管理的包装。

（3）包装的材料

包装材料是包装设计的基础，常用的包装材料有纸张类、金属类、塑料类和纺织类。

（4）包装造型的分类

包装容器造型常用的有瓶类、筒类、盒类和袋类。

（5）包装文字的设计原则

文字是传达商品信息必不可少的组成部分，在商品包装上可以没有图像，但不可以没有文字。文字应当体现商品的特征，强调易辨性、易懂性和生动性。

（6）包装设计中的色彩设计和运用

在包装设计中，色彩的设计和运用十分重要。首先，包装设计的整体色彩要具有区别于竞争对手产品的视觉特征；其次，还要能刺激和引导消费者对品牌的记忆，诱惑消费者购买的欲望，以及要适合不同消费者的民族习惯和宗教信仰。

另外，包装设计的色彩要符合该产品定位和风格特征。如图 10-75 所示的酒类包装盒，其设计者把"国色"——红、黄作为包装主色调，为人们提供了高贵、吉祥的想象空间和强烈的视觉冲击效果，因而给消费者以全新的感觉。

图 10-75　优秀包装设计欣赏

成果检验

利用本项目所学内容制作如图 10-76 所示的白云效果。

制作要求

（1）效果图位置：素材与实例\项目十\成果检验-白云。

（2）主要练习："云彩"、"分层云彩"、"高斯模糊"
和"凸出"滤镜的使用方法。

简要步骤

步骤 1　新建一个宽度和高度都为 500 像素，分辨率
为 72 像素英寸，背景为黑色的文档。

步骤 2　将前景色设置为蓝色（#76b6f4），背景色设
置为淡蓝色（#3e6Caa）。

图 10-76　白云效果

步骤 3　按【D】键，将前景色和背景色设为默认黑、白色，然后新建"图层 1"。选
择"滤镜" > "渲染" > "云彩"菜单，在新图层中执行"云彩"滤镜。

步骤 4　选择"滤镜" > "渲染" > "分层云彩"菜单，对新图层应用"分层云彩"滤
镜，然后连续按两次【Ctrl+F】组合键，重复执行"分层云彩"滤镜两次。

步骤 5　选择"图像" > "调整" > "色阶"菜单，打开"色阶"对话框，然后分别在
输入色阶编辑框中输入 30、1.0 和 100，用于提高图像的对比度。

步骤 6　复制出"图层 1 副本"，然后选择"滤镜" > "风格化" > "凸出"菜单，在打
开的"凸出"对话框中将"类型"设置为"块"，将"大小"设置为 2 像素，将"深度"设
置为 30，选中"基于色阶"单选钮，并勾选"立方体正面"复选框。

步骤 7　将新图层与其副本图层的混合模式都设置为"滤色"（Photoshop 低版本中为
"屏幕"）。

步骤 8　选中"图层 1 副本"，然后选择"滤镜" > "模糊" > "高斯模糊"菜单，在打
开的"高斯模糊"对话框中将"半径"设置为 1.6。

步骤 9　新建"图层 2"，选择"画笔工具" ，然后在其工具属性栏中选择一种发散
效果的笔刷，并设置不透明度为 30%，然后在白云图像下涂抹，制作出白云的阴影。

步骤 10　选择"选择" > "色彩范围"菜单，在打开的"色彩范围"对话框中将"颜
色容差"设置为 180，然后在图像中没有白云的地方单击，单击 确定 按钮制作出选区。

步骤 11　选中"图层 2"，按【Delete】键，删除选区内图像，并将"图层 2"的"不
透明度"设置为 50%。这样，一幅逼真的蓝天白云图像就制作好了。

项目十一　制作折页广告
——应用通道

课时分配：1 学时

学习目标

掌握通道原理、类型及用途	
掌握"通道"调板的构成	
掌握通道的基本编辑方法	

模块分配

模块一	制作广告底图
模块二	制作广告图像与文字

作品成品预览

图片资料

....

素材位置：素材与实例\项目十一\折页广告

本例中，通过制作折页广告来学习 Photoshop 的通道功能。

模块一　制作广告底图

学习目标

| 了解通道原理、类型和用途 |
| 熟练掌握"通道"调板的构成 |
| 熟练掌握各类通道的创建与编辑方法 |

一、认识通道

通俗点讲，通道就是用来保存颜色数据和存储图像选区的。特殊情况下，通道还可以辅助印刷。下面我们通过介绍通道的原理、类型和用途来帮助用户综合理解通道概念。

1. 通道的原理

在实际生活中，我们看到的很多设备（如电视机、计算机的显示器等）都是基于三色合成原理工作的。例如，电视机中有 3 个电子枪，分别用于产生红色（R）、绿色（G）与蓝色（B）光，其不同的混合比例可获得不同的色光。Photoshop 也基本上是依据此原理对图像进行处理的，这便是通道的由来。

2. 通道的类型

对于不同颜色模式的图像，其通道表示方法也是不一样的。例如，对于 RGB 模式的图像来说，其通道有 4 个，即 RGB 合成通道、R 通道、G 通道与 B 通道；对于 CMYK 模式的图像来说，其通道有 5 个，即 CMYK 合成通道、C 通道（青色）、M 通道（洋红）、Y 通道（黄色）与 K 通道（黑色），如图 11-1 所示。以上这些通道都可称为图像的基本通道。

图 11-1　RGB 和 CMYK 模式下的通道

除此之外，为了便于进行图像处理，Photoshop 还支持其他两类通道，这就是 Alpha 通道与专色通道。Alpha 通道一般用于保存选区，而专色通道用于辅助印刷（对应印刷上的专用色板）。

在"通道"调板中，位于最上面的是复合通道，是其下方各颜色通道的颜色叠加后的图像效果。单击任何一个通道，复合通道会自动隐藏，并在图像窗口中显示一个灰度图像。通过单独编辑任一通道，可以更好地掌握各个通道原色的亮度变化。

3. 通道用途

从日常使用通道的经验来说，通道主要有以下几个用途。

✖ **辅助修饰图像**：用户可借助"通道"调板观察图像的各通道显示效果，然后再对图像进行修饰。

✖ **辅助制作一些特殊效果**：例如，在图 11-2 所示的 RGB 图像中，我们将中图的图像复制到左图的"红"通道中，其效果如 11-2 右图所示。

✖ **利用 Alpha 通道可保存选区**：利用 Alpha 通道可保存选区的透明信息，以制作一些特殊效果。

图 11-2　通道的基本用途

在不同通道中放入不同的图像或分别对通道中的图像进行处理后，可借助"图像">"调整"菜单中的各种命令调整图像，从而获得更好的效果。

二、认识"通道"调板

要操作"通道"，必须通过系统提供的"通道"调板来完成，选择"窗口">"通道"菜单可打开（或关闭）"通道"调板。图 11-3 显示了一幅 RGB 彩色图像的"通道"调板。下面我们简单解释一下其中各元素的意义。

✵ **通道名称、通道缩览图、眼睛图标**：和"图层"调板中相应项目的意义完全相同。和"图层"调板不同的是，每个通道都有一个对应的快捷键，这使得用户可以不必打开"通道"调板即可选中通道。

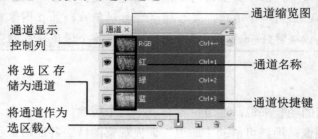

图 11-3 "通道"调板

由于 RGB 通道和各原色通道（红、绿和蓝）的特殊关系，因此，若单击 RGB 通道，则红、绿和蓝通道将自动显示；反之，若单击红、绿或蓝通道，则 RGB 通道将自动隐藏。要选中多条通道，可在选择通道时按下【Shift】键。

✵ **将通道作为选区载入**：单击该按钮可以将通道中的图像内容转换为选区。

✵ **将选区存储为通道**：单击此按钮可将当前图像中的选区存储为蒙版，并保存到一个新增的 Alpha 通道中。该功能与"编辑">"存储选区"菜单相同。

✵ **创建新通道**：单击该按钮可以创建新通道。用户可最多创建 24 个通道。

✵ **删除当前通道**：单击该按钮可删除当前所选通道，但不能删除 RGB 主通道。

若按住【Ctrl】键后单击通道，也可载入当前通道中保存的选区。若按住【Ctrl+Shift】组合键单击通道，则可将载入的选区添加到已有选区中。

三、制作广告底图

在认识和了解通道原理、类型、用途，以及"通道"调板的组成元素后，下面我们通过制作折页广告来更一步学习通道。

步骤 1 按【Ctrl+N】组合键，打开"新建"对话框，参照如图 11-4 所示参数创建一个命名为"折页"的空白文档。

步骤 2 按【Ctrl+R】组合键，显示标尺，然后在图像窗口四边各拖出一条参考线，标记出 3mm 的出血，并在水平标尺 9.8cm 和 19.4cm 处放置参考线，标记出三折页的分界，如图 11-5 所示。

步骤 3 按【Ctrl+R】组合键，隐藏标尺。将前景色设置为白色，背景色设置为淡蓝色（# bbd4ef）。选择"渐变工具"，在其工具属性栏中单击"线性渐变"按钮，并设置"前景到背景"渐变样式，然后利用该工具在图像窗口中单击鼠标并从左向右拖动，绘制前景到背景的线性渐变色，如图 11-6 所示。

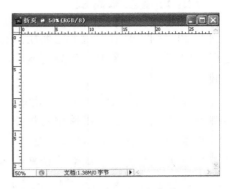

图 11-4　"新建"对话框　　　　　　　　　图 11-5　设置参考线

步骤 4　选择"滤镜">"纹理">"纹理化"菜单，打开"纹理化"对话框，在"纹理"下拉列表中选择"砂岩"，然后设置"缩放"为 60%，"凸现"为 4，"光照"为"上"，其他选项保持默认。参数设置好后，单击 确定 按钮，得到如图 11-7 右图所示效果。

图 11-6　绘制渐变色　　　　　　　　　图 11-7　对图像应用"纹理化"滤镜

步骤 5　打开素材图片"01.jpg"（素材与实例\项目十一），然后用"移动工具" 将其拖至"折页"图像窗口中，并在"图层"调板中设置"图层 1"的混合模式"为"深色"，并添加图层蒙版，用"画笔工具" 编辑蒙版，得到如图 11-8 右图所示效果。

图 11-8　设置图层混合模式与添加图层蒙版

四、利用通道抠取树枝

在 Photoshop 中，通道主要用于存储图像的颜色和选区信息。在实际操作中，利用通道可以快速选取图像中的部分区域，还可以对通道执行滤镜功能，从而制作出许多特殊图像效果。

步骤 1 打开素材图片 "02.jpg"（素材与实例\项目十一），如图 11-9 所示。下面，我们要利用"通道"选取图像中的柳条。

步骤 2 选择"窗口">"通道"菜单，打开"通道"调板，分别单击"红"、"绿"、"蓝"通道，在图像窗口中单独显示各通道中的内容，以对比柳条的清晰度。对比后，绿通道中的柳条较清晰。将"绿"通道拖至调板底部的"创建新通道"按钮 上，复制出"绿副本"通道，并将该通道置为当前通道，如图 11-10 所示。

图 11-9　打开素材图片

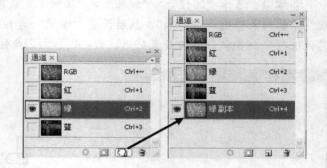

图 11-10　复制"绿"通道

要删除某个通道，只需将其拖至调板底部的"删除当前通道"按钮 上即可。删除了某个颜色通道后，通道的色彩模式将变为多通道模式。值得注意的是：复合通道不能被删除，也不能被复制。

步骤 3 按【Ctrl+L】组合键，打开"色阶"对话框，分别拖动"输入色阶"下方的黑色和白色滑块，将"绿副本"通道内容调整成纯黑白效果，如图 11-11 右图所示。

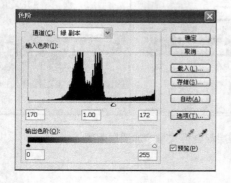

图 11-11　利用"色阶"命令调整通道

从图 11-11 右图可知，图像窗口中的白色区域为要选取的区域。用户可以使用"画笔工具" ✐、"橡皮擦工具" ✐ 编辑通道，来增加或减少选取区域。其中，用白色绘制将增加选取区域，而用黑色绘制将减少选取区域。

步骤 4　将前景色设置为白色，背景色设置为黑色。在"通道"调板中将"绿副本"通道作为当前通道，然后单击"RGB"通道左侧的眼睛图标 👁，显示所有通道内容，如图 11-12 左图所示。

在编辑某个颜色通道时，如果要显示所有通道查看编辑效果，最好不要单击复合通道名称，那样将切换到图像编辑状态，对整个图像进行编辑，而不是编辑单个通道。

步骤 5　选择"画笔工具" ✐，在其工具属性栏中设置合适的笔刷属性，然后在"绿副本"通道内容中沿着柳枝涂抹，将柳枝显示出来，如图 11-12 右图所示。

图 11-12　显示通道与编辑通道

步骤 6　按住【Ctrl】键，单击"绿副本"通道，或者单击"通道"调板底部的"将通道作为选区载入"按钮 ◯，创建该通道的选区，如图 11-13 所示。

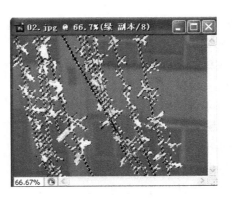

图 11-13　创建"绿副本"通道的选区

步骤 7 在"通道"调板中单击"绿副本"通道左侧的眼睛图标👁，隐藏该通道。单击"RGB"通道，切换到原图像编辑状态，如图 11-14 左图所示。按【Ctrl+C】组合键，将选区内的柳条图像复制到剪贴板。

步骤 8 切换到"折页"图像窗口，按【Ctrl+V】组合键，将剪贴板中的内容粘贴到图像窗口中，并放置在如图 11-14 右图所示位置。

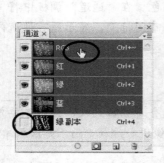 

图 11-14 选择通道与复制图像

步骤 9 按【Ctrl+I】组合键，将柳条图像反相，然后将柳条所在图层的"混合模式"设置为"明度"，并将"填充不透明度"设置为 60%，此时图像效果如图 11-15 右图所示。

图 11-15 将图像反相并设置图层混合模式及不透明度

步骤 10 按【Ctrl+T】组合键，显示自由变形框，然后按住【Ctrl】键的同时，用鼠标将变形框右上角的控制点向左拖动，改变图像的形状，如图 11-16 所示。

步骤 11 单击"图层"调板底部的"添加图层蒙版"按钮◻，为该层添加一个空白蒙版，然后利用"画笔工具"🖌涂抹柳条的下方，隐藏部分柳条，使其与背景图像融合在一起，其效果如图 11-17 右图所示。

图 11-16 调整柳条图像的形状

图 11-17　为柳条图层添加图层蒙版

五、选取小鸟和花

步骤 1　打开素材图片"03.jpg"，如图 11-18 所示，然后用"套索工具" 选取飞鸟，并将其移至"折页"图像窗口中。此时系统自动生成"图层 3"。

步骤 2　在"图层"调板中设置"图层 3"的"混合模式"为"线性加深"，"不透明度"为 60%，如图 11-19 左图所示。

步骤 3　将飞鸟复制一份并缩小，放置在如图 11-19 右图所示位置。

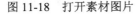

图 11-18　打开素材图片　　　　　　　图 11-19　设置图层属性并复制图像

步骤 4　打开素材图片"04.jpg"（素材与实例\项目十一），利用"快速选择工具" 选取荷花图像，如图 11-20 左图所示。用"移动工具" 将选区内的荷花拖至"折页"图像窗口中，并放置在如图 11-20 右图所示位置。这样，折页的底图就制作完成了。

图 11-20　选取与调整荷花的位置

延伸阅读

对于 Photoshop 的初学者来说，通道是一个难以理解的概念。好多读者都"惧"通道，每当看到与通道相关的操作就犯晕，放弃这些操作。但抠取复杂图像时，通道确实是一个较好的选择。下面，我们再介绍一些利用通道抠取图像的方法，希望对读者有所帮助。

一、利用通道抠取婚纱

在编辑图像时，如果要抠取婚纱、玻璃等半透明的图像时，使用其他方法很难满足设计需求，现在，我们把这个任务交给通道来实现。

步骤 1 打开素材图片"07.jpg"，（素材与实例\项目十一），如图 11-21 所示。下面利用通道来抠取婚纱。

步骤 2 打开"通道"调板，分别单击"红"、"绿"、"蓝"通道查看层次分明、对比度强的通道，这里选择"红"通道，并将其拖至调板底部的"创建新通道"按钮上，复制出"红副本"通道，如图 11-22 右图所示。

图 11-21　打开素材图片　　　　　　　　　　　图 11-22　复制通道

步骤 3 按【Ctrl+L】组合键，打开"色阶"对话框，参照如图 11-23 左图所示设置参数，单击 确定 按钮，背景图像完全变成了黑色，如图 11-23 右图所示。

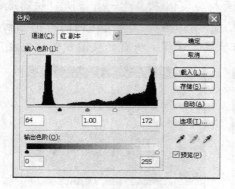

图 11-23　利用"色阶"命令调整

步骤 4 单击"通道"调板底部的"将通道作为选区载入"按钮，将"红副本"通道中的白色区域转换成选区。

　　步骤 5　在"通道"调板中单击"RGB"通道，返回图像编辑状态。按【F7】键，打开"图层"调板，然后复制出"背景副本"图层，并按【Ctrl+J】组合键，将选区内的图像复制到"图层 1"（此时，选区将自动取消），如图 11-24 右图所示。

图 11-24　复制选区图像至新图层

　　步骤 6　在"图层 1"的下方新建"图层 2"，并用红色填充（方便用户查看抠取效果），然后将"图层 1"的"混合模式"设置为"滤色"，得到如图 11-25 右图所示效果。

图 11-25　设置图层混合模式

　　步骤 7　从图 11-25 右图可知，婚纱还不够通透。将"图层 1"拖至"图层"调板底部的"创建新图层"按钮 ⬛ 上，复制出"图层 1 副本"图层，并设置副本图层的"混合模式"为"柔光"，得到如图 11-26 右图所示效果。

图 11-26　复制图层并设置图层混合模式

　　步骤 8　按【D】键，恢复默认的前、背景色（黑色和白色）。将"背景副本"图层移至所有图层之上，并为其添加一个空白蒙版。利用"画笔工具" ✍编辑蒙版隐藏不需要的区域，然后在"图层2"中绘制一些漂亮的渐变图案，如图11-27中图和右图所示。

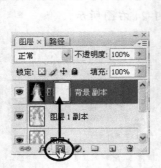

图11-27　编辑蒙版与绘制渐变背景

二、利用Alpha通道保存选区

通过前面的介绍，我们知道 Alpha 通道主要用于保存图像选区。利用 Alpha 通道保存选区的方法非常简单，用户制作好一个选区后，打开"通道"调板，单击调板底部的"将选区存储为通道"按钮 ▣ 即可，如图11-28所示。

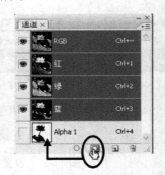

图11-28　利用Alpha通道保存选区

利用 Alpha 通道保存选区后，用户必须以 PSD、PDF、PICT、Pixar、TIFF、PSB、或 Raw 格式存储文件才会保留 Alpha 通道。如果以其他格式存储文件，可能会导致 Alpha 通道信息丢失。

三、利用专色通道保存特殊颜色

专色通道可以使用一种特殊的混合油墨替代或补充印刷（CMYK）油墨，每一个专色通道都有相应的印版。在打印输出一个含有专色通道的图像时，必须先将图像模式转换到多通道模式下。专色通道常用于印刷中的烫金、烫银等。

步骤1 单击"通道"调板右上角的按钮 ☰，从弹出的调板控制菜单中选择"新建专色通道"，打开"新建专色通道"对话框，如图 11-29 所示。

图 11-29　打开"新建专色通道"对话框

步骤 2　在"新建专色通道"对话框中设置通道名称、油墨颜色和密度值，单击 确定
按钮，即可在"通道"调板中新建一个专色通道，如图 11-30 左图所示。

专色通道设置只是用来在屏幕上显示模拟打印效果，对实际打印输出并无影响。
此外，如果在新建专色通道之前制作了选区，则新建专色通道后，将在选区内填充专
色通道颜色（标识选区），如图 10-30 右图所示。

图 11-30　创建的专色通道

模块二　制作广告图像与文字

学习目标

掌握"加深"与"减淡"工具的特点及用法
熟练掌握自定义画笔的方法

一、创建广告图像

　　步骤 1　打开素材图片"05.jpg"（素材与实例\项目十一），用"移动工具" 将其移
至"折页"图像窗口中，放置在图像窗口的右上角，如图 11-31 右图所示。此时系统自动
生成"图层 5"。

图 11-31　打开与移动素材图片

　　步骤 2　按住【Ctrl】键的同时，单击"图层 5"的缩览图，创建该层的选区，然后选择"选择" > "变换选区"菜单，在选区的四周显示自由变形框。

　　步骤 3　右键单击变形框，从弹出的快捷菜单中选择"变形"（如图 11-32 所示），然后在变形工具属性栏中的"变形"下拉列表中选择"扇形"，如图 11-33 上图所示，参数不作任何修改，按【Enter】键，将选区变形为扇形。

　　步骤 4　选择"选择" > "变换选区"菜单，在扇形选区的四周显示变形框，然后将选区缩小，并放置在如图 11-33 下图所示位置。

图 11-32　选择"变形"命令　　　　　　　　　　　图 11-33　缩小扇形选区

　　　　"变换选区"与"变换图像"的操作方法相同，只是操作对象不同，"变换选区"命令只对选区起作用，所有变换操作不影响选区内图像。

　　步骤 5　单击"图层"调板底部的"添加图层蒙版"按钮，为"图层 5"添加一个蒙版，隐藏扇形选区以外的图像，得到如图 11-34 右图所示扇形图像效果。

图 11-34 添加图层蒙版

步骤 6 单击"图层"调板底部的"添加图层样式"按钮*fx*，从弹出的菜单中选择"内阴影"，在随后打开的"图层样式/内阴影"对话框中设置相关参数，参数设置及效果分别如图 11-35 所示。

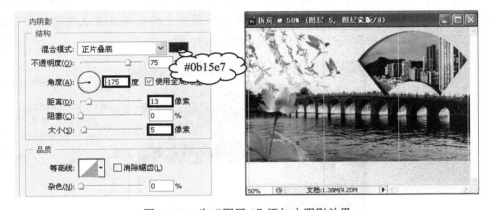

图 11-35 为"图层 5"添加内阴影效果

二、创建广告文字

步骤 1 选择"横排文字工具" [T]，在其工具属性栏中设置合适的文字属性，然后在图像窗口中输入"桥"，然后为"桥"字添加"投影"和"描边"效果，参数设置及效果分别如图 11-36、图 11-37 所示。

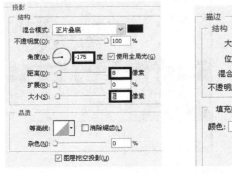
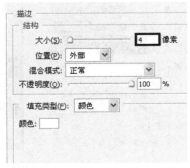

图 11-36 设置投影和描边参数

Photoshop 平面设计案例教程

步骤 2 用"横排文字工具" T 输入其他文字并添加描边效果，如图 11-38 所示。

图 11-37 添加效果后的文字　　　　　　　图 11-38 输入其他文字并添加效果

步骤 3 新建"图层 6"，用"矩形选框工具" 在图像窗口中绘制一个矩形选区。利用"平滑"命令（选择"选择">"修改">"平滑"菜单）将选区改变成圆角的矩形选区，然后将选区填充为白色并取消选区，其效果如图 11-39 所示。

图 11-39 绘制圆角矩形

步骤 4 在"图层"调板中将"图层 6"的"填充不透明度"设置为 60%，得到如图 11-40 右图所示效果。

图 11-40 设置图层填充不透明度

步骤5 利用"横排文字工具" T 输入其他文字，然后打开素材图片"06.jpg"，并将其移至"折页"图像窗口中，放置在如图11-41右图所示位置。这样，本例就制作好了。

图11-41 输入文字与放置图像

延伸阅读

下面，我们来介绍分离与合并通道的方法，以及"计算"与"应用图像"命令的使用。

一、分离与合并通道

当用户需要在不保留通道文件的格式而保留单个通道信息时，分离通道非常有用。下面，我们将一个RGB模式的图像文件进行通道分离，具体操作如下。

步骤1 单击"通道"调板右上角的按钮 ，从弹出的通道控制菜单中选择"分离通道"，如图11-42左图所示。

步骤2 稍等片刻，系统会按颜色通道的数量分离成3个文件，各个文件将以单独的窗口显示在屏幕中，且均为灰度图。其文件名为原文件的名称加上通道名称的缩写，如图11-42右图所示。

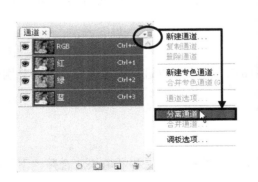

图11-42 分离通道

如果执行分离通道的图像文件为分层文件，在执行分离通道前，需要先拼合图像，否则"分离通道"命令不能使用。

对分离后的通道进行编辑和修改后，还可以对其进行合并，具体操作如下：

步骤 1 单击"通道"调板右上角的按钮，从弹出的调板控制菜单中选择"合并通道"，然后在弹出的"合并通道"对话框中设置合并后文件的颜色模式，这里选择"RGB 颜色"，如图 11-43 中图所示。

步骤 2 单击 确定 按钮，系统将弹出如图 11-43 右图所示的"合并 RGB 通道"对话框，单击 确定 按钮，即可将分离后的 3 个灰度图像恢复为原来的 RGB 图像。

图 11-43 合并通道

在合并分离后的通道前，如果对每个单独的灰度图像分别进行编辑后再进行合并，然后在"合并××通道"对话框中调整通道的顺序也可得到意想不到的图像效果，如图 11-44 右图所示。

图 11-44 编辑单个灰度图像并合并通道

二、"计算"命令和"应用图像"命令

在 Photoshop 中，利用"计算"和"应用图像"命令可以进行图像合成。下面分别介绍这两个命令。

1. "应用图像"命令

利用"应用图像"命令，用户可将一个或多个图像中的图层和通道快速合并，下面我们通过一个例子说明其具体操作方法。

步骤 1 打开素材图片"25.jpg"和"26.jpg"，如图 11-45 所示。这里注意的是，要利用"应用图像"命令合成图像，打开图像的尺寸和分辨率必须相同。

图 11-45　打开图像文件

步骤 2　确定"25.jpg"为当前图像窗口，选择"图像">"应用图像"菜单，打开"应用"图像对话框，在其中"源"下拉列表中选择"26.jpg"，其他选项保持默认，如图 11-46 左图所示。单击 确定 按钮，可以将"26.jpg"合成到"25.jpg"图像中，如图 11-46 右图所示。

图 11-46　利用"应用图像"命令合成图像

✖ **源**：在该下拉列表中可选择要与当前文件相混合的源图像（只有与当前图像文件具有相同尺寸和分辨率，并且已经打开的图像才能出现在下拉列表中）

✖ **图层**：在该下拉列表中选择源图像文件中的图层。若源图像有多个图层，则有一"合并图层"选项，选中该项表示以源图像中所有图层的合并效果进行图像合成。

✖ **通道**：在该下拉列表中可选择源图像的通道进行图像合成。

✖ **"蒙版"复选框**：勾选该复选框后，"应用图像"对话框将如图 11-47 所示，用户可从中再选择一幅图像作为合成图像时的蒙版（或者说设置限制合并的区域）。若此时选中"反相"复选框，表示将通道中的蒙版内容进行反转。

2.　"计算"命令

利用"计算"命令可以将同一幅图像，或具有相同尺寸和分辨率的两幅图像中的两个通道进行合并，并将结果保存到一个新图像或当前图像的新通道中。另外，还可以将结果直接转换为选区。

选择"图像">"计算"菜单，打开如图 11-48 所示的"计算"对话框，该对话框中的选项与"应用图像"对话框中的选项基本相同，这里将不再赘述。

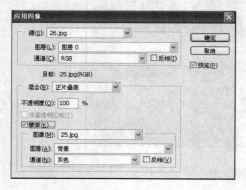

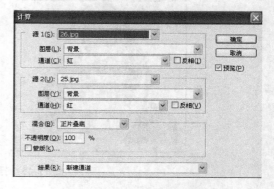

图 11-47　"应用图像"对话框　　　　　　　　　图 11-48　"计算"对话框

"计算"命令的作用和使用方法与"应用图像"命令相似，但利用"计算"命令合成图像时只能获得一个 256 色灰度图像。

成果检验

利用本项目所学知识绘制如图 11-49 所示的产品宣传折页封面。

制作要求

（1）素材与效果图位置：素材与实例\项目十一\08.jpg～24.jpg 文件、"成果检验-折页"。
（2）主要练习折页设计的相关技巧。

图 11-49　效果图

项目十二　制作下雪的圣诞节动画
——动作与动画

课时分配：6 学时

学习目标

	了解"动作"调板
	掌握录制与应用动作的方法
	了解"动画"概念和"动画"调板
	掌握制作动画的方法

模块分配

模块一	录制下雪动作
模块二	制作动画

作品成品预览

图片资料
....
素材位置：素材与实例\项目十二\下雪的圣诞节

在本例中，通过制作雪花动作效果来认识“动作”调板，并掌握录制与应用动作的方法；通过制作动画来认识“动画”调板，并利用它来制作简单的动画。

模块一　录制下雪动作

学习目标

	认识“动作”调板
	创建、录制与应用动作

在 Photoshop 中，用户可以将对图像执行的多个命令录制成一个“动作”，在对其他图像进行相同处理时，只需执行该动作，即可执行该动作中所包含的所有编辑命令。

一、认识“动作”调板

利用“动作”调板可以进行查看、执行、录制动作，以及保存、加载动作文件等操作。下面，我们通过制作一个雪花的动作来学习这些操作。

步骤 1　打开素材图片“01.jpg”（素材与实例\项目十二），如图 12-1 所示。下面，我们在该图片中制作下雪效果。

步骤 2　选择“窗口”>“动作”菜单，或者按【Alt+F9】组合键，打开“动作”调板，如图 12-1 所示。

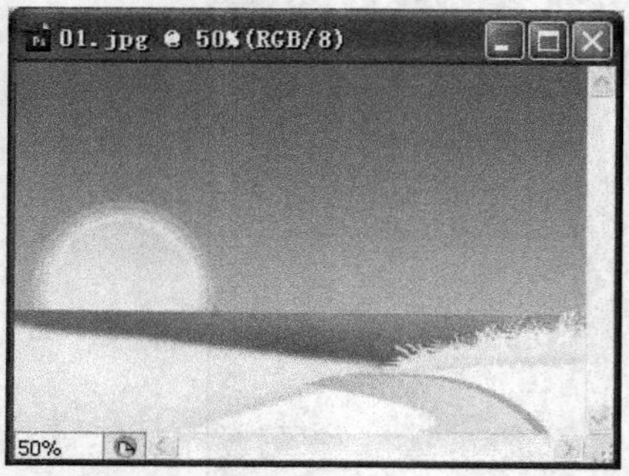

图 12-1　素材图片

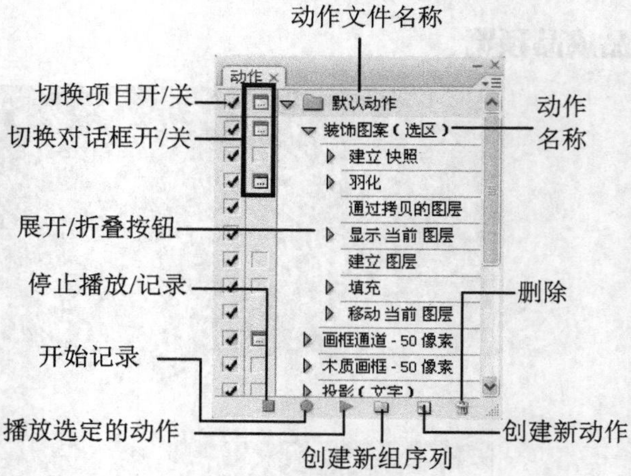

图 12-2　“动作”调板

- **动作文件名称**：用于显示动作序列的名称，其左侧显示文件夹图标，表示这是一个动作集合。默认状态下，“动作”调板中只显示“默认动作”序列文件。
- **“切换项目开/关”图标✔**：调板中动作的左侧显示该图标时，表示该动作是可执行的。若未显示该图标，表示该序列中的所有动作不可执行。

✖ **"切换对话框开/关"图标▣**：当动作文件名称前出现该图标并呈红色时，表示该动作文件中部分动作（或命令）包含了暂停操作，且在暂停操作命令的左侧显示该图标并呈黑色。

✖ **"展开/折叠"按钮▽♪**：单击此按钮可以展开/折叠序列中的所有动作、动作中的所有命令或命令中的参数列表。

✖ **"停止播放/记录"按钮■**：当"开始记录"按钮处于选中状态并显示红色（●）时，该按钮被激活，单击它可停止当前的录制操作。

✖ **"开始记录"按钮●**：用于为选定动作录制命令。当按钮呈红色时，表明处于录制状态。

✖ **"播放选定的动作"▶**：选定动作后，单击该按钮可以执行当前选定的动作，或当前动作中自选定命令开始的后续命令。

✖ **"创建新组"按钮▢**：单击该按钮可以创建新动作文件。

✖ **"创建新动作"按钮▣**：单击该按钮可以创建新动作。

✖ **"删除"按钮🗑**：单击该按钮可以删除当前选定的动作文件、动作或动作中的命令。

二、创建、录制与应用动作

步骤 1　单击"动作"调板底部的"创建新组"按钮▢，打开如图 12-3 中图所示的"新建组"对话框，在其中设置动作序列文件的名称，单击[　确定　]按钮新建一个动作组。

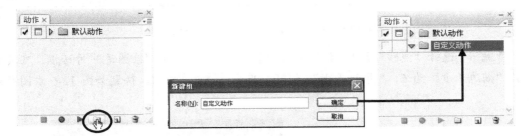

图 12-3　创建新动作序列文件

步骤 2　单击"动作"调板底部的"创建新动作"按钮▣，打开"新建动作"对话框，在其中设置动作名称为"下雪"，其他参数保持默认，如图 12-4 左图所示。

步骤 3　参数设置好后，单击[　记录　]按钮，开始记录动作。此时"动作"调板底部的"开始记录"按钮●处于工作状态，如图 12-4 右图所示。

　　用户在录制前最好先打开一幅图片，否则，Photoshop 会将打开文件操作也一并录制。另外，为方便将自定义动作与默认动作区分开，用户最好新建一个动作组。
　　另外，在开始记录动作前，最好在第 1 步创建一个快照，以便用户对效果不满意时，可利用"历史记录"调板中的快照撤销前面执行的动作。

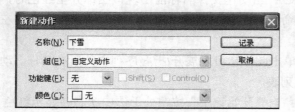

图 12-4　创建新动作并开始记录

步骤 4　按【D】键，恢复默认的前、背景色（黑色和白色）。按【F7】键，打开"图层"调板，在其中新建"图层 1"。

步骤 5　选择"编辑" > "填充"菜单，打开"填充"对话框，在其中设置"使用"为"50% 灰色"，其他选项保持默认，如图 12-5 中图所示。单击 确定 按钮，得到如图 12-5 右图所示效果。

图 12-5　利用"填充"命令填充"图层 1"

步骤 6　选择"滤镜" > "素描" > "绘图笔"菜单，打开"绘图笔"对话框，在其中设置"描边长度"为 6，"明/暗平衡"为 29，单击 确定 按钮，得到如图 12-6 右图所示效果。

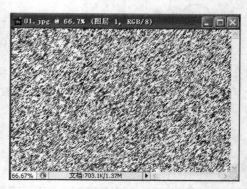

图 12-6　应用"绘图笔"滤镜

"绘图笔"滤镜可产生一种素描画的效果，它使用的是前景色。

步骤 7　选择"选择">"色彩范围"菜单，打开"色彩范围"对话框，在其中的"选择"下拉列表中选择"高光"，其他选项保持默认，单击 ▭确定▭ 按钮，得到如图 12-7 右图所示选区。

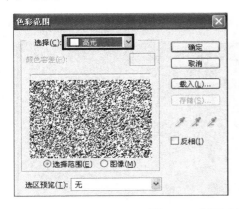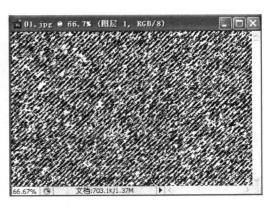

图 12-7　利用"色彩范围"命令制作选区

步骤 8　按【Delete】键，删除选区内图像，然后按【Shift+Ctrl+I】组合键，将选区反选，并填充白色，然后按【Ctrl+D】组合键，得到如图 12-8 右图所示效果。

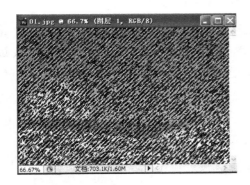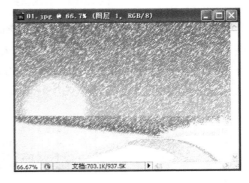

图 12-8　删除与填充选区

步骤 9　选择"滤镜">"模糊">"高斯模糊"菜单，打开"高斯模糊"对话框，在其中设置"半径"为 1 像素，单击 ▭确定▭ 按钮，得到如图 12-9 右图所示效果。

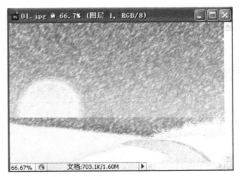

图 12-9　对图像应用"高斯模糊"滤镜

步骤 10 选择"滤镜">"锐化">"USM 锐化"菜单，打开"USM 锐化"对话框，在其中设置"数量"为 90，"半径"为 3，其他选项保持默认，如图 12-10 左图所示。单击 ⌷ 确定 ⌷ 按钮，对图像执行"USM 锐化"滤镜，其效果如图 12-10 右图所示。这样，雪花效果就制作好了。

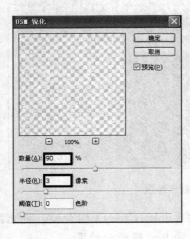
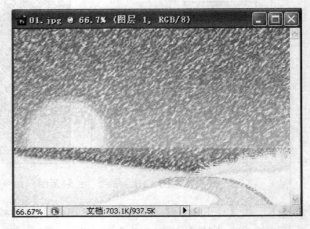

图 12-10 对图像执行"USM 锐化"滤镜

步骤 11 单击"动作"调板底部的"停止播放/记录"按钮■，完成动作的录制。单击"动作"调板中的"下雪"，选中该动作，然后单击调板底部的"播放选定的动作"按钮▶，执行两次"下雪"动作。这样，我们就得到三个雪花图层，如图 12-11 所示。

图 12-11 停止录制与执行动作

在"动作"调板中选中要保存的动作，然后单击调板右上角的按钮 ·≡，从弹出的调板控制菜单中选择"存储动作"命令将动作存储为文件，待重装 Photoshop 程序后，可以载入自定义的动作使用。

模块二　制作动画

学习目标

| 认识"动画"调板 |
| 会利用"图层"和"动画"调板制作动画 |

　　动画是指在一段时间内显示的一系列图像或帧。每一帧较前一帧有轻微的变化，当连续而快速地显示这些帧时就会产生运动的错觉。

　　在 Photoshop 中，可以使用"动画"调板并配合"图层"调板来制作动画。其中，使用"动画"调板可编辑动画帧，播放动画和设置动画播放效果；使用"图层"调板可改变每个动画帧中的图像效果。

　　下面，我们将前面录制的下雪动作制作成动画，具体操作如下。

一、认识"动画"调板

　　步骤 1　打开前面制作的雪花图片，然后打开"图层"调板，分别关闭"图层 2"和"图层 3"，此时，调板呈如图 12-12 右图所示状态。

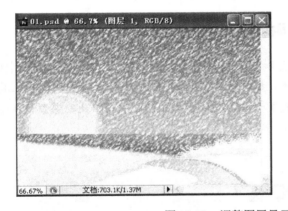

图 12-12　调整图层显示

　　步骤 2　选择"窗口">"动画"菜单，打开"动画"调板，如图 12-13 所示。

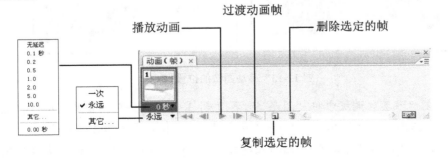

图 12-13　"动画"调板

✖ 0秒▼：单击秒数右侧的下拉按钮▼，可在弹出的菜单中为选中的单个或多个帧设置播放动画时所选帧持续显示的时间。

✖ 永远▼：单击次数右侧的下拉按钮▼，可在弹出的菜单中选择重复播放动画的次数。

✖ "过渡动画帧"按钮：单击该按钮可以打开如图 12-14 所示的"过渡"对话框，在该对话框中可以为两个现有帧之间添加指定帧数，并能让新帧之间的图层属性均匀变化。

用于显示添加帧的位置

选中该单选钮将改变所选帧中包含的全部图层

勾选该项将在起始帧和结束帧之间均匀地改变图层内容在新帧中的位置

勾选该项将改变起始帧和结束帧之间的图层效果的参数设置

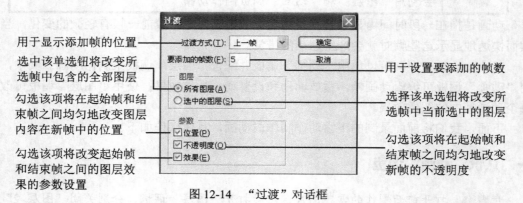

用于设置要添加的帧数

选择该单选钮将改变所选帧中当前选中的图层

勾选该项将在起始帧和结束帧之间均匀地改变新帧的不透明度

图 12-14 "过渡"对话框

✖ "复制所选帧"按钮：选中单个帧或多个帧后，单击该按钮，可以复制所选帧。

二、利用"图层"和"动画"调板制作动画

了解"动画"调板各选项的意义后，下面利用"动画"和"图层"调板来制作动画。

步骤 1 打开素材图片"02.psd"（素材与实例\项目十二），然后利用"移动工具"将其中的卡通图像移至主文档中，并放置于如图 12-15 右图所示位置。此时系统自动生成"图层 4"。

图 12-15 移动图像的位置

步骤 2 在"图层"调板中将"图层 4"再复制 3 份，并分别调整其大小和位置，参照如图 12-16 右图所示放置图像，然后将"图层 4"及副本图层全部关闭显示。

步骤 3 利用"横排文字工具"T输入英文"Merry Christmas"，并设置合适的文字属性，放置在如图 12-17 左图所示位置。

步骤 4 将英文"Merry Christmas"再复制 2 份，分别参照如图 12-17 中图和右图所示

位置放置，然后将 3 个文字图层全部关闭。

图 12-16 复制图层并调整图像大小和位置

图 12-17 输入文字并复制文字

步骤 5 下面利用"图层"调板编辑第 1 帧动画。在"图层"调板中只显示"背景"、"图层 1"和"图层 4"，其画面效果如图 12-18 左图所示。这样，第 1 帧就编辑好了。

图 12-18 编辑第 1 帧动画

步骤 6 单击"动画"调板底部的"复制所选帧"按钮，复制出第 2 帧，然后在"图层"调板中只显示"背景"、"图层 2"和"图层 4 副本"，如图 12-19 所示。

步骤 7 单击"动画"调板底部的"复制所选帧"按钮，复制出第 3 帧，然后在"图层"调板中只显示"背景"、"图层 3"和"图层 4 副本 2"，如图 12-20 所示。

图 12-19　编辑第 2 帧动画

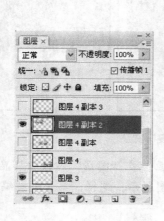

图 12-20　编辑第 3 帧动画

步骤8　在"动画"调板中单击"复制所选帧"按钮 ，复制出第 4 帧，然后在"图层"调板中只显示"背景"、"图层 1"和"图层 4 副本 3"，此时得到如图 12-21 右图所示效果。

图 12-21　编辑第 4 帧动画

步骤9　在"动画"调板中单击"复制所选帧"按钮 ，复制出第 5 帧，然后在"图层"调板中显示"背景"、"图层 2"和"Merry Christmas"文字图层，如图 12-22 右图所示效果。

图 12-22　编辑第 5 帧动画

步骤 10　在"动画"调板中分别复制出第 6 帧和第 7 帧，然后利用"图层"调板编辑这两个动画帧，如图 12-23 所示。

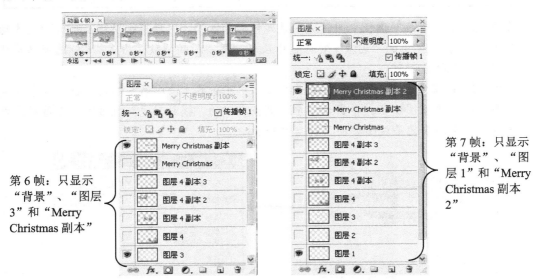

第 6 帧：只显示"背景"、"图层 3"和"Merry Christmas 副本"

第 7 帧：只显示"背景"、"图层 1"和"Merry Christmas 副本 2"

图 12-23　编辑第 6、7 帧

步骤 11　在"动画"调板中单击选中第 1 帧，然后在按住【Shift】键的同时单击第 4 帧，同时选中这 4 帧。再单击秒数右侧的下拉按钮▼，从弹出的菜单中选择帧延时为 0.2 秒，如图 12-24 左图所示。

　　要选择多个连续的帧，单击选中第 1 帧，然后按住【Shift】键的同时单击最后一帧。要选择多个不连续的帧，只需按住【Ctrl】键，单击选择所需帧即可。

步骤 12　参照步骤 11 相同的操作方法，设置第 5~7 帧的帧延时为 0.3 秒，如图 12-24

右图所示。

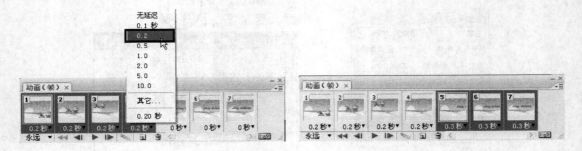

图 12-24 设置帧延时

　　选中单个或多个动画帧后，单击"动画"调板底部的"删除所选帧"按钮⬚，即可删除选中的动画帧。

　　步骤13 在"动画"调板中同时选中第 4 帧和第 5 帧，然后单击调板底部的"过渡动画帧"按钮⬚⬚⬚，从弹出的"过渡"对话框中设置"要添加的帧数"为 3，其他选项保持默认，如图 12-25 右图所示。

　　步骤14 设置完成后，单击[　确定　]按钮，即可在第 4 帧和第 5 帧之间添加 3 个动画帧，如图 12-25 左下图所示。单击"动画"调板底部的"播放动画"按钮▶，查看动画效果。这样，一个简单的圣诞下雪动画就制作好了。

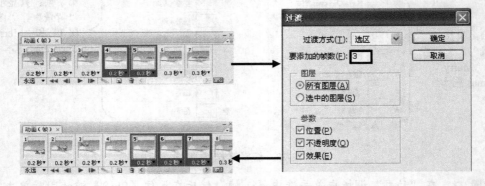

图 12-25 添加过渡动画帧

　　如果对编辑的动画效果满意，可以选择"文件" > "存储为 Web 和设备所用格式"菜单，打开如图 12-26 左图所示的"存储为 Web 和设备所用格式"对话框，在其中设置相关参数，然后单击"存储"按钮，在随后打开的"将优化结果存储为"对话框（如图 12-26 右图所示）中设置文件名称、保存类型等属性，单击"保存"按钮即可。

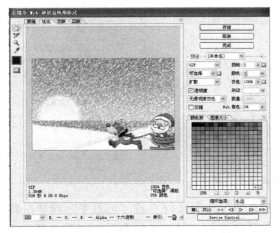

图 12-26　保存动画

延伸阅读

　　在 Photoshop 中，系统允许用户在录制的动作中插入"停止"命令，以方便用户在执行动作时手动调整参数，从而增强动作的通用性或执行无法记录的任务（如使用绘画工具等）。

　　为方便用户操作，系统还提供了多种内置动作，用户可以轻松而快捷地制作出多种图像效果，而无需再录制。

一、在动作中插入"停止"命令

　　下面，通过在一个文字动作插入"停止"命令来介绍其操作方法。

　　步骤 1　打开一幅风景图片，按【Alt+F9】组合键，打开"动作"调板，然后单击调板右上角的按钮 ≡，从弹出的调板控制菜单中选择"载入动作"菜单项，如图 12-27 左图所示。

　　　利用"动作"调板控制菜单中的相应菜单项，可以方便地对动作进行管理，如复制、删除、载入、存储与执行动作等操作。

　　步骤 2　此时打开如图 12-27 中图所示的"载入"对话框，在其中载入"素材图片" >"项目十二" > "倒影文字"动作文件，单击 载入(L) 按钮，将该动作文件载入到"动作"调板中，如图 12-27 右图所示。

图 12-27　载入自定义动作文件

步骤 3　在"动作"调板中单击选中"倒影文字"序列文件中的"倒影字"动作，然后单击调板底部的"播放选定的动作"按钮▶，稍等片刻，即可得到如图 12-28 右图所示的倒影字。

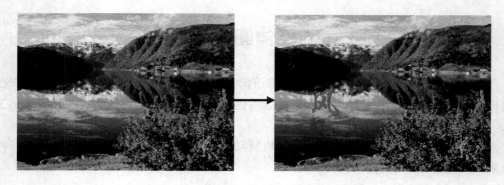

图 12-28　执行倒影字动作

提示

从图 12-28 右图可知，执行"倒影字"动作后，系统将始终制作倒影字"风"，而这通常不符合设计要求。因此，用户可以在"建立文本图层"命令的下方增加一个"停止"命令，提示用户修改文字内容。

步骤 4　打开"历史记录"调板，单击"快照 1"，将图像恢复到打开时的状态，如图 12-29 左图所示。

步骤 5　在"动作"调板中单击选中"建立文本图层"命令，然后单击调板右上角的按钮▼≡，从弹出的调板控制菜单中选择"插入停止"菜单项，如图 12-29 右图所示。

步骤 6　此时将打开如图 12-30 左图所示的"记录停止"对话框，在"信息"编辑框中输入提示信息内容，并勾选"允许继续"复选框，单击 确定 按钮，即可在"建立文本图层"命令的下方添加一个"停止"命令，如图 12-30 右图所示。

图 12-29　恢复图像与选择"插入停止"菜单项

勾选"允许继续"复选框，表示在以后执行该"停止"命令时所显示的暂停对话框中将显示"继续"按钮，单击该按钮可继续执行动作中"停止"命令后面的命令

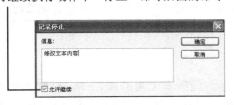

图 12-30　编辑提示信息内容与插入"停止"命令

步骤 7　在"动作"调板中单击选中"倒影文字"序列文件中的"建立文本图层"命令，然后单击调板底部的"播放选定的动作"按钮▶，执行"建立快照"命令后面的命令，如图 12-31 所示。

步骤 8　当执行到"停止"命令时，系统自动弹出如图 12-32 左图所示的信息提示对话框，单击"停止"按钮，此时用户即可修改文本内容（字号、字体和颜色），如图 12-32 右图所示。

图 12-31　选择要执行的动作命令　　　　图 12-32　停止动作修改文本内容

步骤 9　编辑完成后，按【Ctrl+Enter】组合键确认操作。单击"动作"调板底部的"播放选定的动作"按钮，继续执行"停止"命令后面的动作，得到如图 12-33 右图所示效果。

图 12-33   执行"停止"命令后面的操作

在录制动作时，如果动作中的某个命令包含对话框，并希望在执行到该命令时修改参数，只需在该命令的左侧单击显示项目开关即可（即显示黑色图标 □ ）。

二、加载系统内置动作

要使用系统内置动作，只需单击"动作"调板右上角的按钮 ▾☰，从弹出的调板控制菜单中选择合适的动作文件，将其加载到动作调板中，然后再执行其中的动作，如图 12-34 所示。图 12-35 所示为部分典型系统内置动作效果。

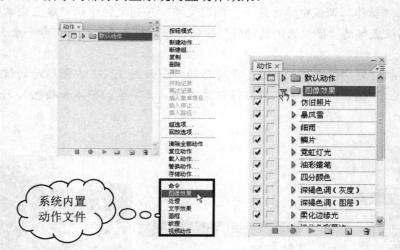

图 12-34   加载系统内置动作文件

成果检验

1．利用本项目所学内容，并使用不同的方法录制一些画框动作，其效果如图 12-36 所示。

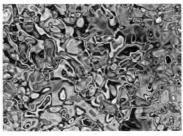

图 12-35 部分典型内置动作效果

制作要求

（1）素材位置：素材与实例\项目十二\04.jpg。

（2）主要练习：动作的录制与应用（用户可参考"素材图片"\"项目十二"\"自定义画框"动作中相关命令的参数设置）。

图 12-36 自定义画框动作效果

简要步骤

画框一的制作方法：

步骤1 打开一幅图像，利用"矩形选框工具" ⬚ 创建选区，然后将选区反选，并进入快速蒙版编辑状态。

步骤2 对快速蒙版应用"滤镜" > "像素化" > "彩色半调"滤镜。

步骤3 对快速蒙版应用"滤镜" > "素描" > "铬黄"滤镜。

步骤4 对快速蒙版应用"滤镜" > "锐化" > "锐化"滤镜（执行 4~5 次）。

步骤5 退出快速蒙版，然后新建图层，并依次执行描边和填充操作。

画框二的制作方法：

步骤1 利用"矩形选框工具" ⬚ 创建选区，然后将选区反选，并进入快速蒙版模式。

步骤2 对快速蒙版应用"滤镜" > "像素化" > "晶格化"滤镜。

步骤3 对快速蒙版应用"滤镜" > "像素化" > "碎片"滤镜。

步骤4 对快速蒙版应用"滤镜" > "画笔描边" > "喷溅"滤镜。

步骤 5　对快速蒙版应用"滤镜" > "扭曲" > "挤压"滤镜。

步骤 6　对快速蒙版应用"滤镜" > "扭曲" > "旋转扭曲"滤镜。

步骤 7　退出快速蒙版模式，然后新建图层，并依次执行描边和填充操作。

画框三的制作方法：

步骤 1　利用"矩形选框工具"创建选区，然后将选区反选，并进入快速蒙版模式。

步骤 2　对快速蒙版应用"滤镜" > "像素化" > "彩色半调"滤镜。

步骤 3　对快速蒙版应用"滤镜" > "模糊" > "径向模糊"滤镜。

步骤 4　对快速蒙版执应用"滤镜" > "锐化" > "锐化边缘"滤镜（4～5次）。

步骤 5　退出快速蒙版模式，然后新建图层，并依次进行描边与填充操作。

2. 利用本项目所学内容，并利用如图 12-37 所示的两张图片制作一个眨眼睛的动画。

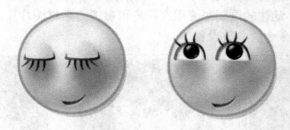

图 12-37　素材图片

制作要求

（1）素材图片与动画效果位置：素材与实例\项目十二\ "05.jpg"、"06.jpg"、"成果检验动画.psd"。

（2）主要练习使用"动画"和"图层"调板制作动画。

项目十三　制作旅游网页界面
——应用进阶

课时分配：1 学时

学习目标

了解网页界面组成元素和制作要求	
学习网页界面的制作流程	

模块分配

模块一	制作网页界面底图
模块二	制作网页界面的页眉
模块三	制作信息导航栏与内容

作品成品预览

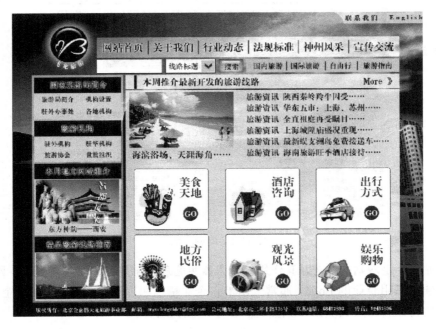

图片资料

素材位置：素材与实例\项目十三\网页界面

本例中，通过一个网页界面设计的实例，学习利用 Photoshop 制作网页界面的工作流程，同时帮助用户巩固前面所学知识，以便能融会贯通，达到活学活用的目的。

模块一　制作网页界面底图

学习目标

了解网页界面组成元素
了解网页常规尺寸、颜色选择和版面布局
熟练应用图层样式与掌握“灯光效果”滤镜的用法与特点

一、网页界面组成元素

一般来讲，网站的界面就是能够看到的该网站的画面。网页界面的基本元素有站标（即 Logo）、导航条（主菜单、子菜单、搜索栏、历史记录等）、横幅、文字和图形等，如图 13-1 所示。

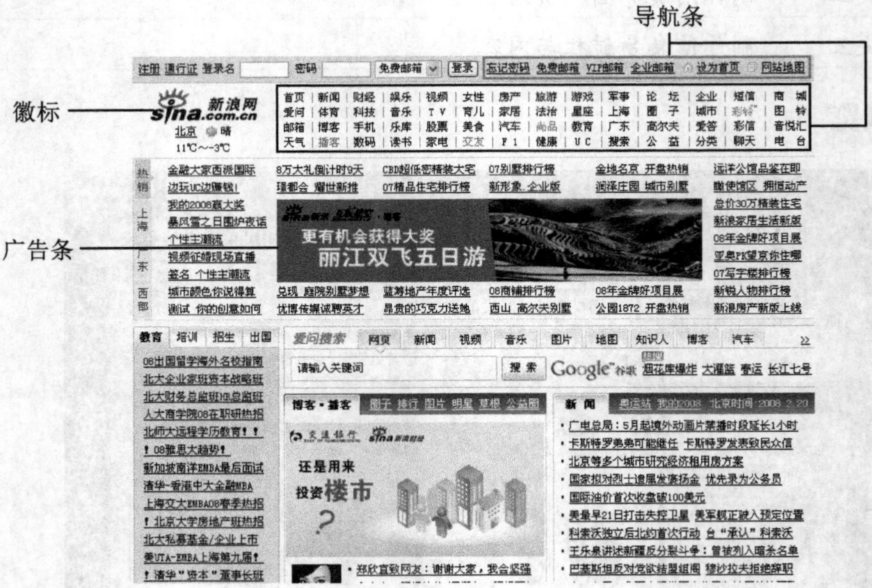

图 13-1　网站界面

- **站标：**是网站的标志，其作用是使人看见它就能够联想到企业。因此，网站 Logo 通常采用企业的 Logo，通常采用带有企业特色和思想的图案，或是与企业相关的字符或符号及其变形，当然也有很多是图文组合。
- **导航条：**是网站内多个页面的超链接组合，引导浏览者轻松找到网站中的各个页面。

✗ **广告条**：又称为 Banner，是宣传网站或替其他企业做广告，以赚取广告费。另外，广告条可以是动态或静态的。

✗ **文字和图形**：是网页中最基本的元素，主要包括标题、文字链接、内容文字、背景、主图和链接按钮等。

二、网页界面尺寸

由于网页的显示会受到浏览者显示器和分辨率的限制，因此，用户在设计网页界面时，需要选择合理的页面尺寸。

目前显示器最常用的分辨率是 1024×768 像素和 800×600 像素。由于浏览器本身还要占用一定的显示空间（包括标题栏、菜单栏、工具栏和窗口边距），在 1024×768 的分辨率下显示的页面的尺寸应该为 1007×600 像素，而 800×600 的分辨率下显示的页面尺寸为 778×435 像素。

> 目前，随着宽带上网的普及，网速有了显著提高。因此，很多网页设计得很长。在这种情况下，我们在设计网页时只需要考虑网页的宽度即可，而高度则没有限制。

三、网页的颜色选择与版面布局

网站的主要目的是为了进行信息交流，而一个设计精美、使用方便且布局合理的网页，往往可以帮助用户赢得更多的访问者。因此，用户在设计网页时，需要根据网站内容的不同，来选择合适的颜色与合理的版面布局。

1. 颜色选择

设计网页时，用户可根据如下几个原则来确定网页的背景色、主色调和进行颜色搭配。

✗ 网页整体背景颜色最好选择白色或黑色，此时颜色搭配最方便。

✗ 可根据网站的性质或网站标志（Logo）的颜色来确定网页的主色调，并且该主色调应贯穿于网站的全部网页，如图 13-2 所示。

✗ 设计网页时可充分利用同类色、邻近色和对比色，以增强网页的层次感、丰富网页的色彩或突出某些重要内容（导航条或版块标题），如图 13-3 所示。

用户可以参考如下所示的配色技巧来设计网页：

✗ 用一种色彩，是指先选定一种色彩，然后调整透明度或者饱和度，这样的页面看起来色彩统一，有层次感。

✗ 用两种色彩，先选定一种色彩，然后选择它的对比色。

✗ 用一个色系，简单地说就是用一个感觉的色彩，例如淡蓝、淡黄、淡绿，或者土黄、土灰、土蓝。

✗ 不要将所有颜色都用到，尽量控制在 3～5 种色彩以内。

✄ 背景和前文的对比尽量要大（尤其不要使用花纹图案作为页面背景），以便突出
主要文字内容。

图 13-2　英特尔公司网页

图 13-3　搜狐女人频道

2．版面布局

确定好网页尺寸与颜色后，接下来的任务就是确定网页布局类型了。网页布局类型没
有确定的标准，可以根据需要制定。常见的布局有上下分割型、左右分割型和复合分割型。
如图 13-4 所示。

图 13-4　迪士尼网站首页

四、利用"光照效果"滤镜修饰图像

利用"光照效果"滤镜可以使 RGB 图像产生无数种光照效果，也可以通过光源、光
色选择、聚焦和定义物体反射特性等设定来达到 3D 绘画效果。

　　步骤 1　按【Ctrl+N】组合键，打开"新建"对话框，参照如图 13-5 所示参数创建一
个命名为"网页界面"的图像文件。

　　步骤 2　打开素材图片"01.jpg"（素材与实例\项目十二），如图 13-6 所示，然后利用

“移动工具”将风景图像移至“网页界面”图像窗口中。

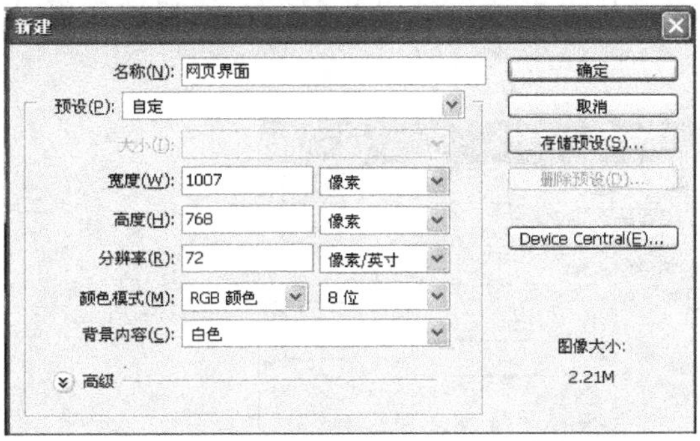

图 13-5　设置新文档参数

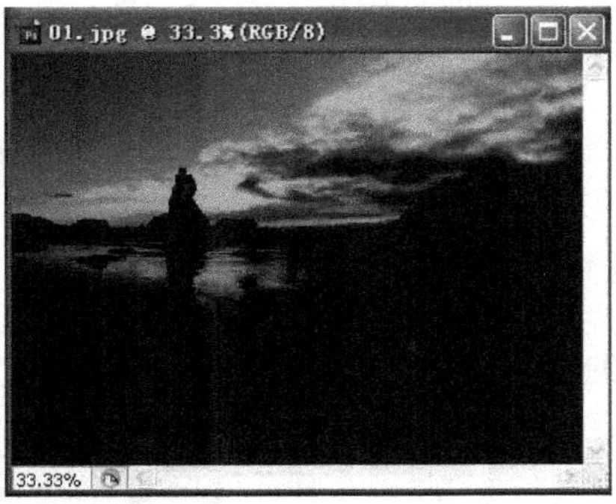

图 13-6　打开素材文件

步骤 3　打开素材图片“02.jpg”（素材与实例\项目十二），然后利用“多边形套索工具”选取建筑物，如图 13-7 所示。

步骤 4　按【Alt+Ctrl+D】组合键，打开“羽化选区”对话框，在其中设置“羽化半径”为 15，单击 确定 按钮，羽化选区。利用“移动工具”将选区内的建筑物移至“网页界面”图像窗口中，并适当调整图像大小，放置在如图 13-8 所示位置。此时系统自动生成“图层 2”。

步骤 5　选择“滤镜”>“转换为智对滤镜”菜单，将“图层 2”转换成智能对象，如图 13-9 所示。

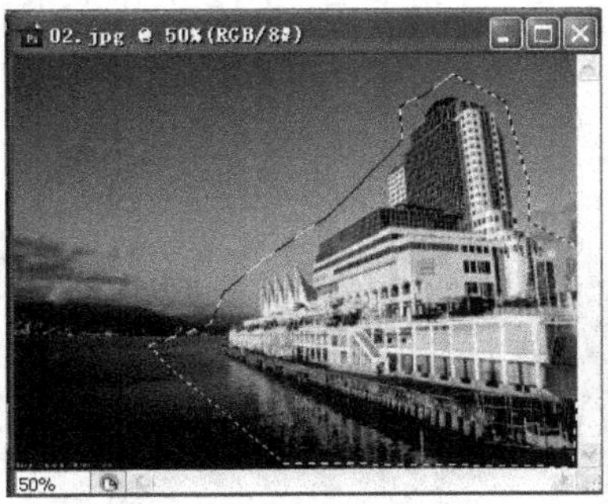

图 13-7　创建选区

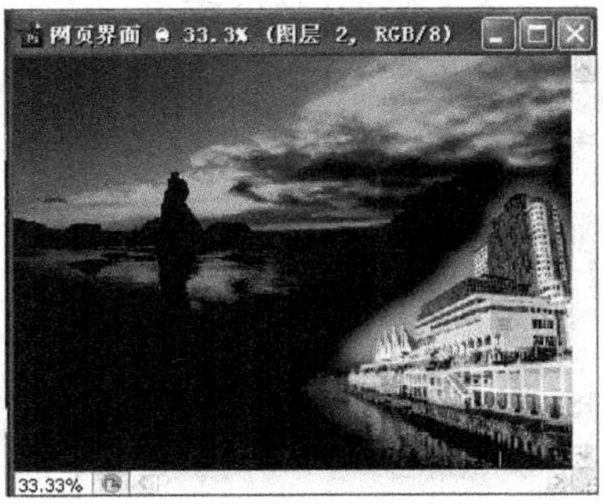

图 13-8　调整图像大小与位置

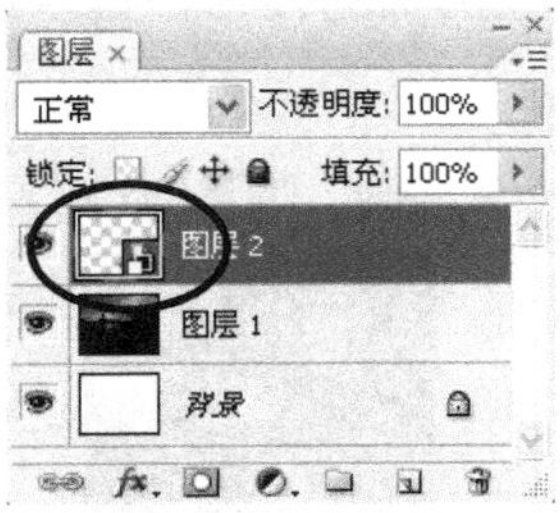

图 13-9　转换智能对象

步骤 6　选择“滤镜”>“渲染”>“光照效果”菜单，打开如图 13-10 所示的“光照效果”对话框，其中部分选项的意义如下所示。

- **强度**：拖动其右侧的滑块可控制光的强度，其值范围在－100～100，值越大，光亮越强。其右侧的颜色块用于设置灯光的颜色。
- **光泽**：拖动其右侧的滑块可设置反光物体的表面光洁度。
- **材料**：用于设置在灯光下图像的材质，该项决定反射光色彩是反射光源的色彩还是反射物本身的色彩。拖动其右侧的滑块将从“塑料效果”到“金属质感”，反射光线颜色从光源颜色过渡到反射物颜色。

- **曝光度**：拖动其右侧的滑块可控制照射光线的明暗度。
- **高度**：用于设置图像浮雕效果的深度。其中，纹理的凸出部分用白色显示，凹陷部分用黑色显示。拖动其右侧的滑块将从“平滑”到“凸起”，浮雕效果将从浅到深显示。

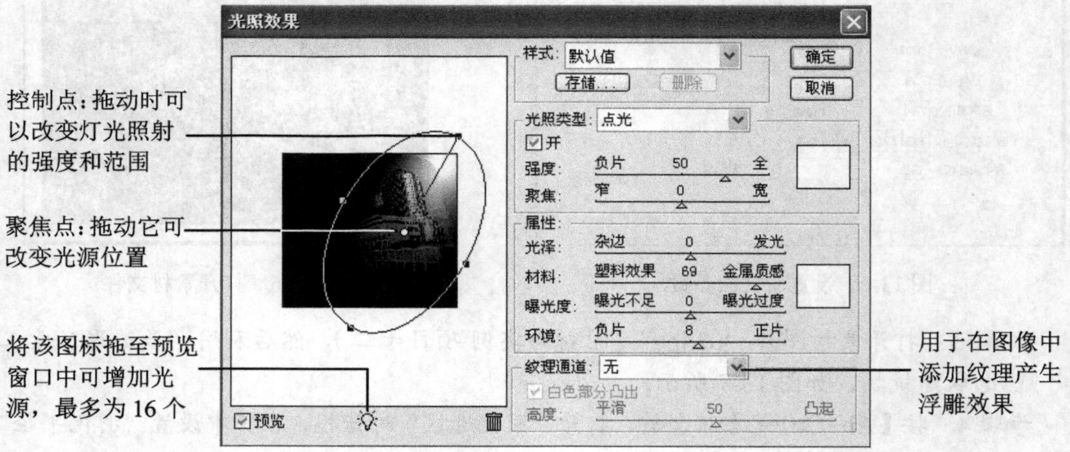

图 13-10 “光照效果”对话框

步骤 7 在“灯光效果”对话框中将灯泡图标向预览窗口拖动 3 次，再添加 3 处发光点（可参考本例效果图，也可自定义发光点的位置），分别调整光的照射强度和范围，其他参数保持系统默认，如图 13-11 所示。

步骤 8 调整好发光点的强度和范围后，单击 确定 按钮，得到如图 13-12 所示效果。

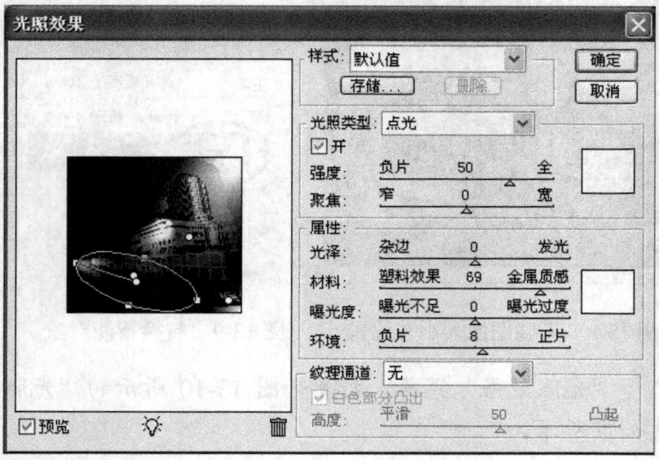

图 13-11 添加发光点

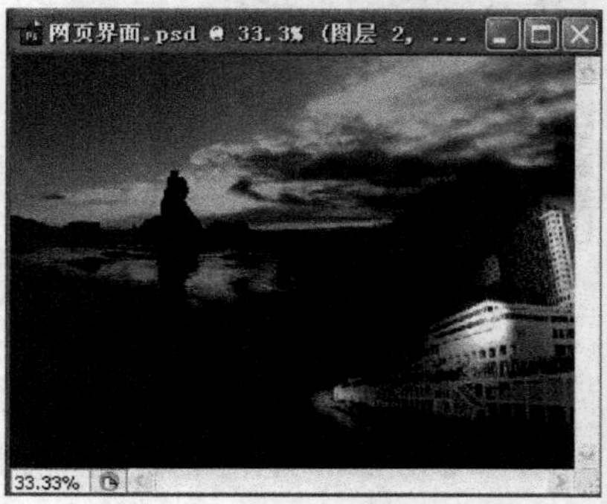

图 13-12 应用“光照效果”后

提示

如果对添加的灯光效果不满意，可以在“图层”调板中双击“图层 2”智能滤镜下的“光照效果”命令，打开“光照效果”对话框重新修改参数。

模块二　制作网页界面的页眉

学习目标

熟练应用"钢笔工具"绘制标志
熟练应用图层样式

　　页眉部分包括站标、导航菜单等内容。由于网页界面内容较多，为方便用户管理图层，我们需要创建图层组，再进行页眉的制作。

一、创建图层组

　　步骤 1　单击"图层"调板底部的"创建新组"按钮 ，创建一个图层组，并重命名为"背景"，如图 13-13 左图所示。

　　步骤 2　在"图层"调板中，同时选中"图层 1"和"图层 2"，并将它们拖至"背景"图层组中，如图 13-13 右图所示。

　　步骤 3　利用与步骤 1 相同的操作方法依次创建"站标"、"导航菜单"、"信息导航"、"搜索栏"和"内容"图层组，如图 13-14 所示。

　　　图 13-13　创建"背景"图层组　　　　　　　图 13-14　创建其他图层组

二、绘制站标底图

　　步骤 1　将前景色设置为蓝色（＃0a21f6），背景色设置为白色。选择"椭圆工具" ，然后单击工具属性栏中的"形状图层"按钮 ，然后按住【Shift】键的同时，在"网页界面"图像窗口中绘制一个正圆形，如图 13-15 左图所示。

　　步骤 2　在"图层"调板中将系统自动生成的"形状 1"图层拖至"站标"图层组中，如图 13-15 右图所示。

　　步骤 3　打开"样式"调板，单击调板右上角的按钮 ，从弹出的调板控制菜单中选择"Web 样式"，将该组样式添加到调板样式列表中，如图 13-16 左图所示。

　　步骤 4　在"样式"调板的样式列表中，单击"带投影的蓝色凝胶"图标（如图 13-16

中图所示），为"形状 1"图层应用该样式，其效果如图 13-16 右图所示。

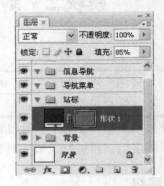

图 13-15　绘制正圆形

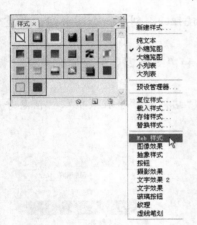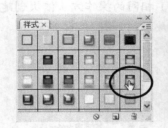

图 13-16　载入与应用系统内置样式

步骤 5　在"图层"调板中单击"形状 1"图层样式列表中"投影"、"颜色叠加"和"光泽"左侧的眼睛图标，关闭这些效果，如图 13-17 左图所示。

步骤 6　双击"形状 1"图层样式列表中的"外发光"，在随后打开的"图层样式/外发光"对话框中更改外发光参数，参数设置及效果分别如图 13-17 中图和右图所示。

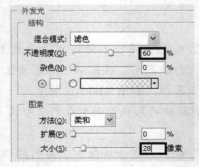

图 13-17　修改图层样式

三、绘制站标图形与文字

步骤 1　打开"路径"调板，新建"路径 1"。选择"钢笔工具" ，单击工具属性栏中的"路径"按钮，然后利用该工具在站标底图上绘制如图 13-18 右图所示的路径。

图 13-18　绘制路径

步骤 2　按【Ctrl+Enter】组合键，将路径转换成选区。按【Alt+Shift+Ctrl+N】组合键，在"形状 1"图层的上方新建"图层 3"，按【Ctrl+Delete】组合键，将选区填充为白色，并取消选区，得到如图 13-19 右图所示图形。

图 13-19　创建新图层并填充选区

步骤 3　下面在圆形的下方输入站标文字。在"图层"调板中单击"形状 1"图层的蒙版缩览图（如图 13-20 左图所示），在图像窗口中显示圆形的路径。

步骤 4　选择"横排文字工具" ，在"字符"调板中设置合适的文字属性（如图 13-20中图所示），然后在圆形路径的下方单击并沿路径输入"飞龙旅游"字样，用"直接选择工具" （或"路径选择工具" ）调整文字的位置，得到如图 13-20 右图所示效果。这样，站标就绘制好了。

图 13-20　沿路径输入文字

步骤 5 单击选中"图层"调板中的"站标"图层组,然后利用"移动工具" 调整站标在页面中的位置,如图 13-21 所示。

四、制作导航主菜单

步骤 1 下面来制作矩形导航条。选择"矩形选框工具" ,然后在如图 13-22 所示位置绘制一个选区。

图 13-21 调整站标的位置　　　　　　　　　　图 13-22 创建选区

步骤 2 在"图层"调板中单击"背景"图层组左侧的按钮 ,展开该图层组,然后单击选中"图层 1",按【Ctrl+J】组合键,将选区内的图像复制为"图层 4",再将"图层 4"拖至"导航菜单"图层组中,如图 13-23 右图所示。

图 13-23 复制图层并调换图层组

步骤 3 按【Ctrl+M】组合键,打开"曲线"对话框,然后将曲线的中部向上拖动,调整图像的亮度,其效果如图 13-24 右图所示。

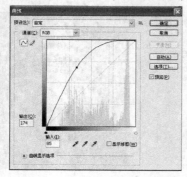

图 13-24 用"曲线"调整图像的亮度

步骤 4　利用"横排文字工具"T在矩形导航条的上方输入文字，文字内容及效果如图 13-25 所示。

这里需要利用"对齐"与"分布"功能调整文字

图 13-25　输入文字

步骤 5　将前景色设置为蓝色（#091cc8），选择"直线工具"，在其工具属性栏中选中"形状图层"按钮，并设置"粗细"为 2，然后在导航文字栏目间绘制线条，其效果如图 13-26 下图所示。

图 13-26　绘制线条

步骤 6　选中"图层"调板中的"导航菜单"图层组，然后利用"移动工具"轻微调整导航菜单的位置，放置在如图 13-27 所示位置。

步骤 7　将前景色设置为白色，然后利用"钢笔工具"在页面的右上角绘制如 13-28 左图所示的图形，并设置该形状图层的"填充不透明度"为 60%。

步骤 8　利用"横排文字工具"T在步骤 7 绘制的图形上输入文字，其效果如图 13-29 所示。这样，网页的页眉就制作好了。

图 12-27　调整导航菜单的位置

图 13-28　绘制图形

图 13-29 输入文字

模块三 制作信息导航栏与内容

学习目标

熟练应用形状工具绘制图形

熟练应用 Photoshop 的图层样式功能

一、制作信息导航栏

信息导航栏共包括 4 组内容，位于界面的左侧。

步骤 1 将前景色设置为白色，并在"图层"调板中展开"信息导航"图层组，然后利用"矩形工具" 在"网页界面"图像窗口中绘制一个矩形，并更改矩形所在图层的"填充不透明度"为 50%，其效果如图 13-30 右图所示。

图 13-30 绘制矩形

 提示

绘制好一个形状后，如果要绘制其他颜色的形状，必须在绘制前先取消上一形状的路径显示，否则，将会更改上一形状图形的颜色。

步骤 2 将前景色设置为蓝色（#0c3199），然后利用"矩形工具" □在如图 13-31 左图所示位置绘制一个蓝色矩形，并取消矩形的路径显示。

步骤3　将前景色更改为青色（#9bdee6），再用"矩形工具" 在蓝色矩形的下方绘制一个青色矩形，如图 13-31 右图所示。

图 13-31　绘制矩形

步骤4　利用"横排文字工具" T 分别在蓝色和青色矩形上输入文字，并设置合适的文字属性（字体、字号、颜色、添加图层样式、对齐与分布），其效果如图 13-32 所示。

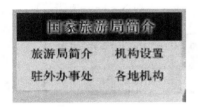

图 13-32　输入文字　　　　　　　　图 13-33　制作好的第 3 和第 4 组内容

步骤5　参照与步骤 2~4 相同的操作方法制作其他 3 组内容，在第 3 组中放置"03.jpg"素材图片，在第 4 组中放置"04.jpg"素材图片，其效果如图 13-33 所示。此时信息导航栏的整体效果如图 13-34 所示。

二、制作搜索导航栏

步骤1　在"图层"调板中展开"搜索栏"图层组。利用"矩形工具" 在导航菜单的下方绘制两个等高不等宽的白色矩形，一个淡蓝色正方形（#a9cbf8），如图 13-35 所示。

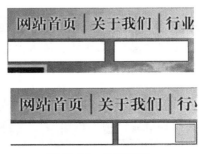

图 13-34　查看信息导航栏整体效果　　　　　图 13-35　绘制矩形

步骤 2 下面绘制下拉箭头。选择"自定形状工具" ，然后将系统内置的"全部"形状样式加载到面板中，再从面板中选择"箭头2"，并设置"颜色"为蓝灰色（#4675b6），利用该工具在步骤1中绘制的淡蓝色正方形上绘制箭头并自由旋转，得到如图13-36右图所示效果。

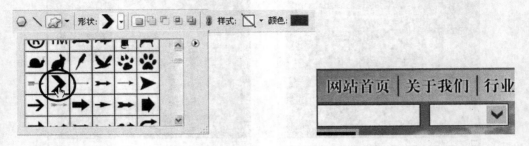

图 13-36 绘制下拉箭头

步骤 3 利用"横排文字工具" 在如图13-37左图所示位置输入文字，利用"圆角矩形工具" 在如图13-37右图所示位置绘制圆角矩形。

图 13-37 输入文字与绘制圆角矩形

步骤 4 在"样式"调板中单击"黄色胶体"图标，为圆角矩形应用该样式，然后利用"横排文字工具" 在其上输入"搜索"字样，其效果如图13-38右图所示。

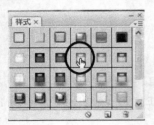

图 13-38 制作搜索按钮

步骤 5 利用"矩形工具" 在搜索按钮的右侧绘制一个淡蓝色矩形（#99cafc），用"横排文字工具" 在其上输入文字，并用竖线将文字隔开（用"直线工具" 绘制），其效果如图13-39所示。

图 13-39 制作搜索导航栏的其他内容

三、制作内容

步骤 1　在"图层"调板中展开"内容"图层组，下面制作内容的标题栏。利用"矩形工具"绘制一个白色矩形，并设置该矩形所在图层的"填充不透明度"为 80%，然后在矩形的左侧绘制一个蓝色竖条（#222fd5），再用"横排文字工具"在矩形上输入文字，如图 13-40 所示。这样，内容的标题栏就制作好了。

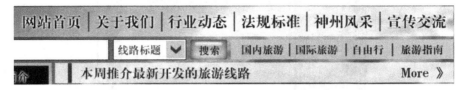

图 13-40　制作内容标题栏

步骤 2　利用"矩形工具"在内容标题栏的下方绘制一个白色矩形，并设置该矩形所在图层的"填充不透明度"为 80%，如图 13-41 左图所示。

步骤 3　打开素材图片"05.jpg"，用"移动工具"将其移至"网页界面"图像窗口中，放置在如图 13-41 右图所示位置。

图 13-41　绘制矩形与放置图像

步骤 4　利用"横排文字工具"在图像的下边和右侧输入相关文字，其效果如图 13-42 所示。

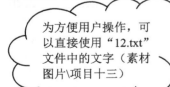

为方便用户操作，可以直接使用"12.txt"文件中的文字（素材图片\项目十三）

图 13-42　输入文字

步骤 5　利用"圆角矩形工具"绘制一个白色的圆角矩形，然后再复制出 5 份，参照如图 13-43 下图所示版式放置。

图 13-43　绘制圆角矩形

　　步骤 6　打开 "06.jpg" ～ "11.jpg" 图像文件，并依次拖至 "网页界面" 图像窗口中，适当调整图像的大小，分别放置在 6 个圆角矩形中。

　　步骤 7　利用 "横排文字工具" T 为每个版块输入标题，并制作 "GO" 图标，如图 13-44 左图所示。最后，利用 "横排文字工具" T 在界面底部输入网站的相关信息，其最终效果如图 13-44 右图所示。按【Ctrl+S】组合键，将文件保存。至此，网页界面就制作好了。

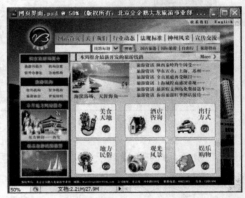

图 13-44　放置图像与输入文字

　　网页界面制作好后，将文件直接保存后，该网页是不能直接上传到 Internet 中的，因为网络不支持 PSD 格式。用户可以选择 "文件" ＞ "存储为 Web 和设备所用格式" 菜单，将文件类型存储为 "Html 和图像"，但采用这种方法保存的是整幅图像，如果直接上传会使浏览器下载的时间变得较长。专业的做法就是在 ImageReady 中用切片工具把图像切分成若干块进行保存，然后在 Dreamweaver 等网页编辑软件中重新编辑。

成果检验

利用本书提供的素材，并结合本项目所学内容制作如图 13-45 所示的个性网页。

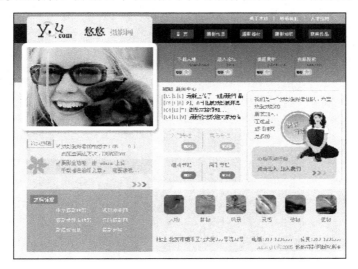

图 13-45　个性网页效果图

制作要求

（1）素材与效果图位置：素材与实例\项目十三\13.png、14.jpg、15.png、16.png 和成果检验-个性网页.psd 文件。

（2）请用户自己动手制作该实例，综合测试用户掌握 Photoshop 的熟练程度。